Fehmel/Flachmann/Mai
Elektrische Maschinen

Die Meisterprüfung

Elektrische Maschinen

Dipl.-Ing. Gerd Fehmel
Dipl.-Ing. Horst Flachmann
Dipl.-Ing. Otto Mai

11., überarb. Auflage

Vogel Buchverlag

Die Deutsche Bibliothek – CIP-Einheitsaufnahme

Fehmel, Gerd:
Elektrische Maschinen / Gerd Fehmel; Horst Flachmann;
Otto Mai. – 11., überarb. Aufl. – Würzburg: Vogel, 1996
(Vogel-Fachbuch: Die Meisterprüfung)
ISBN 3-8023-1592-8
NE: Flachmann, Horst:; Mai, Otto:

1. bis 3. Auflage: ISBN 3-8023-0558-2
4. bis 8. Auflage: ISBN 3-8023-0725-9
Der bis zur 8. Auflage enthaltene Teil
«Steuerungstechnik» erscheint ab der 9. Auflage als
separater Band: Boy/Bruckert/Wessels:
Elektrische Steuerungs- und Antriebstechnik

ISBN 3-8023-1592-8
11. Auflage. 1996

Druck und buchbinderische Verarbeitung
Alois Erdl KG, Trostberg

Vorwort

Dieses Buch erscheint in der Reihe *Die Meisterprüfung in der Elektrotechnik* und behandelt ausführlich alle wichtigen Themen aus dem Bereich der *elektrischen Maschinen.*

Unter elektrischer Maschine wird allgemein Generator oder auch Motor verstanden. Der *Generator* wird von einer Arbeitsmaschine angetrieben und wandelt somit mechanische in elektrische Energie um. Der *Motor* treibt Arbeitsmaschinen an und wandelt somit elektrische in mechanische Energie um. Beide Maschinenarten sind heutzutage in unserer hochindustrialisierten Zeit nicht mehr fortzudenken. Je nach Spannungsarten werden in der Praxis Gleich- und Wechselstrommaschinen angewendet.

Es werden die gebräuchlichsten Ausführungen von Gleich-, Wechsel- und Drehstrommaschinen, Synchronmaschinen und Transformatoren behandelt. Aber auch Sonderausführungen wie Schrittmotoren und Stromwendermaschinen werden in Aufbau und Wirkungsweise beschrieben.

Besondere Bedeutung hat dieser Band für die *Meisterausbildung* von Elektroinstallateuren, Elektromechanikern und Elektromaschinenbauern sowohl im Handwerk als auch in der Industrie.

Da zu dieser Buchreihe der Band *Mathematische und elektrotechnische Grundlagen* gehört, werden grundlegende Kenntnisse auf diesen Gebieten vorausgesetzt.

Hierzu zählen der Umgang mit mathematischen Formeln, grafischen Darstellungen und Ersatzschaltbildern, Grundkenntnisse vom magnetischen Feld und von den physikalischen Gesetzen der Gleich-, Wechsel- und Drehstromtechnik.

Die mit diesem Buch erreichbaren *Lernziele* entsprechen jenen Anforderungen, die der *Zentralverband der Deutschen Elektrohandwerke* für die Meisterprüfung im Elektroinstallations-, Elektromechaniker- und Elektromaschinenbauerhandwerk festgelegt hat.

Dieses Buch – wie alle Bände der Reihe *Die Meisterprüfung in der Elektrotechnik* – ist das Ergebnis ständiger Erprobungen mit Meisterschülern der *Bundes-Fachlehranstalt für Elektrotechnik* in Oldenburg und bringt die umfangreichen Erfahrungen der Autoren im Handwerk und in der Industrie zum Ausdruck.

Die übersichtliche Gliederung der Fachthemen erleichtert dem Leser die Einarbeitung. Die umfangreiche Bebilderung und viele Beispiele tragen zum besseren Verständnis der Fachprobleme bei.

Die *neuesten Normen* wurden eingearbeitet. Zusätzlich befinden sich im Buch *Gegenüberstellungen von alten und neuen Normen.*

Oldenburg/Würzburg — Verfasser und Verlag

In der Fachbuchgruppe «Die Meisterprüfung in der Elektrotechnik» sind bisher erschienen:

Böttle/Friedrichs: Mathematische und elektrotechnische Grundlagen

Boy/Dunkhase: Elektro-Installationstechnik

Fehmel/Flachmann/Mai: Elektrische Maschinen

Folkerts/Friedrichs: Hausgeräte-, Beleuchtungs- und Klimatechnik

Böttle/Boy/Grothusmann: Elektrische Meß- und Regelungstechnik

Dugge/Haferkamp: Grundlagen der Elektronik

Böttle/Friedrichs: Aufgaben und Ergebnisse Elektrotechnik

Boy/Bruckert/Wessels: Elektrische Steuerungs- und Antriebstechnik

Ebenfalls im Vogel Buchverlag sind in der Fachbuchgruppe «Elektronik» erschienen:

Beuth/Beuth: Elementare Elektronik

Meister: Elektrotechnische Grundlagen

Beuth: Bauelemente

Beuth/Schmusch: Grundschaltungen

Beuth: Digitaltechnik

Müller/Walz: Mikroprozessortechnik

Schmusch: Elektronische Meßtechnik

Inhaltsverzeichnis

Gegenüberstellung üblicher alter und neuer Anschlußbezeichnungen elektrischer Maschinen

Maschinenart	Maschinenteil	Alte Bezeichnung	Neue Bezeichnung	DIN-Entwurf
Gleichstrommaschinen				
	Ankerwicklung	A–B	A1–A2	42401 Blatt 3
Bemerkung:	Wendepolwicklung	G–H	B1–B2	
Weitere Untergliederung siehe	Kompensationswicklung	G–H	C1–C2	
Seite 4 DIN 42401	Reihenschlußwicklung	E–F	D1–D2	
	Nebenschlußwicklung	C–D	E1–E2	
	Fremderregte Wicklung	I–K	F1–F2	
Wechselstrommaschinen ohne Stromwender				
A. *Einphasen-Kurzschlußläufermaschinen*	Ständerwicklung			
	a) Hauptstrang	U–V	U1–U2	42401 Blatt 2
	b) Hilfsstrang	W–Z	Z1–Z2	
B. *Drehstrom-Kurzschlußläufermaschinen*	1. Ständerwicklung mit herausgeführtem Sternpunkt	U–V–W –Mp	U–V–W –N	42401 Blatt 2
	2. Ständerwicklung in offener Schaltung	U–X V–Y W–Z	U1–U2 V1–V2 W1–W2	
C. *Drehstrom-Schleifringläufermaschinen*	1. Ständerwicklung ohne herausgeführten Sternpunkt (oder wie unter Drehstrom-Kurzschlußläufermaschinen)	U–V–W	U–V–W	42401 Blatt 2
	2. Läuferwicklung			
	a) dreiphasig	u–v–w	K–L–M	
	b) zweiphasig	u–v–x/y	K–L–Q	
D. *Drehstrom-Synchroninnenpolmaschinen*	1. Ständerwicklung mit herausgeführtem Sternpunkt (oder wie unter Kurzschluß- bzw. Schleifringläufermaschinen)	U–V–W –Mp	U–V–W –N	42401 Blatt 2
	2. Polradwicklung (fremderregt)	I–K	F1–F2	42401 Blatt 3

Maschinenart	Maschinenteil	Alte Bezeichnung	Neue Bezeichnung	DIN-Entwurf
Transformatoren A. *Einphasen-Transformatoren mit getrennten Wicklungen*	1. Oberspannungswicklung 2. Unterspannungswicklung	U–V u–v	1.1–1.2 2.1–2.2	} 42402
B. *Einphasen-Spartransformatoren*	1. Oberspannungsseite 2. Unterspannungsseite	U–V u–v }	1.1–2.1–2	42402
C. *Drehstrom-Transformatoren mit herausgeführtem Sternpunkt*	1. Oberspannungswicklung 2. Unterspannungswicklung	W–V–U–Mp w–v–u–mp	1W–1V–1U–1N 2W–2V–2U–2N	} 42402
D. *Drehstrom-Spartransformatoren mit herausgeführtem Sternpunkt*	1. Oberspannungsseite 2. Unterspannungsseite	W–V–U w–v–u } Mp	1W–1V–1U 2W–2V–2U } N	} 42402

1 Gleichstrommaschinen

1.1 Mechanischer Aufbau

Der mechanische Aufbau einer Gleichstrommaschine besteht aus dem Ständer und dem Anker. Der Anker ist stets derjenige Teil, in dessen Wicklungen Spannungen induziert werden. Hierbei kann der Anker als drehender oder ruhender Teil ausgeführt werden. So gehört z. B. die Gleichstrommaschine zu den Außenpolmaschinen, hierbei ist der rotierende Teil der Anker. Bei der Synchronmaschine (Innenpolmaschine) ist der Ständer der Anker, der drehende Teil das Polrad. Bei den Asynchronmotoren wird der Ständer als Primäranker, der Läufer dagegen als Sekundäranker bezeichnet.

Mechanischer Aufbau

Ständer	**Anker**
Polkörper	Ankerkörper
Erregerwicklung	Ankerwicklung
Wendepolwicklung	Welle
Bürstenhalter	Stromwender
Kohlebürsten	Lüfter
Lagerschilder	
Gleitlager oder Wälzlager	
Anschlußbrett	

a) Ständer (Magnetgestell)
Er stellt den ruhenden Teil der Maschine dar (Bild 1.1a). Er wird aus massivem Werkstoff (Stahl- oder Grauguß) in einem Stück oder in geschweißter Bauweise hergestellt. Durch das Joch erfolgt der magnetische Rückfluß. Im Inneren der Maschine befinden sich die ausgeprägten Hauptpole (Bild 1.1b) mit den dazugehörenden Erregerspulen. Bei mittleren und größeren Maschinen werden zwischen den Hauptpolen die Hilfs- oder Wendepole angeordnet. Auf den Wendepolen ist die mit dickem Draht ausgeführte Wendepolwicklung angeordnet, die in Gegenreihe zum Anker geschaltet ist.

Zur Vermeidung der Wirbelstromverluste müssen die Polschuhe der Hauptpole aus geschichteten Dynamoblechen zusammengesetzt werden, die gegenseitig durch Seidenpapier, Lack oder Zunderung isoliert werden.

Aus fertigungstechnischen Gründen werden oftmals die gesamten Hauptpole aus geschichteten Dynamoblechen hergestellt.

Die Wicklungsanschlüsse (Erreger- und Ankerwicklung) werden zum Anschlußbrett herausgeführt und dort je nach Schaltungsart miteinander verbunden.

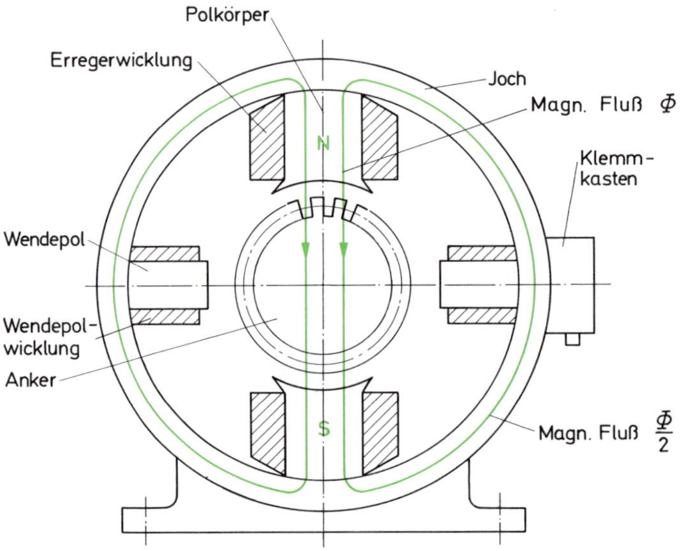

Bild 1.1a Aufbau einer zweipoligen Gleichstrommaschine

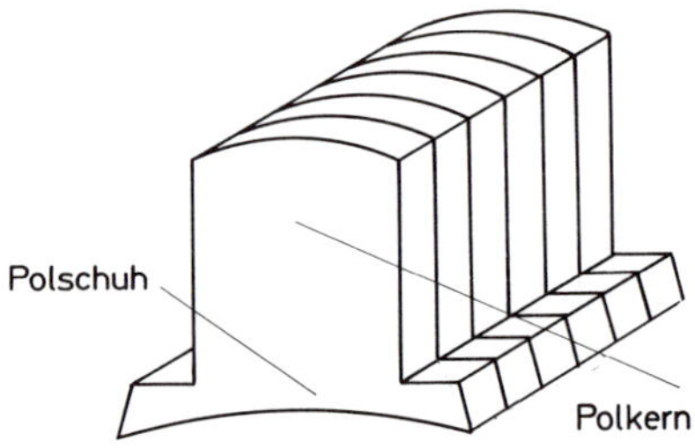

Bild 1.1b Polkörper

b) Anker

Der genutete Ankerkörper (Bild 1.2a) ist aus Dynamoblechen zusammengeschichtet, um ebenfalls Wirbelstrombildung zu verhindern. Die von den Nuten (Bild 1.2b) aufgenommene Ankerwicklung wird je nach Strombelastung als Runddraht oder Profilstab ausgeführt. Wegen der großen Fliehkräfte muß die Wicklung in den einzelnen Nuten durch Hartholz- oder Kunststoffstäbe gesichert werden. Meistens wird um die komplette Ankerwicklung noch eine zusätzliche Drahtbandage gezogen. Die Ankerwicklung ist in sich geschlossen und besteht aus einzelnen Teilspulen (Bild 1.2c). Durch die räumlich angeordneten einzelnen Ankerspulen werden im konstanten Magnetfeld Wechselspannungen induziert, die gegeneinander zeitlich verschoben sind. Der Anfang einer Spule und das Ende der nächsten werden in die Lötfahne einer Stromwenderlamelle geführt (Bild 1.2d) und dort durch Weich- oder Hartlot verbunden.

Die Ankerwicklung kann als ohmscher Widerstand mit – je nach Polzahl und Wicklungsart – zwei bzw. mehreren parallelen Ankerzweigen aufgefaßt werden.

c) Stromwender (Bilder 1.3a und 1.3b)

Der Stromwender (Kollektor, Kommutator) besteht aus einzelnen in Umfangsrichtung angeordneten Hartkupferlamellen. Die Lamellen sind einzeln und gegen die Welle durch Glimmerzwischenlagen oder Mikanitplatten isoliert. Bei kleinen Maschinen wird der Stromwender auf die Welle gepreßt, bei großen Maschinen wird er zusätzlich durch eine Paßfeder gesichert.

Er hat die Aufgabe, die induzierte Wechselspannung in der Ankerwindung in die Gleichspannung des Netzes umzuformen. Die elektrische Verbindung zwischen Strom-

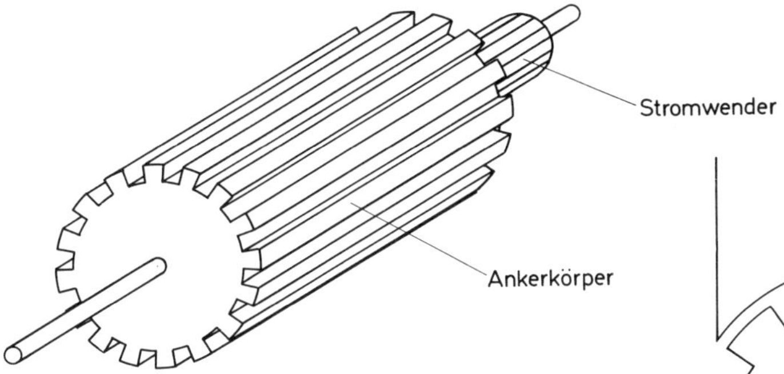

Bild 1.2a Genuteter Trommelanker

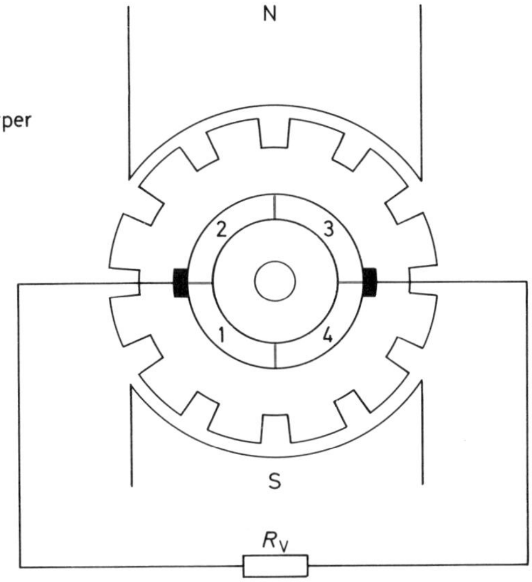

Bild 1.2b Vorderansicht Stromwenderseite

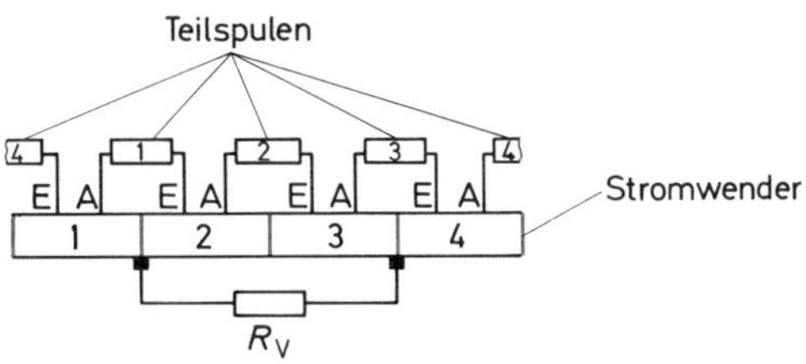

Bild 1.2d Abwicklung der Ankerwicklung (einfache Schleifenwicklung)

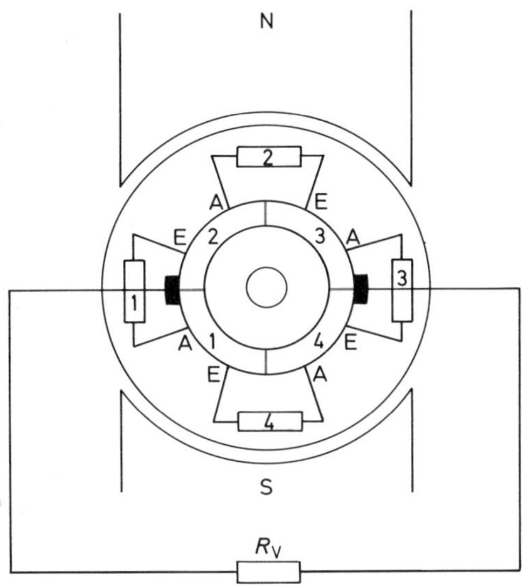

Bild 1.2c Ersatzschaltbild

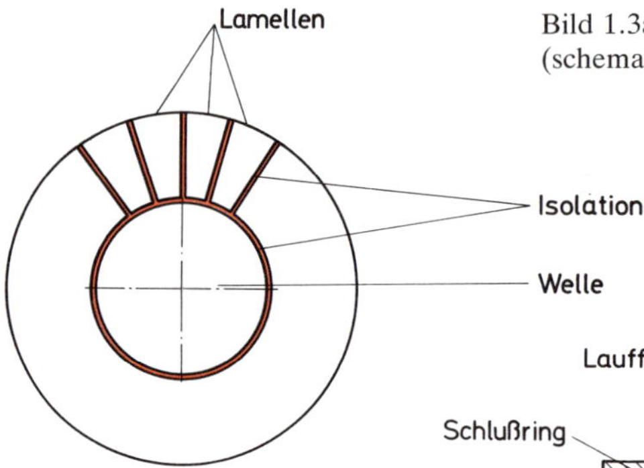

Bild 1.3a Stromwender (schematisch dargestellt)

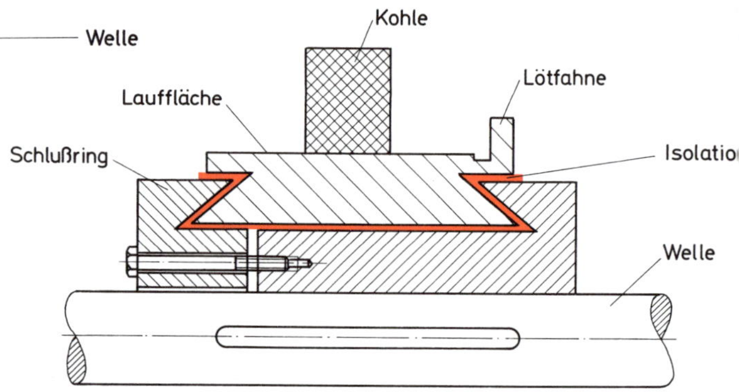

Bild 1.3b Schnittzeichnung des Stromwenders

wender und dem ruhenden Teil wird durch Kohlebürsten hergestellt. Diese befinden sich im Bürstenhalter, die es gestatten, je nach Bedarf den geforderten Druck der Bürste (etwa $2\,N \cdot cm^{-2}$) auf den Stromwender einzustellen.

Durch die dauernde Berührung und den Abrieb sind die Kohlebürsten störanfälliger und bedürfen einer regelmäßigen Wartung. Der Stromwender wird damit zu einem empfindlichen Bauteil der Gleichstrommaschine.

1.2 Anschlußbezeichnungen von Gleichstrommaschinen, Feldstellern und Anlassern

Die Anschlußbezeichnungen für Gleichstrommaschinen sind in den VDE-Vorschriften 0570 festgelegt worden (Tabellen 1.1a und 1.1b).

a) Feldsteller (Bild 1.4)
Soll die Spannung eines fremderregten Generators, Nebenschluß- oder Doppelschlußgenerators bei Belastung konstant gehalten werden, schaltet man in Reihe mit der Erregerwicklung einen Feldsteller. Der Feldsteller ist ein hochohmiger, veränderlicher

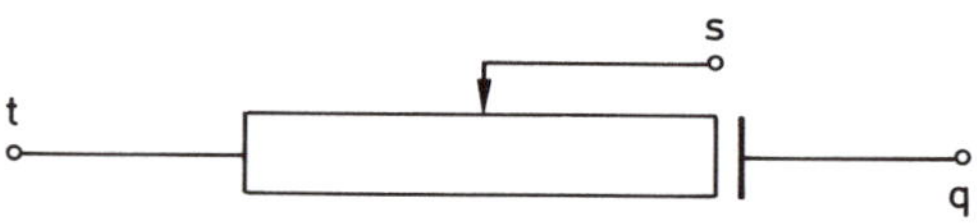

Bild 1.4 Feldsteller für Nebenschluß-, Doppelschluß- und fremderregten Generator

Tabelle 1.1a Anschlußbezeichnungen nach VDE 0570
Bezeichnungen von Klemmen und Netzleitungen für Gleichstrom

	A. Maschinen			Alte Anschlußbez.	Neue Anschlußbez.*
1	Anker			A–B	A1–A2
2	Nebenschlußwicklung für Selbsterregung			C–D	E1–E2
3	Reihenschlußwicklung für Erregung mit eigenem Ankerstrom			E–F	D1–D2
4	Wendepolwicklung Kompensationswicklung	in Maschine verschaltet		G–H	B1–B2 C1–C2
5	getrennte Wendepol- und Kompensationswicklung	Wendepolwicklung		GW–HW	B1–B2
6		Kompensationswicklung		GK–HK	C1–C2
7	auf beide Seiten des Ankers verteilte gleiche Wicklungsteile, z. B. zum Zwecke der Symmetrierung für Rundfunkentstörung	Reihenschluß-Wicklungen bei Motorrechtslauf	Seite der Ankerklemme A1	EA–FA	1D1–1D2
8			Seite der Ankerklemme A2	EB–FB	2D1–2D2
9		Wendepol-Wicklungen	Seite der Ankerklemme A1	GA–HA	1B1–1B2
10			Seite der Ankerklemme A2	GB–HB	2B1–2B2
11	fremderregte Feldwicklungen	allgemein		I–K	F1–F2
12		bei Bemessung für die eigene Ankerspannung, wahlweise		C–D	E1–E2
	B. Anlasser und Steller				
13	Anlasser	Klemme für Anschluß an	Netz	L	
14			Anker	R	
15			Nebenschlußwicklung	M	
16	Steller	Klemme für Anschluß an	Nebenschlußwicklung	s	
17			Anker oder Netz	t	
18			Anker oder Netz, zum Kurzschließen der Nebenschlußwicklung	q	
	C. Netzleitungen				
19	positiver Leiter			P	L+
20	negativer Leiter			N	L−
21	Mittelleiter			Mp	M

* Neue Anschlußbezeichnung lt. DIN 42401, Blatt 3, 31. August 1975.

Tabelle 1.1b Anschlußbezeichnungen der Gleichstrommaschinen mit Wendepolen

	Drehsinn	Gleichstrommaschinen mit Wendepolen			
		mit Nebenschlußwicklung	mit Reihenschlußwicklung	mit Doppelschlußwicklung	mit fremderregter Wicklung
Motoren	Rechtslauf 	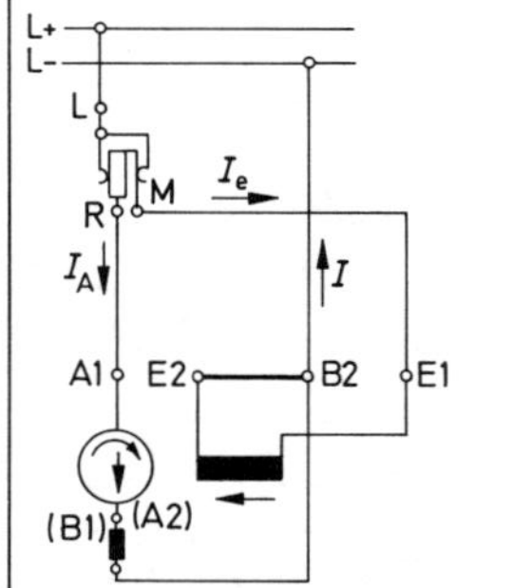	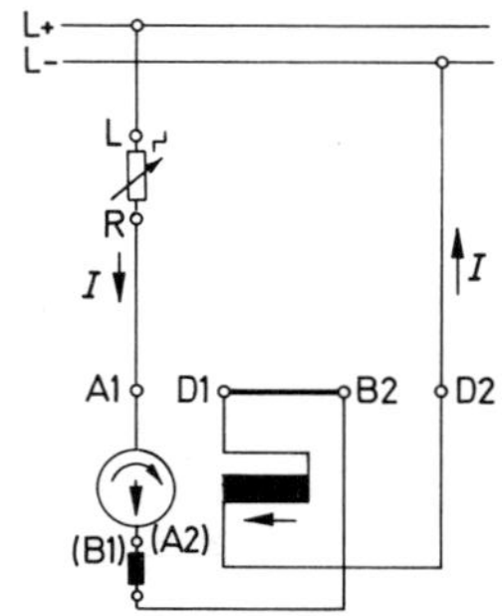	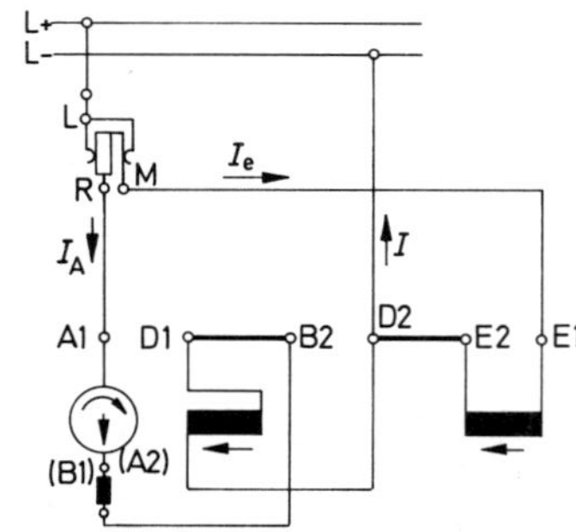	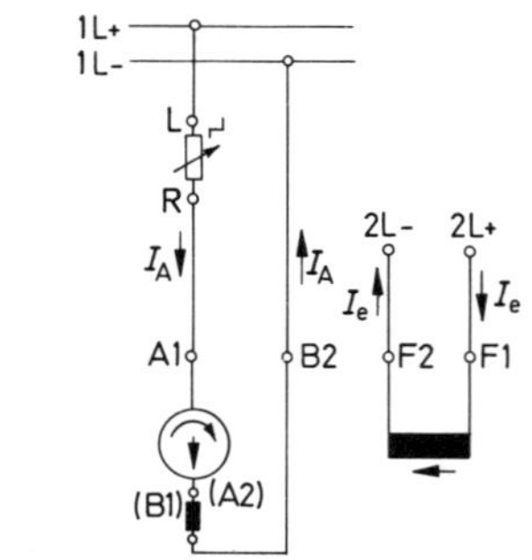
	Linkslauf 	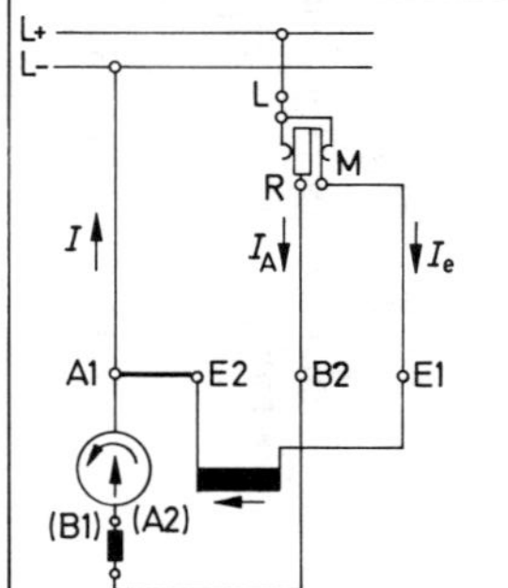	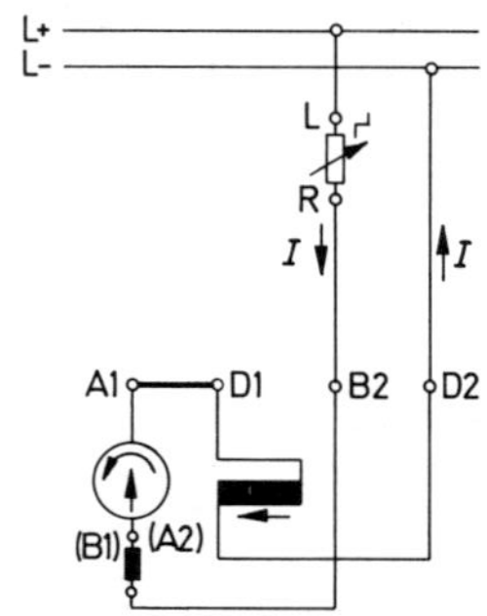	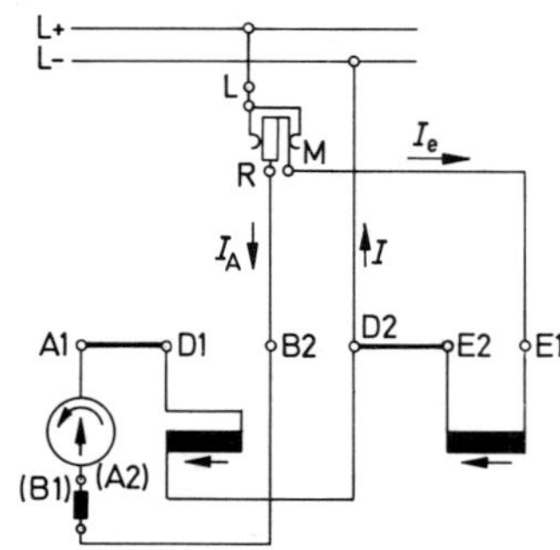	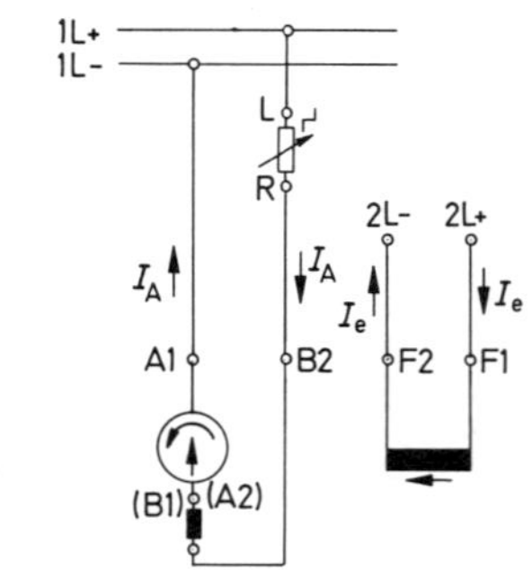

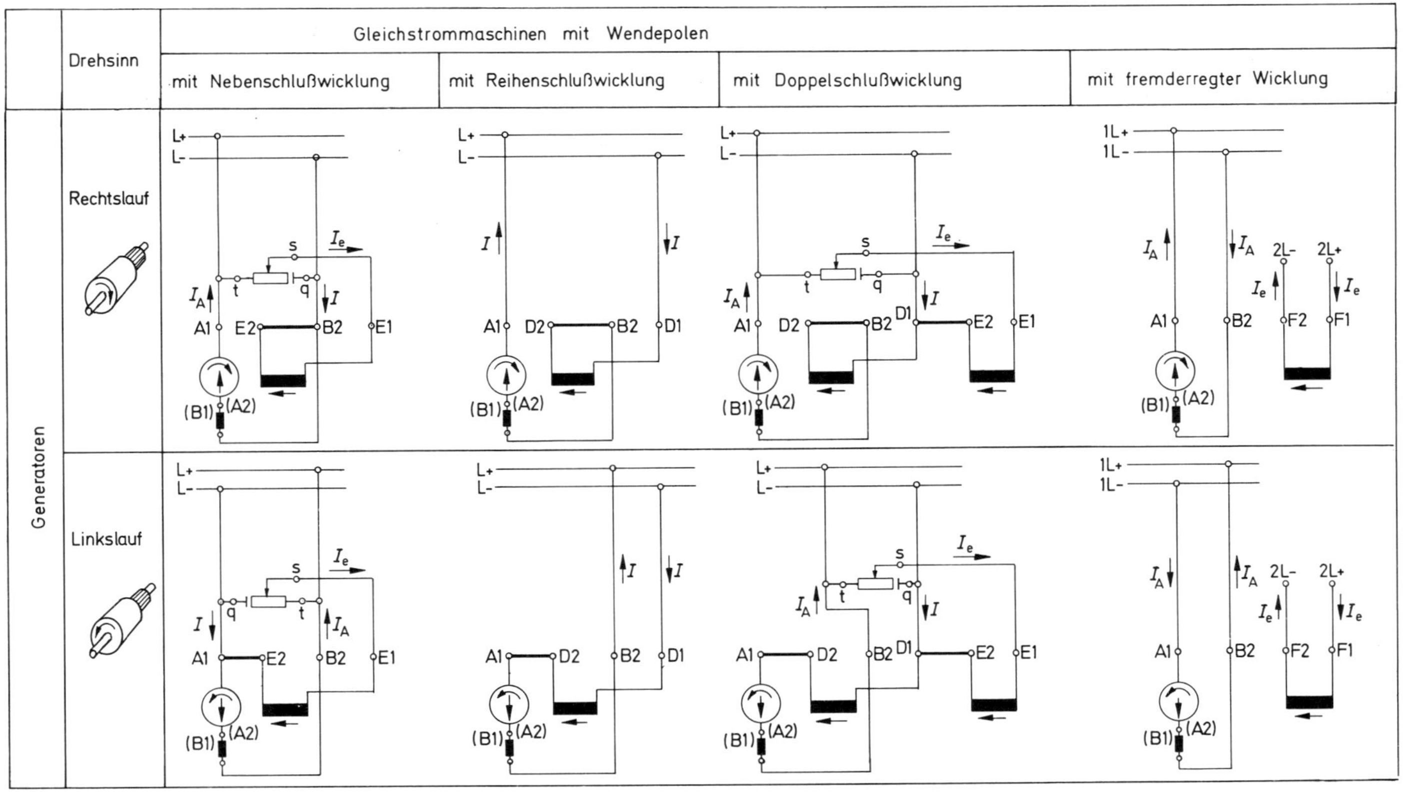

Drehsinn
Gleichstrommaschinen mit Wendepolen
mit Nebenschlußwicklung
mit Reihenschlußwicklung
mit Doppelschlußwicklung
mit fremderregter Wicklung
Generatoren
Rechtslauf
Linkslauf
L+
L-
1L+
1L-
2L-
2L+
A1
B2
D1
D2
E1
E2
F1
F2
(B1)
(A2)
s
t
q

Widerstand. Er wird auch für Drehzahländerungen von Gleichstrommotoren angewendet. Wird der Feldsteller vor das Erregerfeld geschaltet, sind die Anschlußbezeichnungen folgende:

1. Anschluß t an positiven Netzpol (L+) oder an positiven Ankeranschluß;
2. Schleifer s an Nebenschlußwicklungsanschluß E 1 oder fremderregte Wicklung F 1;
3. Kurzschlußkontakt q an negativen Netzpol (L−) oder negativen Ankeranschluß.

Der Kurzschlußkontakt q hat hierbei die Aufgabe, beim Abschalten des Erregerstromes die Wicklung kurzzuschließen und somit eine Gefährdung der Wicklung durch zu hohe Selbstinduktionsspannung und den damit verbundenen starken Lichtbogen auszuschließen.

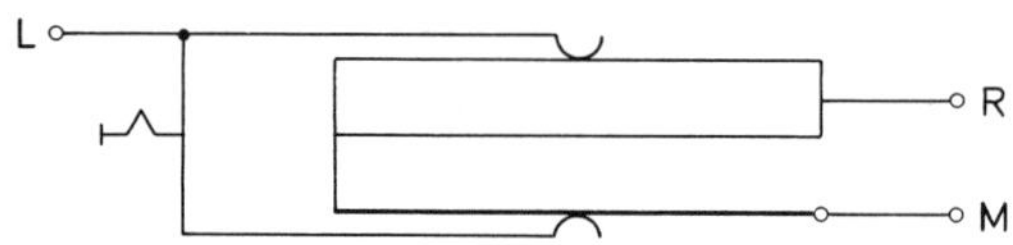

Bild 1.5a Anlasser für Nebenschluß- und Doppelschlußmotor

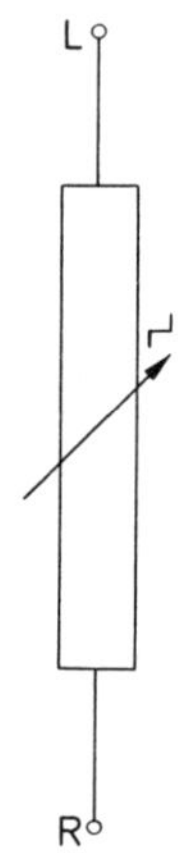

Bild 1.5b Anlasser für Reihenschluß- und fremderregten Motor

b) Anlasser (Bilder 1.5a und 1.5b)
Im Gegensatz zum Feldsteller wird der Anlasser als relativ niederohmiger Vor- oder Begrenzungswiderstand in Reihe mit dem Anker geschaltet. Im Einschaltaugenblick des Motors begrenzt dieser Widerstand den Anlaufstrom bei normaler Vollast etwa auf das 1,5fache des Nennstromes. Normale Anlasser sind nur für S2-Betrieb ausgelegt, dürfen also nur zum Anlassen verwendet werden. Die Anschlüsse des Anlassers sind:

L = Anschluß vom positiven Netzpol L+
R = Anschluß zum Anker (Rotor)
M = Anschluß zur Nebenschlußwicklung (Magnetfeld)

c) Stellanlasser (Steueranlasser) (Bilder 1.6a und 1.6b)
Häufig werden Anlasser und Feldsteller zu einer Baueinheit zusammengefügt. Die ersten Kontakte sind Anlasserstufen, die letzten Kontakte werden dem Feldsteller zugeordnet. Mit den Anlaßstufen begrenzt man den Anlaßspitzenstrom und steuert zusätzlich die Motordrehzahl bis zur Nenndrehzahl. Mit dem Feldsteller führt man eine Feldschwächung durch und erreicht damit eine Drehzahländerung über Nenndrehzahl.

Der Stellanlasser wird in der Praxis für Nebenschluß- und Doppelschlußmotoren eingesetzt. Die Drahtquerschnitte müssen für Dauerbelastung ausgelegt sein.

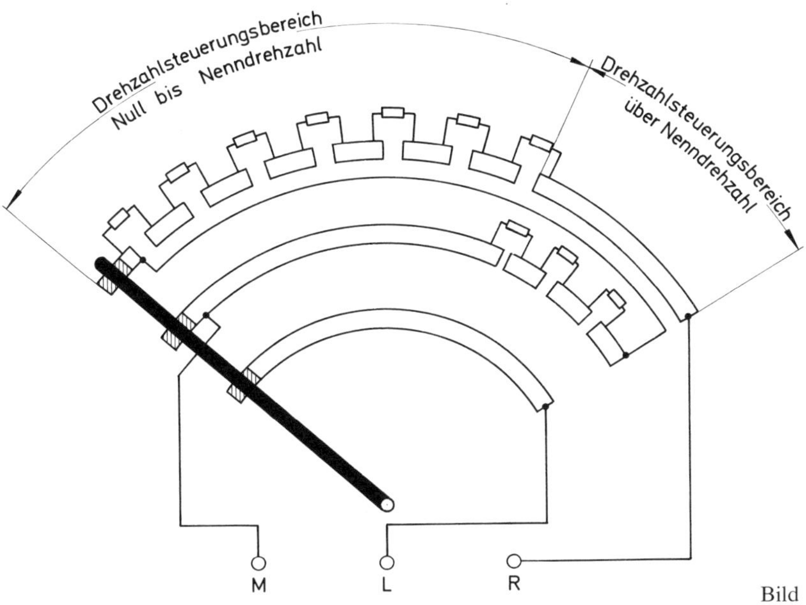

Bild 1.6a Steueranlasser mit Feldsteller

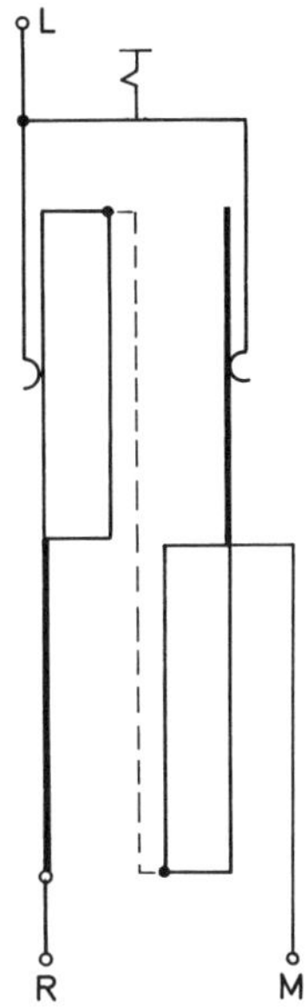

Bild 1.6b Steueranlasser mit Feldsteller (Symbol)

1.3 Bestimmung der Drehrichtungen von Gleichstrommaschinen

Die Drehrichtung für Generator und Motor wird von der Antriebsseite bzw. Abtriebsseite (Wellenseite) bestimmt. Normalerweise werden die Maschinen in der Praxis für Rechtslauf (Uhrzeigersinn) ausgelegt. In Sonderfällen muß die Richtung der Maschine angegeben werden. Bei den Schaltbildern von Gleichstrommaschinen kann die Drehrichtung nicht wie gewöhnlich nach der Generator- oder Motorregel bestimmt werden; hier gelten besondere Bestimmungen.

Gleichstrommaschine	von der der Stromwenderseite entgegengesetzten Seite aus
Kurzschlußläufer	von der Antriebsseite aus

a) Generator (Bilder 1.7a und 1.7b)
Durchfließt der Strom die Erregerwicklung in alphanumerischer Reihenfolge (F 1–F 2), wird die Ankerklemme A 1 bei Rechtslauf der positive Pol.

Bei Drehrichtungsänderung können bei *selbsterregten* Generatoren nur die Ankeranschlüsse vertauscht werden. Ein Vertauschen der Feldanschlüsse ist nicht möglich, sie würde eine Zerstörung der Remanenz mit sich bringen. Nur bei fremderregten Generatoren können die Feldanschlüsse geändert werden. Trotz Drehrichtungsänderung muß die Polarität des Netzes unbedingt erhalten bleiben.

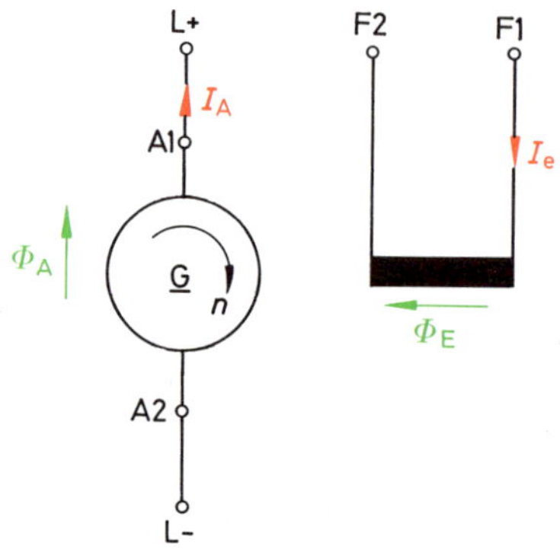

Bild 1.7a Rechtslauf (Generator)

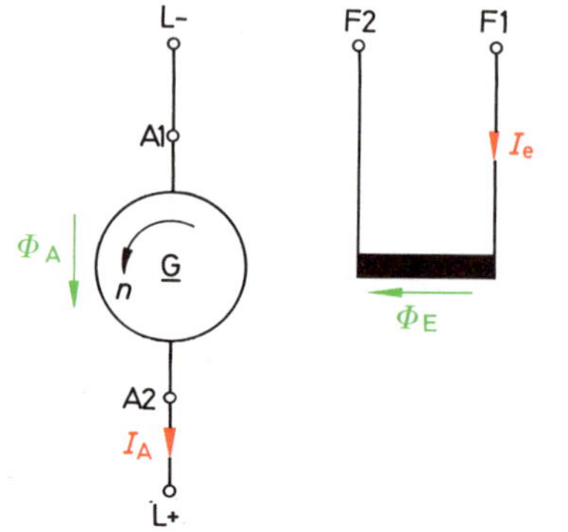

Bild 1.7b Linkslauf (Generator)

Bei Generatoren wird die Ankerwicklung als Energieerzeuger betrachtet, die Richtung des Stromes läuft von A 1 oder A 2 zum Netz. Die Erregerwicklung wird als Energieverbraucher angesehen, der Strom fließt von F 1 nach F 2.

b) Motor (Bilder 1.8a und 1.8b)
Fließt der Strom in alphanumerischer Folge durch Anker- und Erregerwicklung, erhält der Motor den Drehsinn «Rechtslauf». Wird die Stromrichtung in der Anker- oder Erregerwicklung vertauscht, so ändert man die Drehrichtung. Werden beide Stromrichtungen verändert, bleibt die Drehrichtung erhalten.

Bei den Motoren wird sowohl die Anker- als auch die Erregerwicklung als Energieverbraucher betrachtet. Der Strom fließt bei Rechtslauf in alphanumerischer Reihenfolge vom Netz zum Motor durch die Wicklung.

In den Schaltbildern 1.7a und 7b sowie 1.8a und 8b bedeuten die Stromrichtungspfeile gleichzeitig die Richtung des magnetischen Feldes in der Anker- und Erregerwicklung.

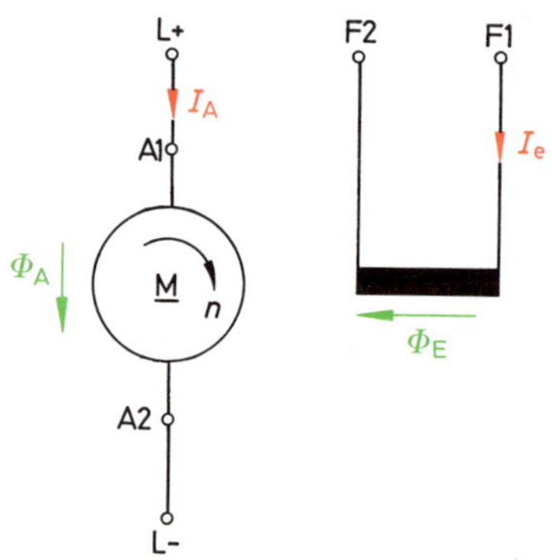

Bild 1.8a Rechtslauf (Motor)

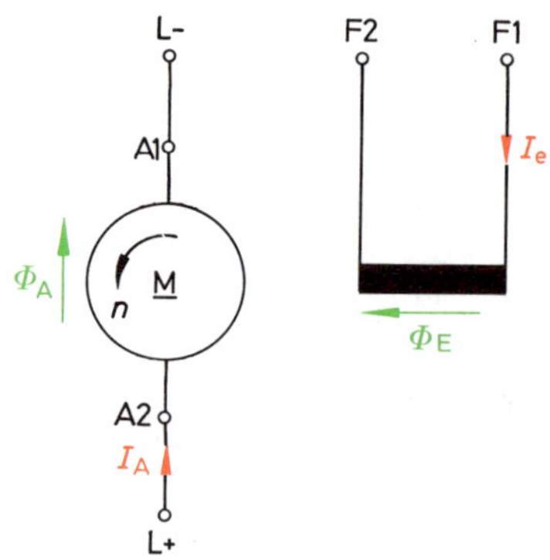

Bild 1.8b Linkslauf (Motor)

1.4 Funktion der Gleichstrommaschinen (Generator bzw. Motor)

Die Gleichstrommaschinen können sowohl als Generator wie auch als Motor eingesetzt werden. In den Grundschaltungen bleiben beide Maschinen gleich.

a) Generator (Bilder 1.9a und 1.9b)
Der Generator wandelt mechanische Energie in elektrische Energie um. Er muß von einer Kraftmaschine angetrieben werden, damit durch Drehbewegungen Feldlinien geschnitten werden und somit in den Ankerleitern die Urspannung U_0 entsteht.

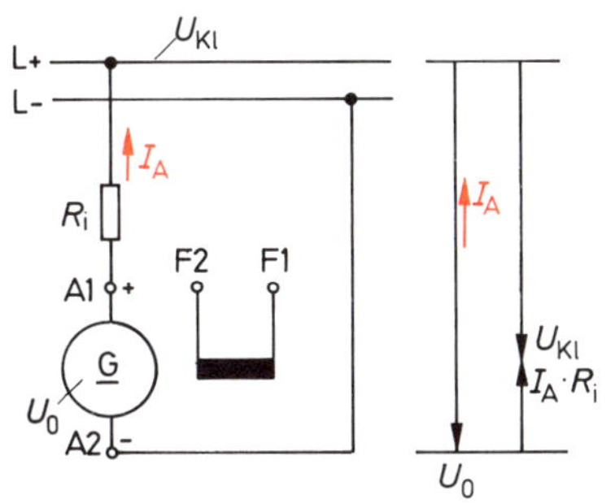

Bild 1.9a
Spannungsverhältnisse beim Generator

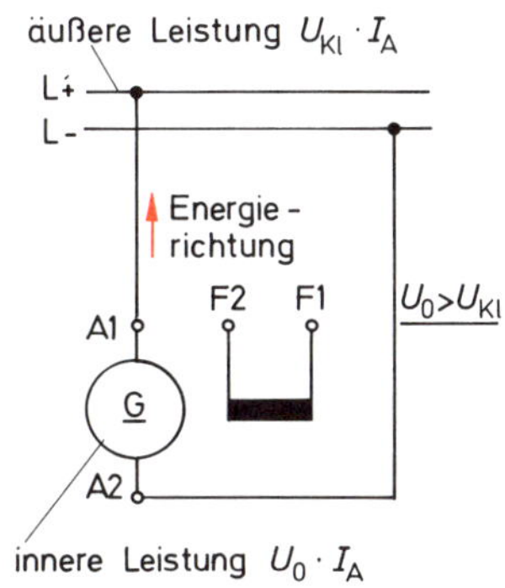

Bild 1.9b
Leistungsverhältnisse beim Generator

Die Generatorregel lautet:
Hält man die rechte Hand so, daß die Feldlinien vom Nordpol her auf die Innenfläche der Hand auftreffen und der abgespreizte Daumen in die Bewegungsrichtung zeigt, so fließt Induktionsstrom in der Richtung der ausgestreckten Finger.

Wird der Generator belastet, fließt durch die Ankerwicklung mit dem inneren Widerstand R_i der Belastungsstrom I_A, der den inneren Spannungsfall $I_A \cdot R_i$ verursacht. Die an den Klemmen A 1 und A 2 zur Verfügung stehende Klemmenspannung U_{Kl} ist um den Betrag des inneren Spannungsfalls geringer. Der Unterschied von $U_0 - U_{Kl} = I_A \cdot R_i$ ist erforderlich, um den Strom I_A durch den Innenwiderstand zu treiben. Der innere Spannungsfall ist der Urspannung U_0 entgegengerichtet, die somit höher als die Klemmenspannung sein muß. Nach dem Ohmschen Gesetz für Gleichstrommaschinen lautet die Spannungsformel für den Generator:

$$U_{Kl} = U_0 - I_A \cdot R_i,$$

wobei R_i = innerer Gesamtwiderstand ist, der von I_A durchflossen wird.

Bei Generatoren ist der «Drehwille» (Gegendrehmoment) immer entgegengesetzt der Antriebsdrehrichtung.

Die Lenzsche Regel lautet:
Jeder von einer induzierten Spannung hervorgerufene Strom ist so gerichtet, daß sein Magnetfeld die erzeugende Bewegung hemmt.

Wird die Spannungsformel $U_{Kl} = U_0 - I_A \cdot R_i$ mit dem Ankerstrom I_A multipliziert unter Berücksichtigung der Erregerverluste, ergibt sich die Leistungsformel für normale Generatoren (Nebenschluß- und Doppelschlußgeneratoren)

$$U_{Kl} \cdot I_{Netz} = U_0 \cdot I_A - I_A^2 \cdot R_i - I_e^2 \cdot R_{Nebenschluß}$$

$U_0 \cdot I_A$ = Ankerleistung

$U_{Kl} \cdot I_{Netz}$ = Netzleistung (Nennleistung)

$I_A^2 \cdot R_i$ = innere elektrische Verluste

$I_e^2 \cdot R_{Nebenschluß}$ = Verluste Nebenschlußfeld

Die genormten Netzspannungen sind 110 V, 220 V und 440 V. Um die Spannungsverluste in den Zuleitungen zum Verbraucher auszugleichen, werden die Generatorspannungen über 110 V um etwa 5% erhöht, z. B. 115 V, 230 V und 460 V.

b) Motor (Bilder 1.10a und 1.10b)
Der Unterschied zwischen Generator und Motor besteht lediglich in der Stromrichtung bzw. zwischen dem Spannungsunterschied der Klemmenspannung U_{Kl} und der induzierten Gegenspannung U_0 bei Belastung. Da der Motor im Gegensatz zum Generator elektrische Energie in mechanische Energie umwandelt, muß die Klemmenspannung um

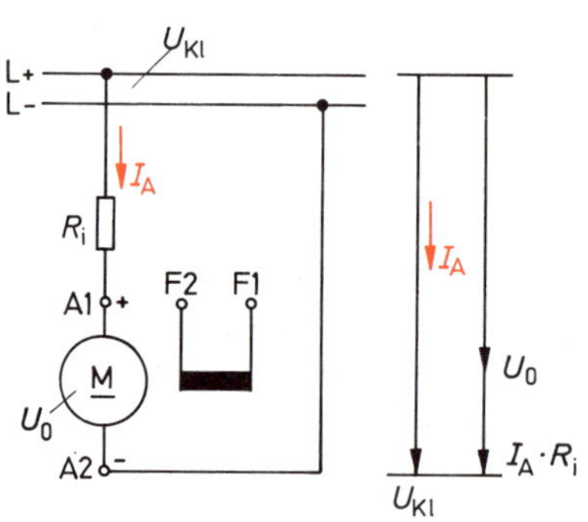

Bild 1.10a
Spannungsverhältnisse beim Motor

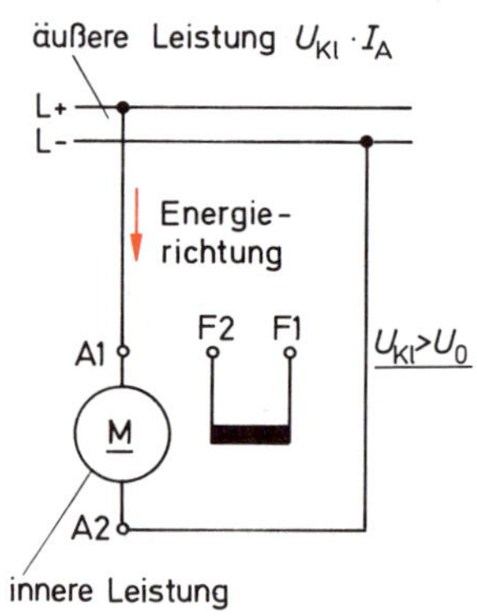

Bild 1.10b
Leistungsverhältnisse beim Motor

den inneren Spannungsfall $I_A \cdot R_i$ größer sein als die induzierte Gegenspannung U_0. Die elektrische Energie fließt vom Netz zum Motor.

Die Spannungsformel für den Motor lautet:

$$U_{Kl} = U_0 + I_A \cdot R_i$$

Beim Motor wirkt das Drehmoment der angetriebenen Maschine dem inneren Motor-Drehmoment entgegen. Die Leistungsformel lautet:

$$U_{Kl} \cdot I_{Netz} = U_0 \cdot I_A + I_A^2 \cdot R_i + I_e^2 \cdot R_{Nebenschluß}$$

Zusammenfassung

Gleichstrommaschinen können je nach Stromrichtung und äußerer Schaltung ihre Energieform in die eine oder in die andere Richtung umformen.

Sollen die Nenndaten der Maschine erhalten bleiben, muß der Generator, als Motor betrieben, eine höhere Ankerspannung erhalten. Bei Überführung in den Generatorzustand muß die Antriebsdrehzahl oder der magnetische Fluß erhöht werden.

1.5 Erregerarten der Gleichstromgeneratoren

Die verschiedenen Erregerarten der Gleichstromgeneratoren unterscheiden sich hinsichtlich der Erzeugung des magnetischen Feldes. Man unterscheidet grundsätzlich drei verschiedene Erregerarten:

a) Fremderregung (Bild 1.11)

Wird der Erregerstrom einer fremden Spannungsquelle (z. B. Batterie, Gleichstromgenerator) entnommen, so wird die Maschine fremderregt.

b) Selbsterregung (Bild 1.12)

Die gebräuchlichste Erregerart ist die Selbsterregung. Durch den Restmagnetismus der Hauptpole und des Joches wird in der Ankerwicklung des hochfahrenden Generators eine geringe Spannung induziert (etwa 2 bis 4% der Nennspannung). Diese reicht aus, um den Generator auf seine volle Klemmenspannung zu erregen. Ein Fehlen der Selbsterregung kann folgende Ursachen haben:

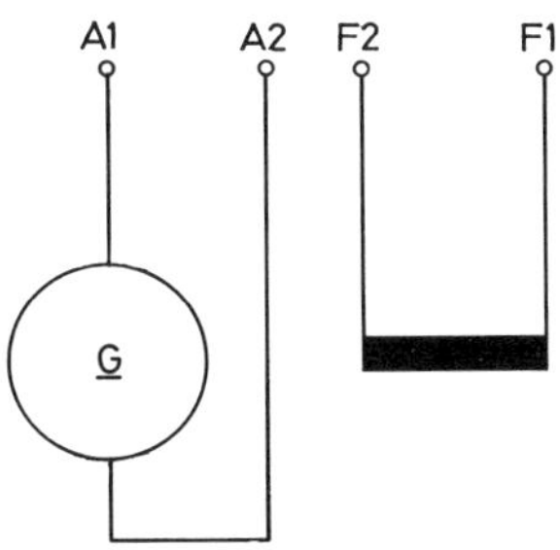

Bild 1.11
Fremderregter Generator

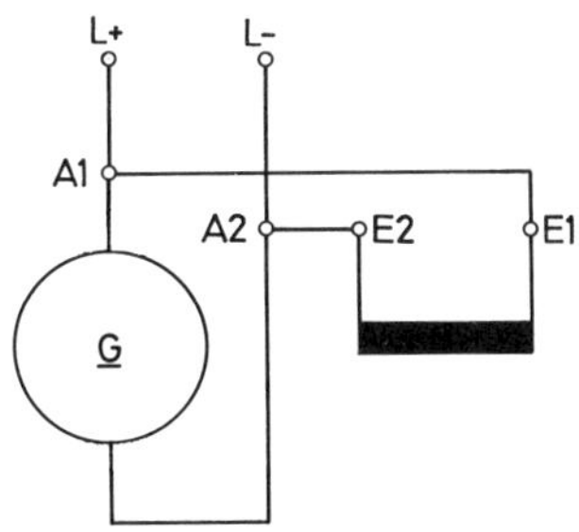

Bild 1.12
Selbsterregter Nebenschlußgenerator

1. Falsche Drehrichtung des Generators.
2. Das Erregerfeld ist dem Restmagnetismus durch den Erregerstrom entgegengerichtet.
3. Kein Restmagnetismus vorhanden.
4. Unterbrechung des Erregerfeldes.

Man unterscheidet drei Arten von Selbsterregungen:

1. Reihenschlußerregung,
2. Nebenschlußerregung,
3. Doppelschlußerregung.

c) Eigenerregung

Unter Eigenerregung versteht man die Erregung einer Hauptmaschine durch einen selbsterregten Generator (Bilder 1.13 und 7.2c). Beide Maschinen sind direkt mechanisch durch eine Welle bzw. über Treibriemen, Ketten- oder Zahnradantrieb miteinander verbunden und werden nur eigens für diesen Zweck verwendet.

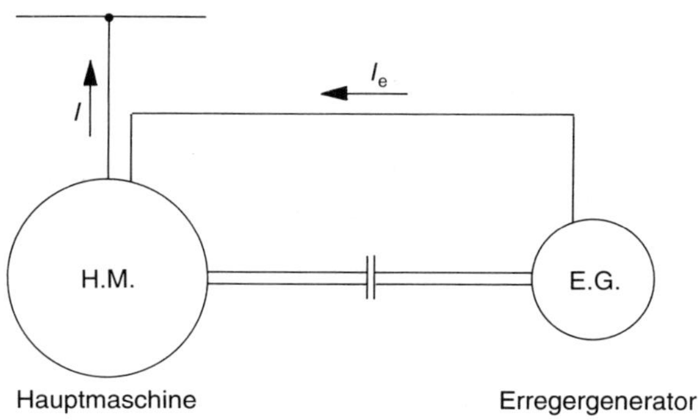

Bild 1.13
Eigenerregung

1.6 Betriebsarten

Die Betriebsarten von elektrischen Motoren werden lt. VDE 0530 «Regeln für elektrische Maschinen» in verschiedene Belastungsgruppen eingeteilt. Die Motoren müssen so bemessen werden, daß die zulässigen Wicklungstemperaturen bei den jeweiligen Arbeitsverfahren nicht überschritten werden. Um den Motor auch bei Schaltbetrieb voll ausnutzen zu können, wird für die Nennleistung die mittlere quadratische Leistung eingesetzt (Bild 1.14). Die mittlere quadratische Leistung wird aus folgender Formel bestimmt:

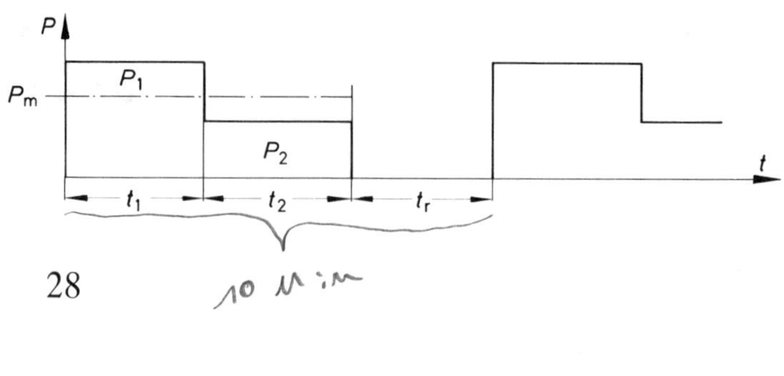

Bild 1.14
Diagramm zur Ermittlung der mittleren quadratischen Leistung

$$P_m = \sqrt{\frac{P_1^2 \cdot t_1 + P_2^2 \cdot t_2}{t_1 + t_2}}$$

Belastungsdauer $t = t_1 + t_2$
Zeit der Ruhepause $= t_r$
Spieldauer $= t + t_r$
Bei der Bestellung oder Planung dieser Motoren gibt die relative Einschaltdauer *ED* das Verhältnis von Belastungsdauer zur Spieldauer an.

$$ED = \frac{\text{Belastungsdauer}}{\text{Belastungsdauer + Pause}} \cdot 100\%$$

$$ED = \frac{t}{t + t_r} \cdot 100\%$$

$$ED = \frac{\text{Belastungsdauer}}{\text{Spieldauer}} \cdot 100\%$$

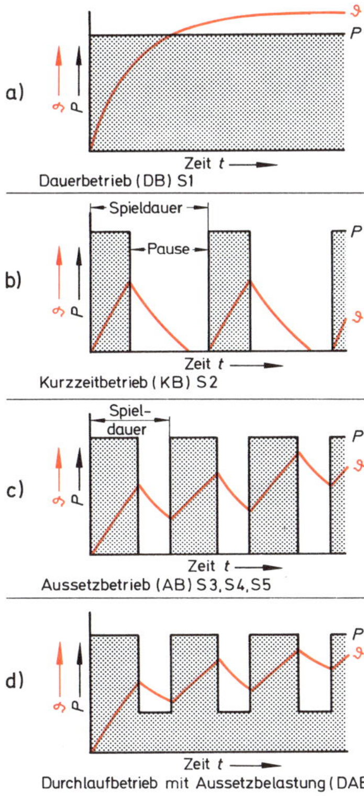

Bei **Dauerbetrieb (S1)** ist die Betriebsdauer bei Nennleistung so lang, daß die Beharrungstemperatur erreicht wird. Dies ist bei normalen Motoren der Fall. Sie dürfen dauernd mit ihrer Nennlast belastet werden.

Bei **Kurzzeitbetrieb (S2)** ist die Betriebsdauer so kurz, daß die Beharrungstemperatur nicht erreicht wird. In der anschließenden längeren Pause kühlt der Motor sich auf die Ausgangstemperatur ab.

Bei **Aussetzbetrieb (S3, S4, S5)** sind die Pausen so kurz, daß der Motor im Stillstand sich nicht auf die Raumtemperatur abkühlen kann.

Bei **Durchlaufbetrieb mit Aussetzbelastung (S6)** kann sich der Motor in den Leerlaufpausen nicht abkühlen.

P = Leistung, ϑ = Maschinenerwärmung, *t* = Betriebsdauer

Bild 1.15
Betriebsarten von Elektromotoren

Die Normwerte für die relative Einschaltdauer sind 15%, 25%, 40%, 60%, bezogen auf eine Spieldauer von max. 10 min. Eine abweichende Spieldauer muß auf dem Leistungsschild der Maschine angegeben werden. In Bild 1.15 sind die wichtigsten Betriebsarten der elektrischen Maschinen zusammengefaßt.

Wird eine elektrische Maschine vor der vorhandenen Nennleistung im Dauerbetrieb (S 1) auf eine Betriebsart mit aussetzendem Betrieb umgerechnet, kommt folgende Formel zur Anwendung:

$$P_1^2 \cdot ED_1 = P_2^2 \cdot ED_2$$

Beispiel

Ein Drehstrommotor $P_1 = 8\,\text{kW}$, für Dauerbelastung ($ED_1 = 100\%$) ausgelegt, soll für eine relative Einschaltdauer von $ED_2 = 40\%$ und 10 min Spieldauer eingesetzt werden.

Wie groß darf die Leistung P_2 des Motors sein?

Wie lange sind Belastungsdauer und Pause?

Lösung

$$P_2 = P_1 \cdot \sqrt{\frac{ED_1}{ED_2}}$$

$$P_2 = 8\,\text{kW} \cdot \sqrt{\frac{100\%}{40\%}} = 8\,\text{kW} \cdot 1{,}58 = \underline{\underline{12{,}64\,\text{kW}}}$$

$$ED = \frac{\text{Belastungsdauer}}{\text{Belastungsdauer} + \text{Pause}} \cdot 100\%$$

$$\text{Belastungsdauer} = \frac{ED}{100\%} \cdot \text{Spieldauer}$$

$$\text{Belastungsdauer} = \frac{40\%}{100\%} \cdot 10\,\text{min} = 4\,\text{min}$$

$$\text{Pause} = \text{Spieldauer} - \text{Belastungsdauer}$$

$$\text{Pause} = 10\,\text{min} - 4\,\text{min} = \underline{\underline{6\,\text{min}}}$$

Bemerkung

Dieser Motor mit einer Nennleistung von 8 kW kann durch die kurzzeitige Belastung von 4 min Belastungsdauer in seiner Motorleistung um das 1,58fache erhöht werden. Ebenso kann ein ED-Motor mit entsprechend verminderter Leistung dauerbelastet werden.

1.7 Bauformen der elektrischen Maschinen (Tabelle 1.2)

Die Bauformen von elektrischen Maschinen werden nach DIN 42950 (Ausgabe Apr. 1964) mit einem Buchstaben (B oder V) und einer Kennziffer angegeben; z. B. bedeutet B 3, daß der Motor waagerecht (horizontal) auf einer Grundplatte steht. Die senkrechte (vertikale) Ausführung erhält den Buchstaben V an 1. Stelle. An 2. Stelle wird die Kennziffer 3, 5 oder 10 usw. verwendet.

Innerhalb des EG-Bereiches strebt man in der heutigen Zeit gemeinsam genormte Bauformen der elektrischen Maschinen an. Diese werden nach IEC-Codesystem I und IEC-Codesystem II, DIN IEC 34 Teil 7 festgelegt. Die Bauformen sind wichtig für die Konstruktion (Lagerausführung, Befestigung) und für die Bestellung von elektrischen Maschinen. Maschinen mit genormten Anbaumaß sind daher nichtgenormten Maschinen vorzuziehen. Dieser Gesichtspunkt sollte bei der Anschaffung von Maschinen besonders beachtet werden.

IEC-Codesystem I gilt für Maschinen mit Schildlagern und einem freien Wellenende, z. B.:

Kurzzeichen IM B 3

International mounting* — IM
Bauform (nach Tabellen) — B
Angabe über Lagerung, Befestigung, Ausführung des Wellenendes usw. — 3

IEC-Codesystem II gilt für alle umlaufenden Maschinen für allgemeinen Gebrauch und für besondere Anwendungsfälle.

Kurzzeichen IM 1 00 1

International mounting* — IM
Bauform (nach Tabellen) — 1
Einbaulage und Aufstellungsart (nach Tabellen 1.1 bis 1.9) — 00
Anzahl und Ausführung der Wellenenden (nach Tabellen) — 1

* mounting: englisch für Aufstellung, Befestigung, Lagerung u. ä.

Tabelle 1.2 Bauformen der elektrischen Maschinen (Auszug aus DIN 42950 oder DIN IEC 34 Teil 7)

Kurzzeichen	Bildliche Darstellung	Art der Lagerung	Code I	Code II	Art der Befestigung	Bemerkungen
B 3	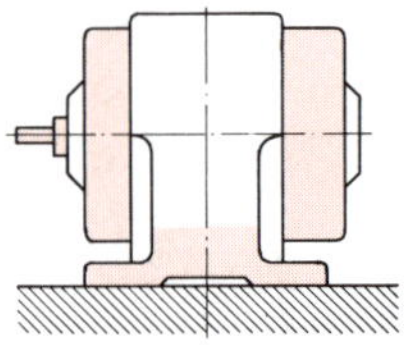	2 Schildlager	IM B 3	IM 1001	Gehäuse mit Füßen	freies Wellenende für Riemenscheibe, Zahnrad, Kupplungshälfte
B 5	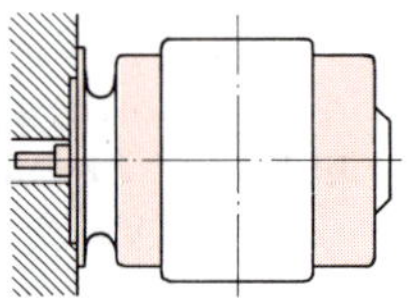	2 Schildlager	IM B 5	IM 3001	Befestigungsflansch (Flanschmotor)	Gehäuse ohne Füße, freies Wellenende
B 8	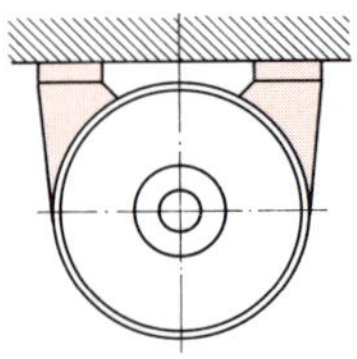	2 Schildlager um 180° gedreht	IM B 8	IM 1071	Gehäuse mit Füßen, Deckenbefestigung	freies Wellenende
V 3	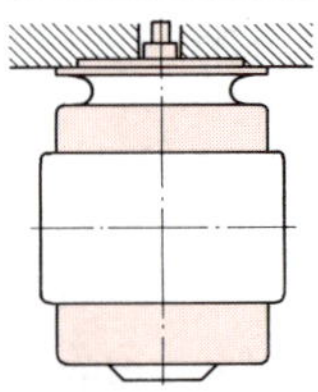	2 Führungslager	IM V 3	IM 3031	Befestigungsflansch am oberen Lagerschild	freies Wellenende oben u. U. Traglager zur Aufnahme des Läufergewichts
V 5	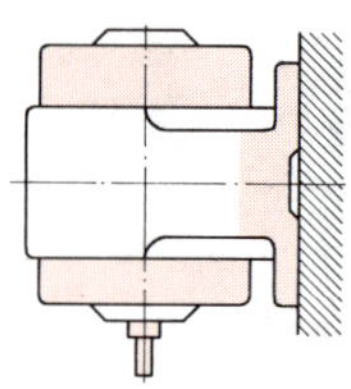	2 Führungslager	IM V 5	IM 1011	Gehäuse mit Füßen zur Wandbefestigung	freies Wellenende unten u. U. Traglager zur Aufnahme des Läufergewichts
V 10	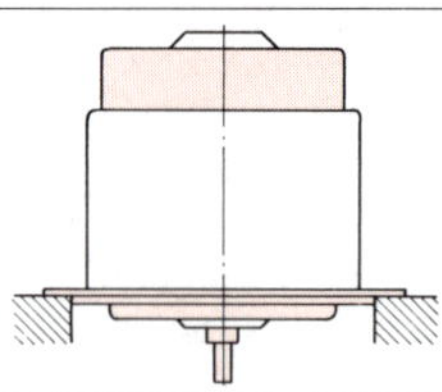	2 Schildlager	IM V 10	IM 4011	Befestigungsflansch auf der Antriebsseite	freies Wellenende unten Befestigungsfläche antriebsseitig

1.8 **Schutzarten** (Tabellen 1.3a und 1.3b)

Die Schutzarten von elektrischen Maschinen sind nach DIN 40050 mit Kurzzeichen festgelegt.

Elektrische Maschinen müssen so ausgelegt sein, daß sie gegen Eindringen von Feuchtigkeit und Fremdkörpern geschützt werden. Die Schutzarten werden mit dem allgemeinen Buchstaben IP angegeben, an zweiter und dritter Stelle folgen dann die Kennziffergrößen.

Die *erste Kennziffer* gibt den Schutz gegen Berührung und Eindringen von Fremdkörpern an, die *zweite Kennziffer* den Schutz gegen Eindringen von Wasser.

Elektrische Maschinen in Sonderschutzarten sind z. B. die explosions- und schlagwettergeschützten Ausführungen; sie erhalten den Zusatzbuchstaben «Ex» oder «Sch». Erweiterte Bestimmungen siehe Vorschriften VDE 0530.

Nur Reparaturwerkstätten, die vom Technischen Überwachungsverein (TÜV), Gewerbeaufsichtsamt oder von der Berufsgenossenschaft zugelassen sind, dürfen Reparaturen an Maschinen mit Sonderschutzarten ausführen.

Tabelle 1.3a Schutzarten für Berührungs- und Fremdkörperschutz (nach DIN 40050)

Erste Kennziffer	Schutzumfang	
	Benennung	Erklärung
0	Kein Schutz	Kein Schutz des Betriebsmittels gegen Eindringen von festen Fremdkörpern
1	Schutz gegen große Fremdkörper	Schutz gegen Eindringen von festen Fremdkörpern mit einem Durchmesser größer als 50 mm
2	Schutz gegen mittelgroße Fremdkörper	Schutz gegen Eindringen von festen Fremdkörpern mit einem Durchmesser größer als 12 mm
3	Schutz gegen kleine Fremdkörper	Schutz gegen Eindringen von festen Fremdkörpern mit einem Durchmesser größer als 2,5 mm
4	Schutz gegen kornförmige Fremdkörper	Schutz gegen Eindringen von festen Fremdkörpern mit einem Durchmesser größer als 1 mm
5	Schutz gegen Staubablagerung	Schutz gegen schädliche Staubablagerungen. Das Eindringen von Staub ist nicht vollkommen verhindert, aber der Staub darf nicht in solchen Mengen eindringen, daß die Arbeitsweise beeinträchtigt wird
6	Schutz gegen Staubeintritt	Schutz gegen Eindringen von Staub

Tabelle 1.3b Schutzarten für Wasserschutz (nach DIN 40050)

Zweite Kennziffer	Schutzumfang	
	Benennung	Erklärung
0	Kein Schutz	–
1 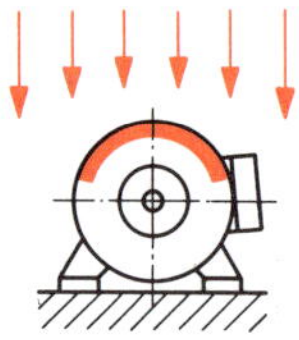	Schutz gegen senkrecht fallendes Tropfwasser	Wassertropfen, die senkrecht fallen, haben keine schädliche Wirkung
2 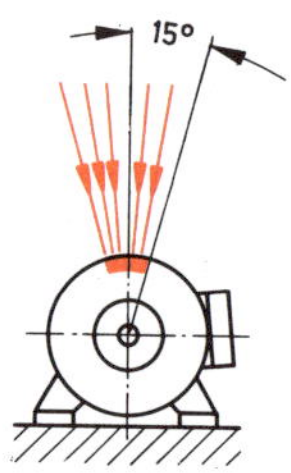	Schutz gegen schräg fallendes Tropfwasser	Wassertropfen, die in einem beliebigen Winkel bis 15° zur Senkrechten fallen, haben keine schädliche Wirkung
3 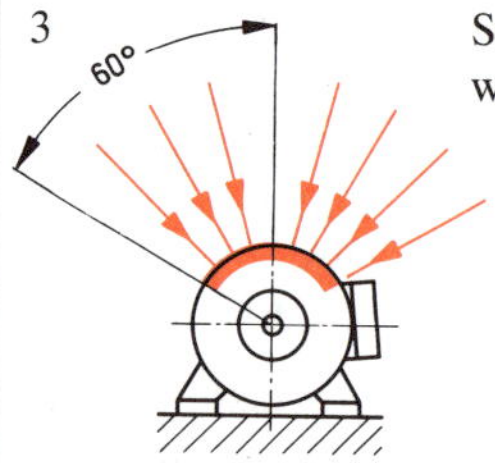	Schutz gegen Sprühwasser	Wasser, das in einem beliebigen Winkel bis 60° zur Senkrechten fällt, hat keine schädliche Wirkung
4 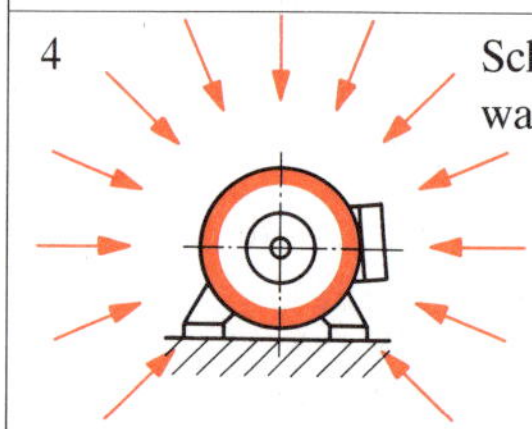	Schutz gegen Spritzwasser	Wasser, das aus allen Richtungen gegen das Betriebsmittel spritzt, hat keine schädliche Wirkung
5 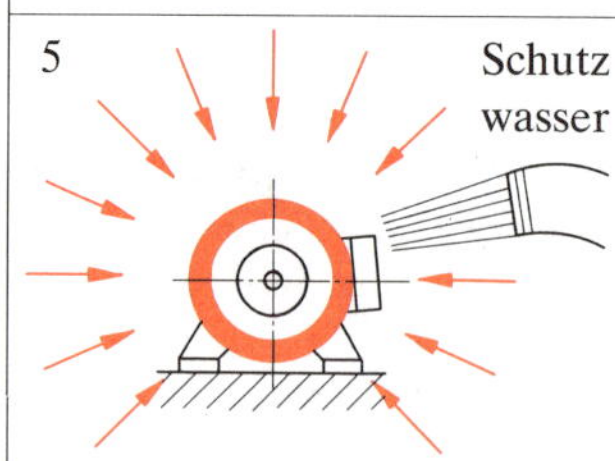	Schutz gegen Strahlwasser	Ein Wasserstrahl, der aus allen Richtungen gegen das Betriebsmittel gerichtet wird, hat keine schädliche Wirkung

Tabelle 1.3b (Fortsetzung)

Zweite Kennziffer	Schutzumfang	
	Benennung	Erklärung
6 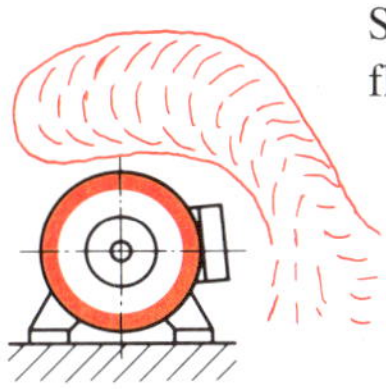	Schutz bei Überflutung	Wasser dringt bei vorübergehender Überflutung nicht in schädlichen Mengen in das Betriebsmittel ein
7 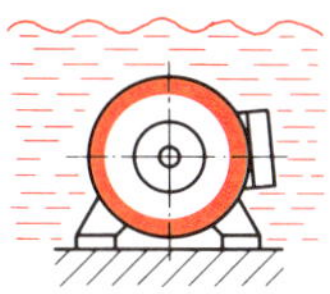	Schutz beim Eintauchen	Wasser dringt nicht in schädlichen Mengen ein, wenn das Betriebsmittel unter dem festgelegten Druck kurze Zeit in Wasser eingetaucht wird
8 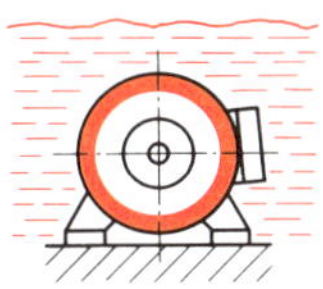	Schutz beim Untertauchen	Wasser dringt nicht in schädlichen Mengen ein, wenn das Betriebsmittel unter einem festgelegten Druck und für lange Zeit unter Wasser getaucht wird

2 Gleichstromgeneratoren

2.1 Wirkungsweise

2.1.1 Ankerrückwirkung

a) Entstehung der Ankerrückwirkung und ihre Folgen

Wenn der rotierende Teil im stillstehenden Magnetfeld von Feldlinien geschnitten wird, entsteht nach dem Induktionsgesetz im Anker die Induktionsspannung U_0. Dabei ist die Höhe der Spannung von dem Magnetfluß und der Drehzahl abhängig. Die Bürsten der Gleichstrommaschinen werden so angeordnet, daß sie immer elektrisch 90° zum Hauptfeld Φ_H stehen (Bild 2.1a). In dieser Stellung herrscht zwischen den Bürsten der größte Potentialunterschied (Spannungsunterschied). Die Bürsten stehen somit in der geometrisch neutralen Zone.

Im Leerlauf (unbelasteter Zustand) des Generators durchsetzt das Hauptfeld den Anker gleichmäßig in Richtung der Polschuhe. Die Bürsten bleiben in der geometrischen neutralen Zone stehen (Bild 2.1a).

Wird der äußere Stromkreis geschlossen, fließt durch die Ankerwicklung der Belastungs- oder Ankerstrom I_A, der ein belastungsabhängiges Feld ausbildet, das sogenannte Ankerquerfeld Φ_Q (Bild 2.1b). Bei belasteter Maschine sind somit grundsätzlich verschiedene Magnetfelder vorhanden, die sich einander überlagern und ein resultierendes Feld, das Hauptfeld Φ_R, bilden (Bilder 2.1c und 2.1d).

Das Ankerquerfeld verdrängt das symmetrische Erregerfeld aus der Polachse. An den auflaufenden Polkanten verlaufen die Feldlinien des Querfeldes in entgegengesetzter und an den ablaufenden Polkanten in gleicher Richtung wie die Feldlinien des Erregerfeldes (Bild 2.1c). Das bedeutet eine Feldschwächung an den auflaufenden und eine Verstärkung an den ablaufenden Polkanten. Ein funkenfreier Lauf des Stromwenders ist aber nur dann gewährleistet, wenn die Bürstenbrücke aus der geometrisch neutralen Zone um den Winkel α verschoben und zur jeweiligen Belastung eingestellt wird. In der jetzigen Stellung der elektrisch neutralen Zone bleibt die feldfreie Zone von einer Spannungserzeugung weiterhin verschont.

Hauptfeld Φ_R und Ankerfeld Φ_A bleiben somit durch die Bürstenverschiebung senkrecht aufeinander stehen. Die Sättigungserscheinungen der Polschuhe an den ablaufenden Polkanten verursachen einen Rückgang des magnetischen Flusses und damit eine Schwächung der induzierten Spannung U_0. Die vom Verschiebungswinkel $2\,\alpha$ eingeschlossenen Spulen gelangen in den Bereich entgegengesetzter Pole. Die induzierten Spannungen rufen Ströme hervor, die mit ihren Gegendurchflutungen und deren Gegenfeldern Φ_G das Hauptfeld nochmals schwächen (Bilder 2.1c und 2.1d).

Sättigungserscheinungen in den Hauptpolen und Ankergegenfeldern Φ_G rufen bei Generatoren Spannungsrückgang, bei Motoren Drehzahlerhöhungen hervor. Die Folgen der Ankerrückwirkung müssen durch eine entsprechende Erhöhung des Erreger-

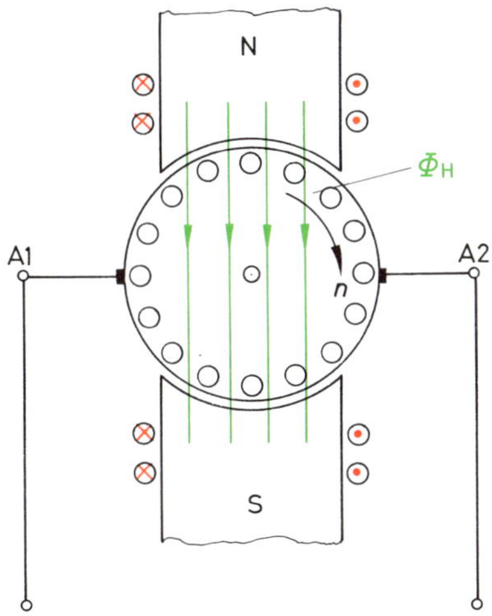

Bild 2.1a Hauptfeld (Generator)

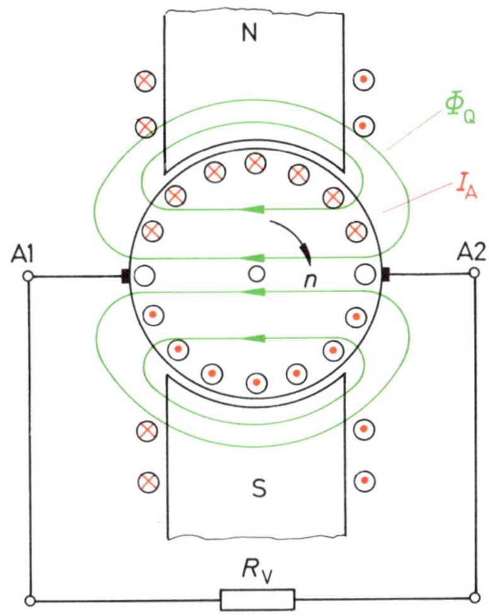

Bild 2.1b Ankerfeld (Generator)

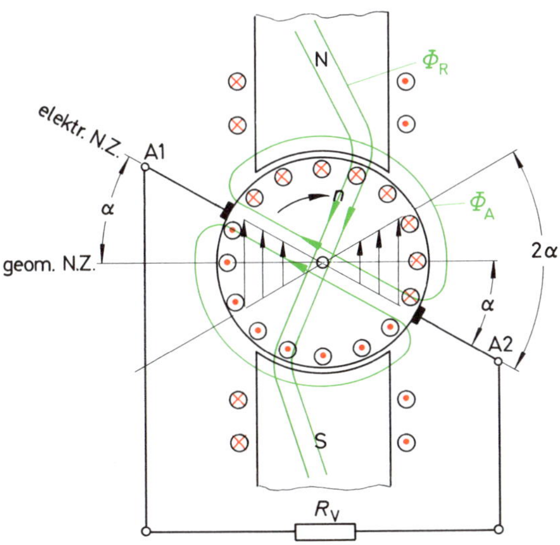

Bild 2.1c Gesamtfeld (Generator)

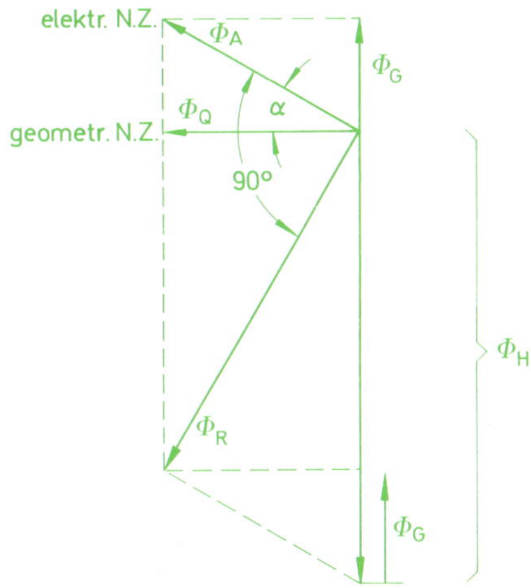

Bild 2.1d Zeigerbild

stromes ausgeglichen werden. Somit ergibt sich durch Bürstenverschiebung folgende Tabelle:

Bürstenverschiebung	beim Generator	beim Motor
in Drehrichtung	Feldschwächung	Feldverstärkung
gegen die Drehrichtung	Feldverstärkung	Feldschwächung

b) Stromwendung

Neben der normalen Ankerrückwirkung und ihren Folgen muß gleichzeitig der Stromwendung (Kommutierungsvorgang) wichtige Bedeutung beigemessen werden.

Stromwender und Bürsten haben bei Generatoren die Aufgabe, den Wechselstrom in der Ankerwicklung in Gleichstrom für das Netz umzuformen.

Durch die Rotation des Ankers wird in der neutralen Zone (NZ) der Ankerstrom in seiner Richtung vom «Kreuzstrom» zum «Punktstrom» geändert (Bild 2.2a). Hier werden dauernd eine oder mehrere Ankerspulen kurzzeitig überbrückt, d. h. kurzgeschlossen (Bild 2.3b).

Nach dem Induktionsgesetz hat jede Stromänderung in einer Spule (Induktivität) eine Spannung zur Folge:

$$U_o = -L \frac{\Delta i}{\Delta t}$$

L = Induktivität in $\frac{\text{Vs}}{\text{A}} = \text{H} = \Omega\text{s}$

Δi = Stromänderung in A

Δt = Zeitintervall in s

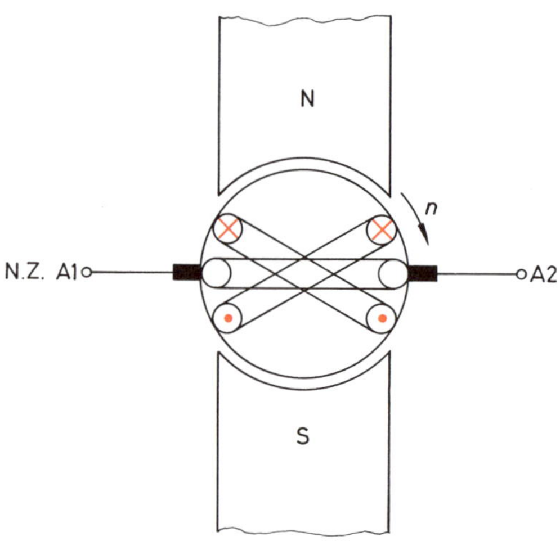

Bild 2.2a Stromwendung

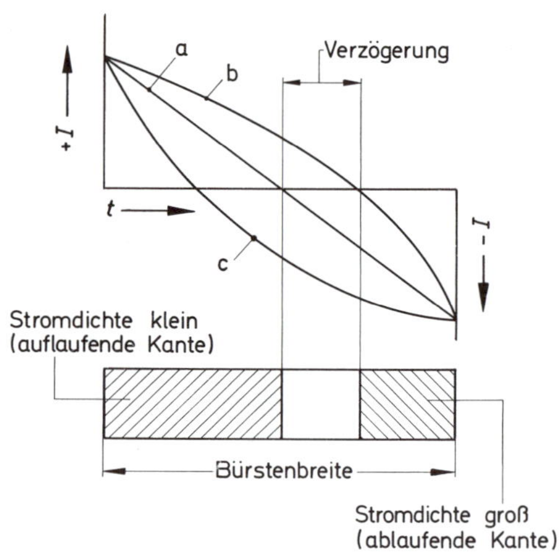

Bild 2.2b Übergangskurven

Bild 2.3 Stromwendung in den Ankerspulen

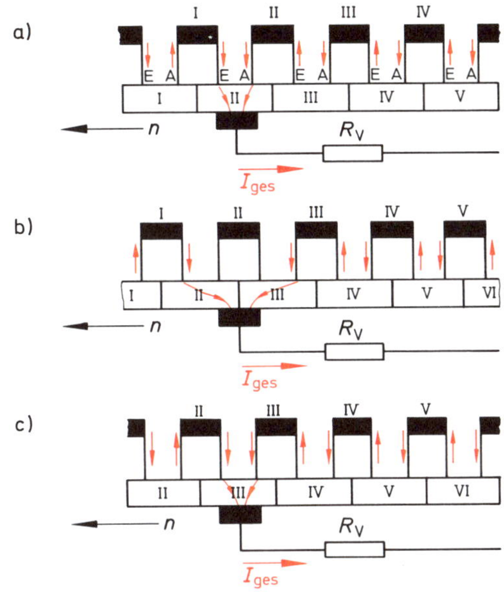

Die Spannung versucht, die Stromrichtung in der kurzgeschlossenen Spule zu erhalten (Lenzsche Regel). Durch die Flußumkehr in der neutralen Zone wird aber der Strom in der durch die Bürste kurzgeschlossenen Spule zur Richtungsänderung gezwungen. Auf dem Bürstenquerschnitt mit seiner ungleich belastenden Stromdichte wirkt sich das nachteilig als Bürstenfeuer und Lamellenabbrand aus. Die Ursache liegt in der Verzögerung der Stromwendung, d. h., der ablaufende Teil des Bürstenquerschnittes wird erheblich stärker belastet (Bild 2.2b), was zu einer unerwünschten Erwärmung der Bürsten und des Stromwenders führt.

Um eine Beschädigung bzw. Zerstörung vor allem des Stromwenders zu vermeiden, können folgende Abhilfen getroffen werden:

1. freie Stromwendung (Maschinen ohne Wendepole),
2. erzwungene Stromwendung (Maschinen mit Wendepolen).

Zu 1. Bei der freien Stromwendung gelangen die kommutierenden Spulen bei Belastungszunahme um den einseitigen Winkel α in den Bereich des entgegengesetzten Hauptpoles. Damit werden diese Spulen vom entgegengesetzten Magnetfeld geschnitten. Die Stromwendespannung (Selbstinduktionsspannung) wächst, wodurch das Bürstenfeuer zunimmt. Die Aufhebung des Bürstenfeuers wird erreicht durch Verschiebung der Bürstenbrücke in Drehrichtung (Generator Bild 2.1c) bzw. entgegengesetzt der Drehrichtung (Motor).

Zu 2. Bei der Stromwendung mit Wendepolen (erzwungene Stromwendung) unterscheidet man:

Die *geradlinige Kommutierung,* d. h., die Stromwendespannung (Selbstinduktionsspannung) ist gleich der vom Wendefeld induzierten Wendefeldspannung (Bild 2.2b,

Kurve a). Die Stromdichte unter der auflaufenden Bürstenkante entspricht der Stromdichte unter der ablaufenden Bürstenkante.

Die *Unterkommutierung* oder verzögerte Stromwendung, d. h., die Stromwendespannung ist größer als die Wendefeldspannung (Bild 2.2b, Kurve b). Hier ist die Stromdichte unter der ablaufenden Bürstenkante größer als unter der auflaufenden Bürstenkante.

Die *Überkommutierung* oder beschleunigte Stromwendung, d. h., die Stromwendespannung ist kleiner als die Wendefeldspannung (Bild 2.2b, Kurve c). Hier ist die Stromdichte unter der ablaufenden Bürstenkante kleiner als unter der auflaufenden Bürstenkante. In der Praxis wird hiervon fast ausschließlich Gebrauch gemacht.

c) Aufhebung der Ankerrückwirkung durch Wendepole und Kompensationswicklung

Bei schwankender Belastung müssen die Bürsten einer Gleichstrommaschine um den Belastungswinkel α verschoben werden, damit die Stromwendung immer in der feldfreien Zone stattfinden kann. Der Grund dieses Übels ist der veränderliche Ankerstrom (Belastungsstrom) mit seinem mehr oder weniger starken Ankerquerfeld. Die Wendepole (Hilfspole) machen eine Verschiebung der Bürstenbrücke überflüssig, außerdem hebt die Kompensationswicklung (Ausgleichswicklung) unter den Hauptpolen das restliche Ankerquerfeld auf.

Die Wendepolwicklung (Bild 2.4a) hat die Aufgabe, in der neutralen Zone ein Wendefeld zu erzeugen, das dem Ankerquerfeld entgegengerichtet ist und es somit aufhebt (kompensiert). Da das Wendepolfeld nicht in der Lage ist, das gesamte Ankerquerfeld zu erfassen, kann zusätzlich eine Kompensationswicklung in den Hauptpolen untergebracht werden (Bild 2.4b).

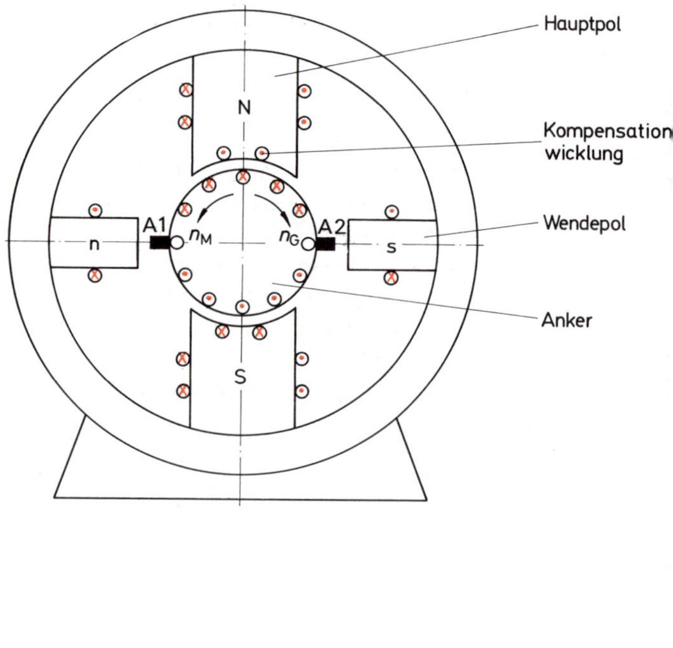

Bild 2.4a Stromrichtungen in den Anker-, Wendepol- und Kompensationswicklungen

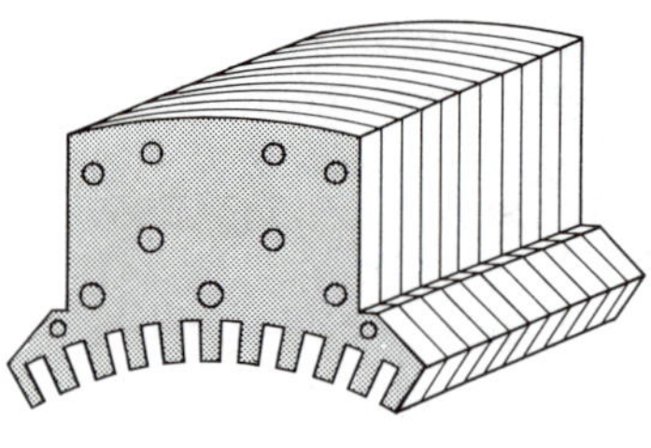

Bild 2.4b Hauptpol mit Nuten für die Kompensationswicklung

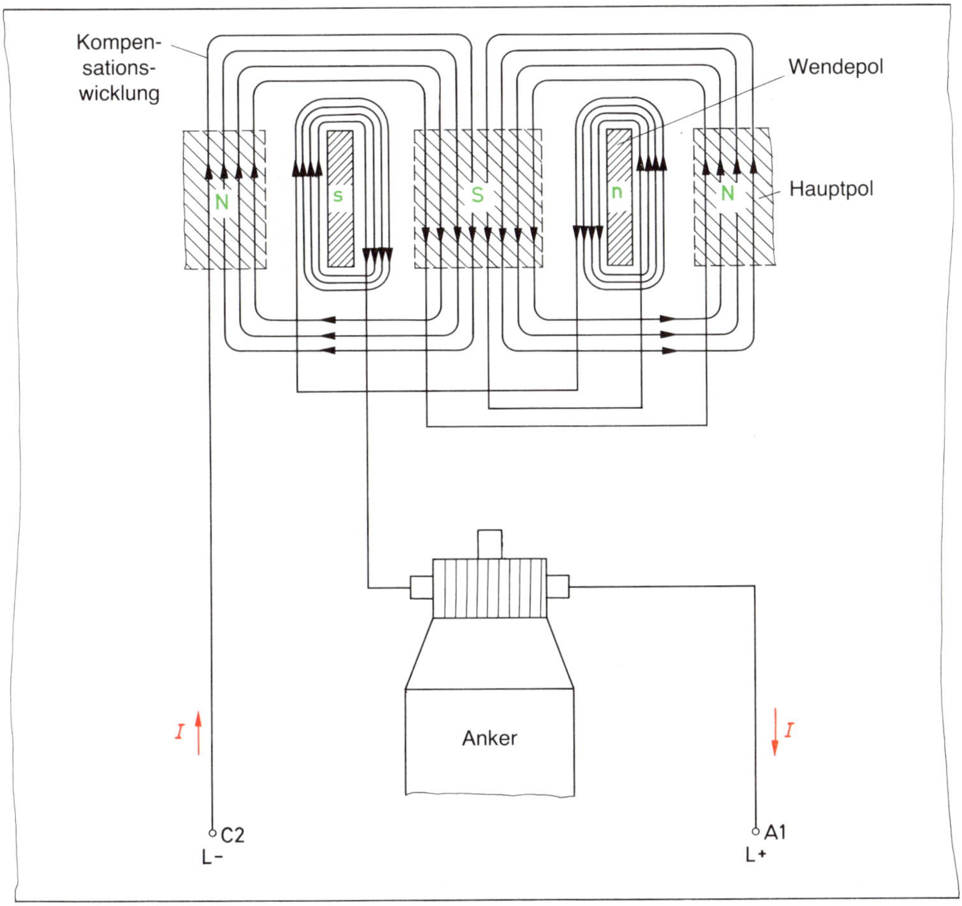

Bild 2.4c Abwicklung eines zweipoligen Gleichstromgenerators mit Hauptpolen sowie asymmetrisch angeordneten Wendepolen und Kompensationswicklungen für Rechtslauf

Wendepol- und Kompensationswicklung liegen in Reihe und werden gemeinsam vom Ankerstrom durchflossen (Bild 2.4c und Bild 2.4d). Durch die Aufhebung des Ankerquerfeldes entfällt eine Bürstenverschiebung aus der neutralen Zone.

Da bekanntlich stets ein Bürstenfeuer an der ablaufenden Bürstenkante (Unterkommutierung) auftritt, werden die Windungszahlen der Wendepole so gewählt, daß ihre Durchflutung $\Theta_w = I_A \cdot N_w$ etwa 20% bis 30% höher ist als die Ankerdurchflutung $\Theta_A = I_A \cdot N_A$ (Überkommutierung). Somit wird die Wendefeldspannung gegenüber der Stromwendespannung etwas größer (Abschnitt 2.1.1).

Die Anschlußbezeichnung der Wendepole und Kompensationswicklungen lautet allgemein B 1–B 2 und C 1–C 2. In der Praxis werden meistens Anker-, Wendepol- und

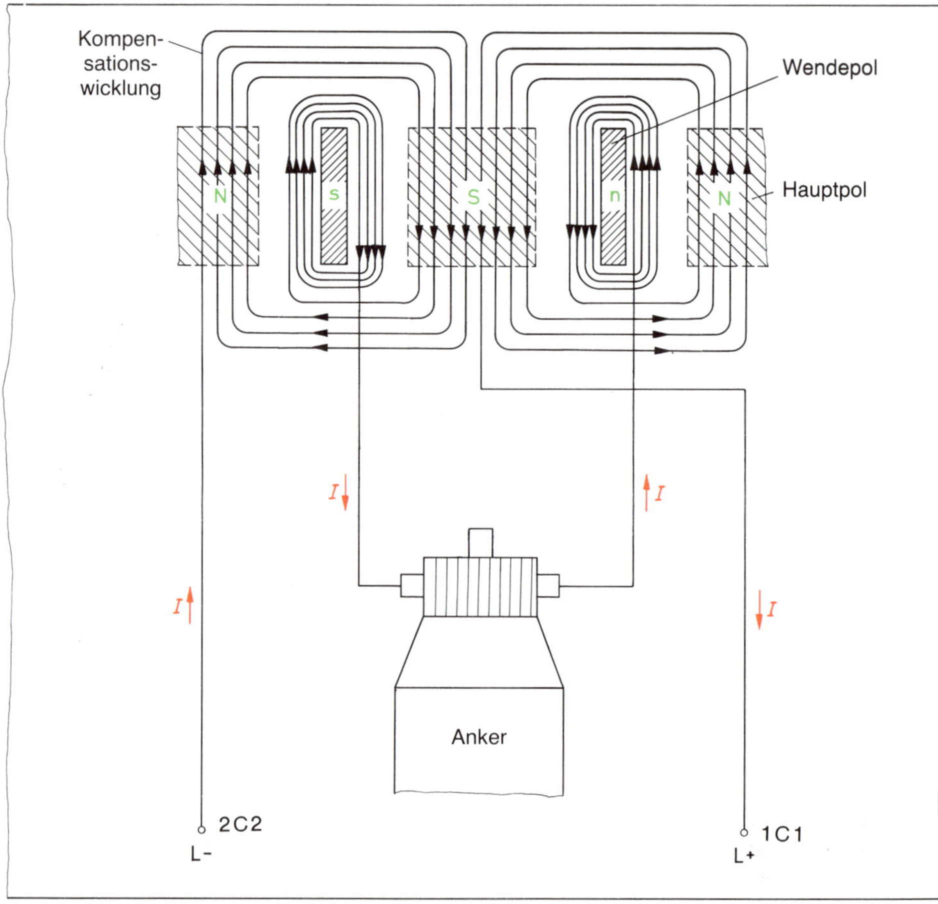

Bild 2.4d Abwicklung eines zweipoligen Gleichstromgenerators mit Hauptpolen sowie symmetrisch angeordneten Wendepolen und Kompensationswicklungen für Rechtslauf

Kompensationswicklungen innerhalb der Maschine verschaltet. Bei einer Ankerumschaltung infolge Drehrichtungsänderung werden so gleichzeitig die Wendepol- und Kompensationswicklungen mit umgekehrt; eine Fehlschaltung am Anschlußbrett ist dabei ausgeschlossen.

> Bei einem Generator folgt, in Drehrichtung gesehen, auf einen Hauptpol immer ein ungleichnamiger Wendepol. Bei Motoren ist es umgekehrt (Bild 2.4a).

Das Wendefeld erfaßt vorwiegend den Teil des Ankerfeldes in der neutralen Zone. Der restliche unerfaßbare Teil liegt jeweils unter den Hauptpolen. Man ordnet deshalb in den

Bild 2.5a Asymmetrische Anordnung der Hilfswicklungen

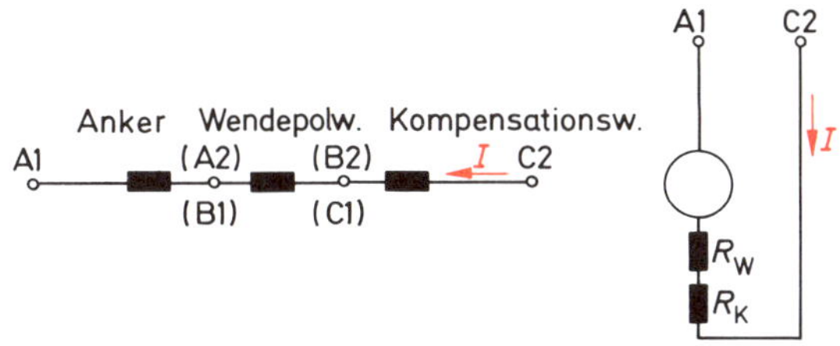

Bild 2.5b Symmetrische Anordnung der Hilfswicklungen

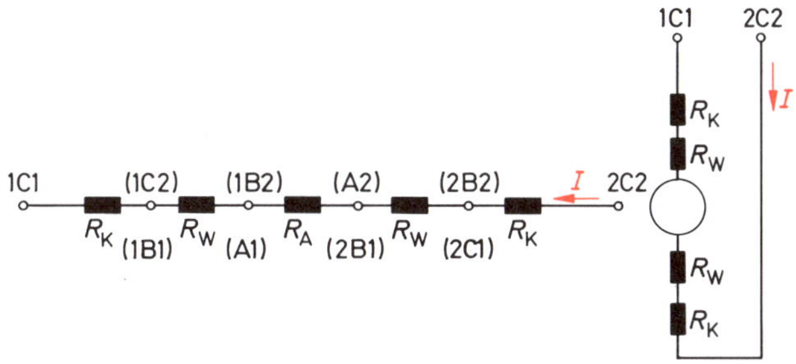

Polschuhen eine besondere Wicklung, die Kompensationswicklung, an. Diese Wicklung hat nun die Aufgabe, bei großen Maschinen (ab 100 kW) unter starker oder stoßartiger Belastung die Feldverzerrung unterhalb der Hauptpole aufzuheben. Sie wird wie die Wendepolwicklung vom gleichen Belastungsstrom durchflossen, liegt mit ihr in Reihe und unterstützt die magnetische Flußrichtung der Wendepole.

Die Stromrichtung in der Kompensationswicklung muß, wie in der Wendepolwicklung, der Ankerstromrichtung entgegengerichtet sein. Steigt bei Belastung der Ankerstrom an, wird auch das Ankerquerfeld verstärkt. Folglich müssen das Wendepol- und Kompensationsfeld ansteigen, damit das Ankerquerfeld kompensiert wird. Die Gesamtdurchflutung ergibt sich aus der Formel:

$$\Theta_{\mathrm{Ges}} = \Theta_{\mathrm{W}} + \Theta_{\mathrm{K}} - \Theta_{\mathrm{A}}$$

Wendepol- und Kompensationswicklungen können asymmetrisch (Bild 2.5a) oder symmetrisch (Bild 2.5b) zur Ankerwicklung angeordnet werden. Sollen die Ausführungen der Wendepol- und Kompensationswicklungen getrennt auf dem Anschlußbrett angeschlossen werden, erhalten sie bei asymmetrischer Schaltung die Bezeichnung B 1–B 2 bzw. C 1–C 2 (Tabelle 1.1a).

Zusammenfassung

1. Die Ankerrückwirkung entsteht durch das Ankerquerfeld und das Ankergegenfeld der belasteten Maschine, wodurch Verzerrung und Schwächung des Erregerfeldes hervorgerufen werden.

2. Bei Generatoren *ohne Wendepole* erfolgt die Bürstenverschiebung in Drehrichtung, bei Motoren entgegengesetzt der Drehrichtung.
   Bei Generatoren *mit Wendepolen* folgt in Drehrichtung auf einen Hauptpol ein *ungleichnamiger Wendepol.*
   Bei Motoren folgt in Drehrichtung auf einen Hauptpol ein *gleichnamiger Wendepol.*
3. Wendepol-, Kompensations- und Ankerwicklung liegen in Reihe und werden vom gleichen Belastungsstrom durchflossen. Das Wendepolfeld hebt das Ankerquerfeld in der neutralen Zone auf. Eine Bürstenverschiebung ist bei Belastungsänderung nicht mehr erforderlich. Außerdem wird die Selbstinduktionsspannung durch die Wendefeldspannung in der kurzgeschlossenen Spule aufgehoben. Die Kompensationswicklung hebt das restliche Ankerquerfeld unter den Hauptpolen auf. Aus preislichen und räumlichen Gründen wird die Kompensationswicklung nur bei großen Maschinen angewendet.

2.1.2 Fremderregter Generator

Ein Generator wird fremderregt, wenn die Erregerwicklung aus einer fremden Gleichspannungsquelle gespeist wird (Bild 2.6a). Der Erregerstrom ist damit unabhängig von der induzierten Ankerspannung U_0. Nach der Generatorgrundgleichung

$$U_0 \sim \Phi \cdot n$$

ist die induzierte Spannung U_0 vom magnetischen Fluß Φ und der Antriebsdrehzahl n abhängig. In der Praxis wird aber meistens der Erregerstrom I_e durch den Feldsteller verändert und dabei die Drehzahl n konstant gehalten. Die Leerlaufkennlinie nach Bild 2.7a gibt die Abhängigkeit (Funktion) der Generatorspannung U_0 vom Erregerstrom I_e an. Der Generator wird im Leerlauf spannungsmäßig so ausgelegt, daß bei Belastung immer noch die volle Klemmenspannung erreicht wird. Wenn der fremderregte Generator auch als selbsterregter verwendet wird, muß die Leerlaufkennlinie eine geringere Remanenzspannung U_R aufweisen (siehe Nebenschlußgenerator).

Durch den Hauptschalter wird der Generator mit dem Netz verbunden. Der Anker- bzw. Belastungsstrom I_A durchfließt die in Reihe geschalteten Widerstände von Anker-(R_A), Wendepol-(R_W) und Kompensationswicklung (R_K). Die Widerstände werden zum gesamten inneren Widerstand

$$R_i = R_A + R_W + R_K$$

zusammengefaßt. Am Innenwiderstand R_i tritt der innere Spannungsfall

$$U_i = U_v = I_A \cdot R_i$$

auf. Die am Netz zur Verfügung stehende Klemmenspannung ist daher

$$U_{Kl} = U_0 - I_A \cdot R_i.$$

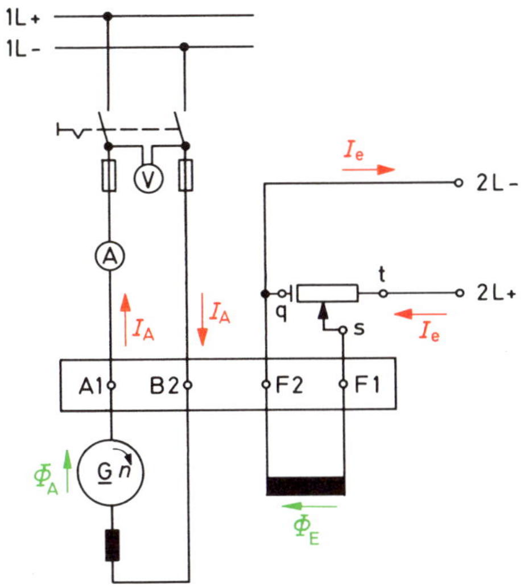

Bild 2.6a Schaltbild eines fremderregten Generators*

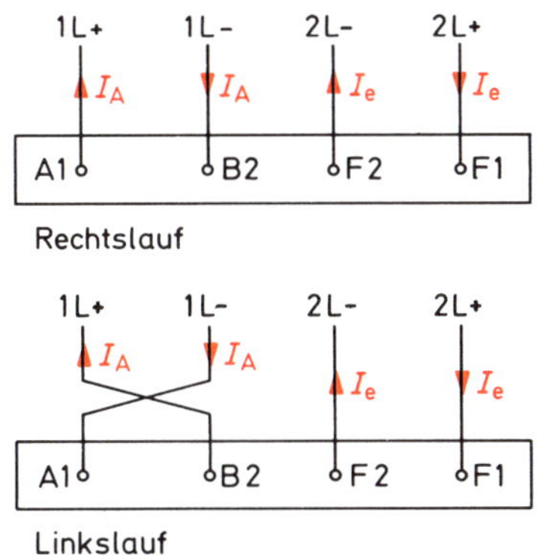

Bild 2.6b Anschlußbretter

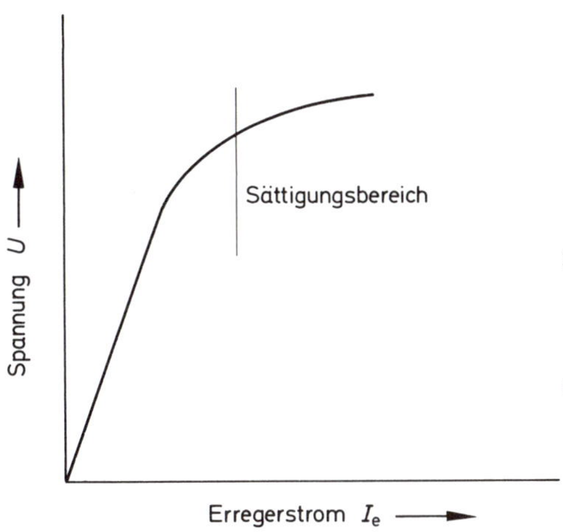

Bild 2.7a Leerlaufkennlinie eines fremderregten Generators

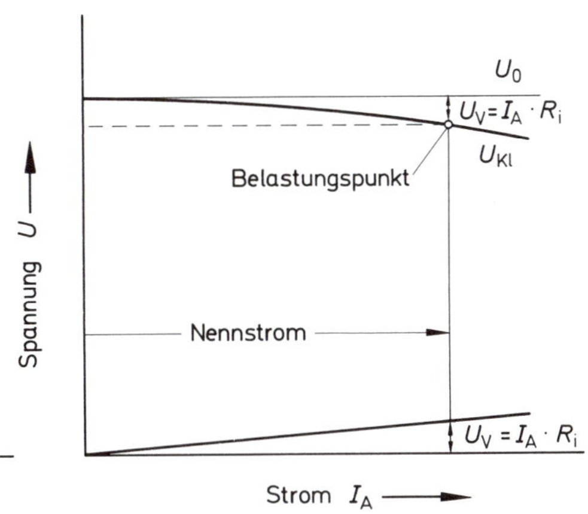

Bild 2.7b Belastungskennlinie eines fremderregten Generators

* Um die Stromverläufe klar zu erkennen, sind sie in den Schaltbildern der Gleichstrommaschinen trotz geöffneter Schalter mit eingezeichnet worden.

Die Belastungskennlinie (Bild 2.7b) zeigt bei zunehmender Belastung eine relativ geringe Spannungsabweichung gegenüber der Leerlaufspannung. Der Spannungsverlust beträgt etwa 5% bis 10% zwischen Leerlauf und Nennlast. Bei dieser Annahme wird vorausgesetzt, daß die Ankerrückwirkung durch Wendepol- und Kompensationswicklung aufgehoben wird, da sonst noch eine größere Spannungsabsenkung die Folge wäre.

Eine konstante Klemmenspannung U_{Kl} erreicht man durch Änderung des Erregerstromes I_e, so daß die induzierte Spannung U_0 immer um den inneren Spannungsverlust höher liegt als die erforderliche Klemmenspannung.

Beispiel

Ein fremderregter Gleichstromgenerator hat folgende Leistungsschildangaben:

Ankerkreis	*Erregerkreis*
$U = 230\ \text{V}$	$U_E = 200\ \text{V}$
$I_A = 6{,}8\ \text{A}$	$I_e = 0{,}2\ \text{A}$
$n = 1450\ \text{min}^{-1}$	
$P = 1{,}6\ \text{kW}$	

Berechnen Sie

a) den Widerstand des Ankerkreises, wenn die Leerlaufspannung 245 V beträgt,

b) die Erregerleistung,

c) Drahtdurchmesser der Ankerwicklung bei einer Stromdichte von 4 A/mm², Drahtdurchmesser der Erregerwicklung bei einer Stromdichte von 3 A/mm²,

d) Leistung der Antriebsmaschine.

Lösung

a) $$R_i = \frac{U_0 - U_{Kl}}{I_A} = \frac{245\ \text{V} - 230\ \text{V}}{6{,}8\ \text{A}} = \underline{\underline{2{,}2\ \Omega}}$$

b) $$P_e = U_E \cdot I_e = 200\ \text{V} \cdot 0{,}2\ \text{A} = \underline{\underline{40\ \text{W}}}$$

c) $$A_A = \frac{I_A}{S_A} = \frac{6{,}8\ \text{A}}{4\ \text{A/mm}^2} = 1{,}7\ \text{mm}^2$$

$$d_A = \sqrt{\frac{A_A \cdot 4}{\pi}} = \sqrt{\frac{1{,}7\ \text{mm}^2 \cdot 4}{\pi}} = 1{,}47\ \text{mm}$$

gewählt $\underline{\underline{d_A = 1{,}5\ \text{mm}}}$

$$A_E = \frac{I_e}{S_e} = \frac{0{,}2\ \text{A}}{3\ \text{A/mm}^2} = 0{,}067\ \text{mm}^2$$

$$d_E = \sqrt{\frac{A_E \cdot 4}{\pi}} = \sqrt{\frac{0{,}067\ \text{mm}^2 \cdot 4}{\pi}} = 0{,}292\ \text{mm}$$

gewählt $\underline{\underline{d_E = 0{,}3\ \text{mm}}}$

d) $P_A = I_A (U_0 - U_{Kl}) = 6{,}8\,A \cdot 15\,V = \underline{102\,W}$

$$P_{zu} = P_{ab} + P_A = 1{,}6\,kW + 0{,}102\,kW = \underline{1{,}7\,kW}$$

Zusammenfassung

a) Der fremderregte Generator ist im mechanischen Aufbau wie der Nebenschlußgenerator ausgeführt.
b) Durch seine geringe Spannungsabweichung bei Belastungsschwankungen kann er in der Praxis als spannungssteif angesehen werden.
c) Der Generator ist im Kurzschluß gefährdet, da das magnetische Feld in voller Höhe erhalten bleibt; er gibt hierbei den größten Strom ab.
d) Auf dem Leistungsschild müssen außer den normalen Nenndaten zusätzlich die Erregerspannung und der Erregerstrom angegeben werden (siehe Bild 3.15).
e) Die fremderregte Maschine wird als Erregergenerator oder in der Leonardschaltung als Steuergenerator und steuerbarer Motor (Leonardmotor) eingesetzt.

2.1.3 Nebenschlußgenerator

Beim Nebenschlußgenerator (Bild 2.8a) liegen die Ankerwicklung und Erregerwicklung parallel, d. h., die Erregerwicklung liegt im Nebenschluß. Die Grundlage hierfür liefert das von Werner von Siemens begründete elektrodynamische Prinzip. Er benötigt deshalb zur Selbsterregung immer einen kleinen Restmagnetismus, um seine Spannung auf die gewünschte Klemmenspannung «hochzuschaukeln». Wie die Leerlaufkennlinie in Bild 2.9a zeigt, steigt die Spannung proportional mit dem Erregerstrom I_e an und verläuft dann anschließend in den Sättigungsbereich ein. Dieser Strom muß so gerichtet sein, daß das erzeugte Magnetfeld die gleiche Richtung aufweist wie der Restmagnetismus. Die Leerlaufkennlinie muß gegenüber dem fremderregten Generator eine Remanenzspannung U_R aufweisen. Die Drehzahl bleibt bei Aufnahme der Kennlinie konstant. Feldsteller und Nebenschlußwicklung liegen in Reihe, aber parallel zu den Anschlüssen A 1 und B 2. Die induzierte Spannung U_0 ist somit von der Formel

$$U_0 \sim I_e \cdot (R_E + R_{St})$$

abhängig. Soll die Spannung geändert werden, muß der Feldsteller (R_{St}) verändert werden. Aus dieser Erkenntnis heraus kann der größtmögliche Erregerstrom I_e durch die Formel bestimmt werden:

$$I_e \sim \frac{U_0}{R_E + R_{St}}$$

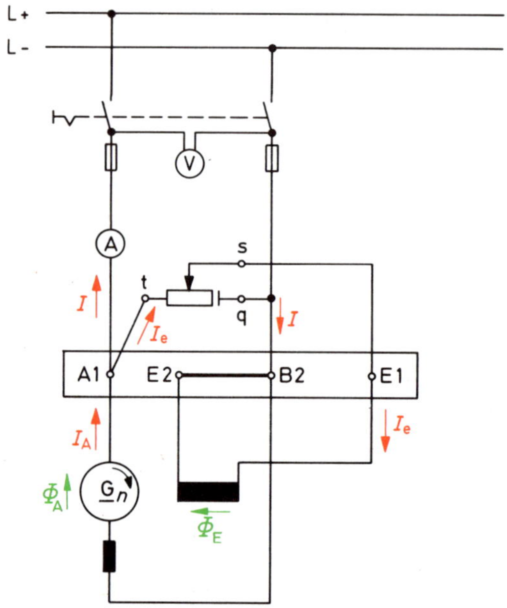

Bild 2.8a Schaltbild eines Nebenschlußgenerators

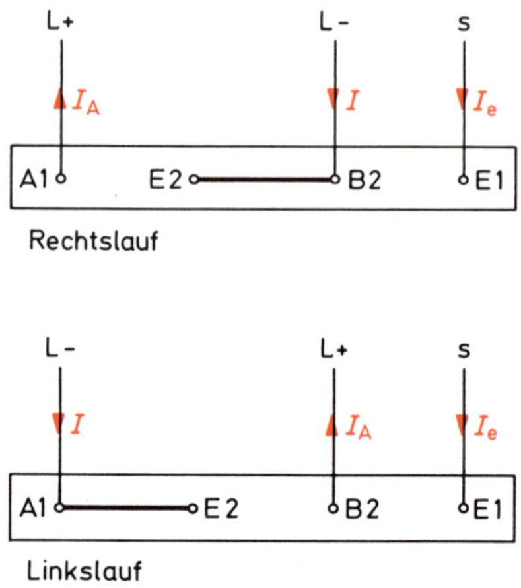

Bild 2.8b Anschlußbretter

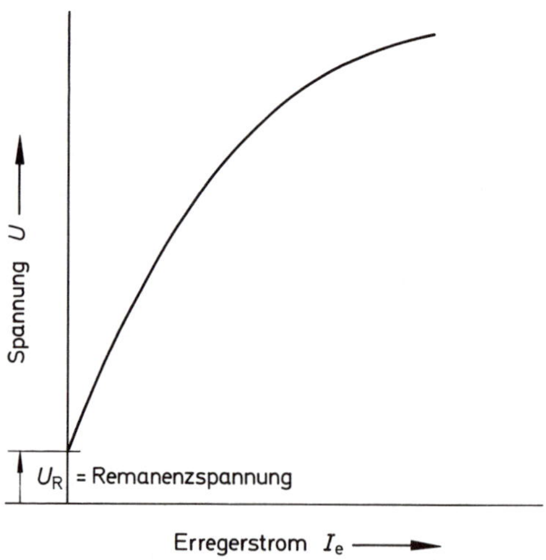

Bild 2.9a Leerlaufkennlinie eines Nebenschlußgenerators

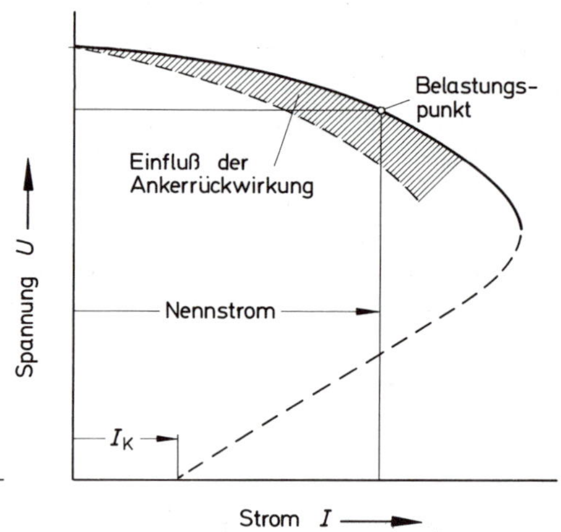

Bild 2.9b Belastungskennlinie eines Nebenschlußgenerators

Die Belastungskennlinie (Bild 2.9b) des Generators stellt die Abhängigkeit der Spannung vom Belastungsstrom $I = I_A - I_e$ dar. Beim fremderregten Generator ist der Ankerstrom I_A gleich dem Belastungsstrom (Netzstrom). Beim Nebenschlußgenerator wird ein Teil des Ankerstromes von etwa 2% bis 6% zur Nebenschlußwicklung abgezweigt, so daß

$$I_A = I + I_e$$

ist. Man erkennt, daß die Klemmenspannung mit zunehmender Belastung und somit größer werdendem Spannungsfall sinkt. Dazu die Formel:

$$U_{Kl} = U_0 - I_A \cdot R_i.$$

Da die Erregerwicklung aber parallel zu den Anschlüssen A 1–B 2 liegt, wird auch der Erregerstrom und somit der Kraftfluß Φ von diesem Spannungsrückgang betroffen. Die Folge ist beim Nebenschlußgenerator ein größerer Spannungsrückgang als beim fremderregten Generator. Bei wechselnder Netzbelastung wird der Erregerstrom wieder durch den Feldsteller oder einen Schnellregler auf den gewünschten Spannungswert eingestellt. Erfolgt ein Kurzschluß an den Anschlüssen, bricht die Generatorspannung unmittelbar zusammen. Die Spannung an der Erregerwicklung wird ebenfalls Null, so daß lediglich der Remanenzfluß bleibt. Die erzeugte Remanenzurspannung treibt nur noch den ungefährlichen Kurzschlußstrom I_K durch den inneren Widerstand der Maschine. *Selbsterregte Gleichstromgeneratoren* können sich nur dann voll erregen, wenn

a) kein mechanischer Fehler vorliegt,
b) der vom Erregerstrom erzeugte magnetische Fluß die gleiche Richtung hat wie der Restmagnetismus. Voraussetzung hierfür ist die richtige Drehrichtung.

Beispiel

Ein Gleichstrom-Nebenschlußgenerator wird durch einen Drehstrommotor von 21 kW (Wellenleistung) angetrieben. Der Generator besitzt eine Leerlaufspannung von $U_0 = 235$ V. Der Ankerwiderstand weist $R_A = 0{,}17\ \Omega$ auf. Die Klemmenspannung hat am Verbraucher $U_{Kl} = 220$ V, der Erregerstrom wurde mit $I_e = 5$ A ermittelt.

Berechnen Sie

a) den inneren Spannungsfall U_V im Generator,
b) den Ankerstrom I_A,
c) den Widerstand der Nebenschlußwicklung R_E,
d) den Belastungswiderstand R_L,
e) die abgegebene Generatorleistung P_{ab},
f) den Gesamtwirkungsgrad η des Generators,
g) die elektrischen Verluste von der Ankerwicklung P_A und der Erregerwicklung P_e.

Lösung

a) $$U_v = U_i = U_0 - U_{Kl} = 235\ \text{V} - 220\ \text{V} = \underline{\underline{15\ \text{V}}}$$

b) $I_A = \frac{U_V}{R_A} = \frac{15\ \text{V}}{0{,}17\ \Omega} = \underline{\underline{88{,}24\ \text{A}}}$

c) $R_E = \frac{U_{Kl}}{I_e} = \frac{220\ \text{V}}{5\ \text{A}} = \underline{\underline{44\ \Omega}}$

d) $I = I_A - I_e = 88{,}24\ \text{A} - 5\ \text{A} = 83{,}24\ \text{A}$

$R_L = \frac{U_{Kl}}{I} = \frac{220\ \text{V}}{83{,}24\ \text{A}} = \underline{\underline{2{,}64\ \Omega}}$

e) $P_{ab} = U_{Kl} \cdot I = 220\ \text{V} \cdot 83{,}24\ \text{A} = \underline{\underline{18{,}31\ \text{kW}}}$

f) $\eta = \frac{P_{ab}}{P_{zu}} = \frac{18{,}31\ \text{kW}}{21\ \text{kW}} = \underline{\underline{0{,}872}}$

g) $P_A = I_A^2 \cdot R_A = (88{,}24\ \text{A})^2 \cdot 0{,}17\ \Omega = \underline{\underline{1324\ \text{W}}}$

$P_e = I_e^2 \cdot R_E = (5\ \text{A})^2 \cdot 44\ \Omega = \underline{\underline{1100\ \text{W}}}$

Zusammenfassung

a) Die Erregerwicklung besteht aus vielen dünnen Windungen (hoher Widerstand).

b) Der Generator kann sich auf die volle Netzspannung erregen, auch wenn der äußere Stromkreis nicht geschlossen ist.

c) Die Klemmenspannung ist nicht so steif wie beim fremderregten Generator. Der Nebenschlußgenerator kann aber als kurzschlußfest angesehen werden.

d) Der Nebenschlußgenerator polt auch bei Rückstrom nicht um, da der Erregerstrom als Generator oder Motor die gleiche Richtung aufweist und die Drehrichtung somit gleich bleibt.

e) Der Generator wird als Lichtmaschine, als Erregermaschine für große Drehstromgeneratoren zur Gleichspannungsversorgung des Polrades (Schenkelpol- oder Turboläufer) oder als Ladegenerator für Batterien verwendet.

2.1.4 Reihenschlußgenerator (Hauptschlußgenerator)

Die Erreger- und Ankerwicklung liegen beim Reihenschlußmotor (Bild 2.10a) in Reihe. Der Belastungsstrom I ist gleichzeitig Erregerstrom I_E und Ankerstrom I_A. Der Generator kann sich nur dann voll erregen, wenn der normale Belastungsstrom I fließt.

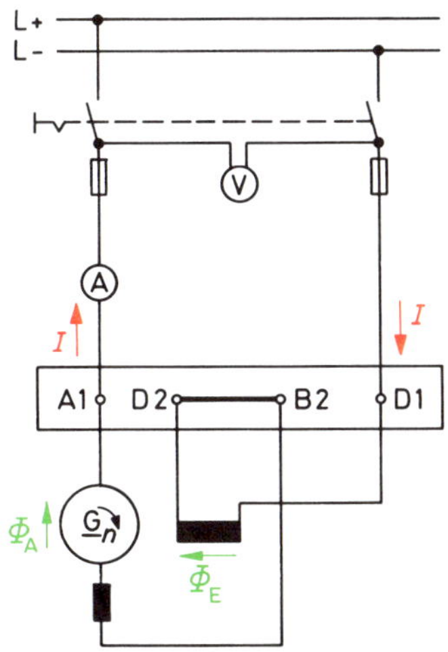

Bild 2.10a Schaltbild eines Reihenschluß-generators

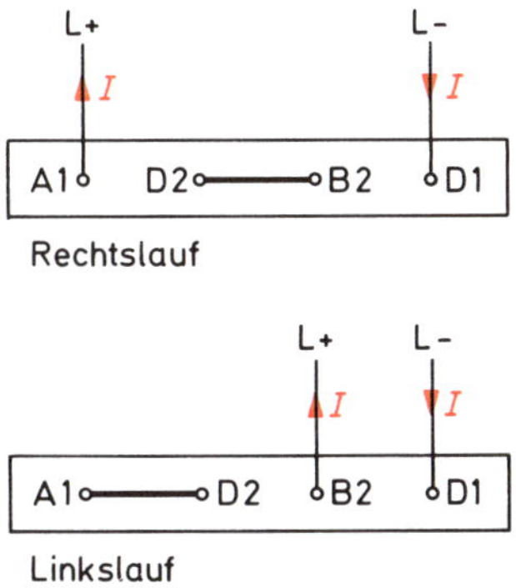

Bild 2.10b Anschlußbretter

Bild 2.11 Belastungskennlinie eines Reihenschlußgenerators

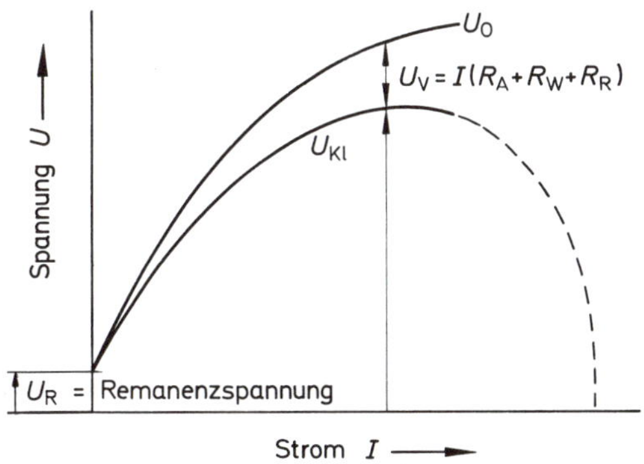

Eine Leerlaufkennlinie hat der Generator nicht. Die Belastungskennlinie (Bild 2.11) verhält sich wie die Leerlaufkennlinie eines Nebenschlußgenerators mit Remanenzspannung. Kleine Korrekturen der Netzspannung könen nur durch einen verstellbaren Parallelwiderstand zur Reihenschlußwicklung erfolgen. Wenn der Parallelwiderstand verkleienrt wird, wird der Strom in ihm größer, der Strom in der Reihenschlußwicklung aber kleiner. Mit der magnetischen Spannung $\Theta = I \cdot N$ werden somit auch der magnetische Fluß Φ und die induzierte Spannung U_0 geschwächt.

Das Anwendungsgebiet des Reihenschlußgenerators bleibt infolge des Nachteils der konstanten Last begrenzt.

Beispiel

Ein Reihenschlußgenerator besitzt eine Leistung von 11 kW bei 220 V, die Antriebsleistung des Reihenschlußgenerators beträgt 14,1 kW. Der Ankerwiderstand $R_A = 0{,}62\ \Omega$.

Berechnen Sie

a) den Gesamtwirkungsgrad η,

b) den Nennstrom I,

c) die induzierte Spannung U_0,

d) die Stromwärmeverluste (Kupferverluste) P_A im Ankerkreis.

Lösung

a) $$\eta = \frac{P_{ab}}{P_{zu}} = \frac{11\ \text{kW}}{14{,}1\ \text{kW}} = \underline{\underline{0{,}78}}$$

b) $$I = \frac{P_{ab}}{U} = \frac{11 \cdot 10^3\ \text{W}}{220\ \text{V}} = \underline{\underline{50\ \text{A}}}$$

c) $$U_0 = U_{Kl} + I \cdot R_A = 220\ \text{V} + 50\ \text{A} \cdot 0{,}62\ \Omega = \underline{\underline{251\ \text{V}}}$$

d) $$P_A = I^2 \cdot R_A = (50\ \text{A})^2 \cdot 0{,}62\ \Omega = \underline{\underline{1550\ \text{W}}}$$

Zusammenfassung

a) Die Wicklungen des Reihenschlußgenerators liegen in Reihe und werden vom gesamten Strom I durchflossen.

b) Die Erregerwicklung besitzt bei wenigen Windungen mit starkem Drahtquerschnitt einen geringen Widerstand.

c) Die Klemmenspannung verändert sich sehr stark mit der Belastung.

d) Der Reihenschlußgenerator polt bei Rückstrom um, da der Strom in umgekehrter Richtung durch die Erreger- und Ankerwicklung fließt. Er kann deshalb zum Laden von Akkus nicht verwendet werden.

e) Der Generator kann sich nur dann voll erregen, wenn der volle Belastungs- oder Nennstrom fließt.

f) Der Generator hat bei sehr starker Belastung einen sehr hohen Kurzschlußstrom; er ist somit kurzschlußgefährdet (Bild 2.11).

2.1.5 Doppelschlußgenerator (Verbund- oder Kompoundgenerator)

Der Doppelschlußgenerator (Bild 2.12a) hat auf jedem Hauptpol eine Nebenschluß- und eine Reihenschlußwicklung. Die Nebenschlußwicklung (Spannungswicklung) liegt parallel zum Ankerkreis und kann durch den Restmagnetismus der Hauptpole den Generator im Leerlauf auf die volle Leerlaufspannung erregen. Die Maschine verhält sich somit wie ein normaler im Leerlauf arbeitender Nebenschlußgenerator (Bild 2.13a). Durch die Reihenschlußwicklung (Stromwicklung) fließt bei Leerlauf nur ein geringer Erregerstrom, der keinen nennenswerten Kraftfluß Φ erzeugt und damit kaum zur Spannungserzeugung beiträgt.

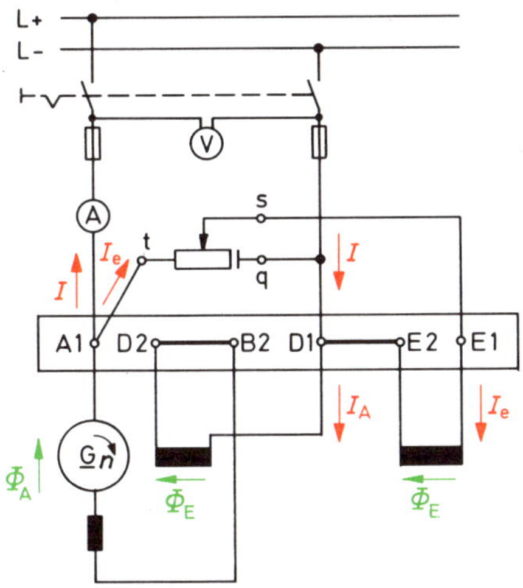

Bild 2.12a Schaltbild eines Doppelschluß-generators

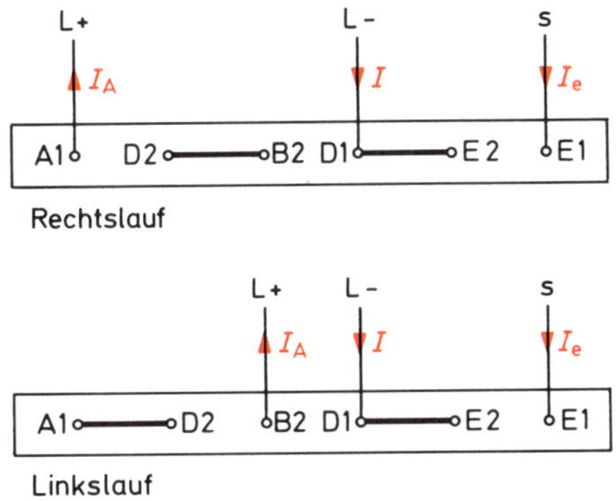

Bild 2.12b Anschlußbretter

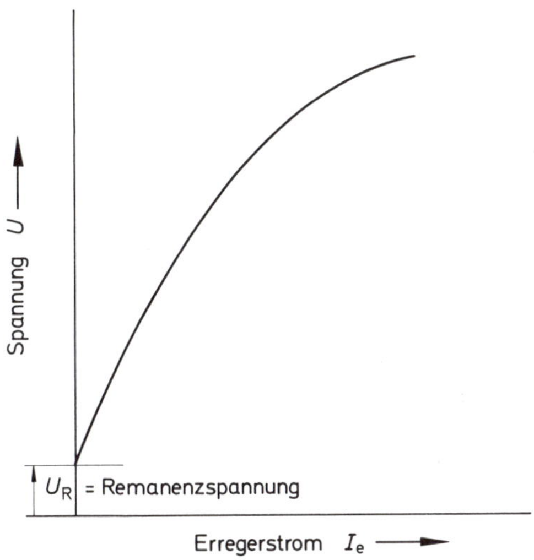

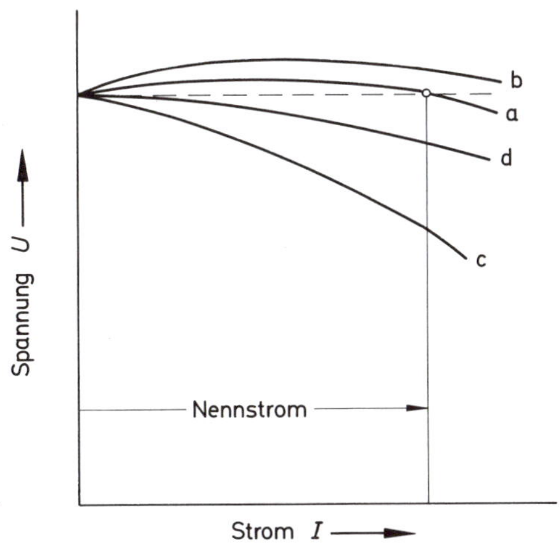

Bild 2.13a Leerlaufkennlinie eines Doppelschlußgenerators

Bild 2.13b Belastungskennlinien eines Doppelschlußgenerators

a = mit Normalkompoundierung
b = mit Überkompoundierung
c = mit Gegenkompoundierung
d = Nebenschlußgenerator

Wird der Hauptschalter geschlossen und der Generator durch Verbraucher belastet, fließt durch die Reihenschlußwicklung der Belastungsstrom $I_A = I + I_e$, der ein zusätzliches Magnetfeld erzeugt. Unterstützen sich beide Magnetfelder, so spricht man von einer *Normalkompoundierung* (Bild 2.13b, Kennlinie a, und Bild 2.14a). Der Spannungsfall in der Maschine wird durch die Vergrößerung des Gesamtfeldes infolge der Erhöhung der induzierten Spannung ausgeglichen. Die Spannung bleibt konstant und übertrifft in der Spannungsstabilität die des Nebenschlußgenerators und des fremderregten Generators. Soll der Spannungsfall auf langen Leitungen zwischen Generator und Verbraucher durch die Generatorklemmenspannung ausgeglichen werden, wird die Maschine *überkompoundiert* (Bild 2.13b, Kennlinie b). Die normale Reihenschlußwicklung erhält dafür Zusatzwindungen. Schaltungstechnisch verhält sich diese Anordnung wie die Normalkompoundierung. Für Sonderzwecke wird die Reihenschlußwicklung der Nebenschlußwicklung entgegengeschaltet, die Anschlüsse der Reihenschaltung D 1–D 2 werden umgeklemmt. Der Belastungsstrom durchfließt in umgekehrter Richtung die Wicklung. Das Magnetfeld der Reihenschlußwicklung wirkt dem der Nebenschlußwicklung entgegen ($\Phi_{Ges} = \Phi_N - \Phi_R$). Man spricht dann von einer *Gegenkompoundierung* (Bild 2.13b, Kennlinie c, und Bild 2.14b). Die Klemmenspannung nimmt dabei mit wachsender Belastung und somit größer werdendem Strom ab.

In der Praxis wird auch bei der Gegenkompoundierung anstatt einer Nebenschlußwicklung eine fremderregte Wicklung verwendet.

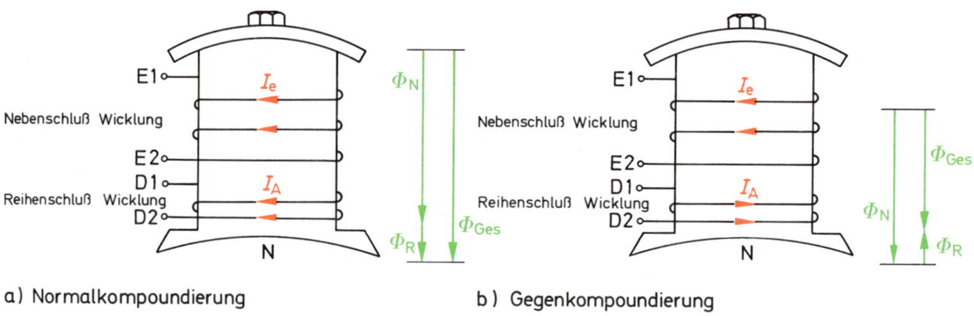

Bild 2.14 Schaltungen der Wicklungen eines Doppelschlußgenerators

Beispiel

Ein selbsterregter Gleichstrom-Doppelschlußgenerator hat bei einer Klemmenspannung von U_{Kl} = 169 V einen Netzstrom von 3,5 A. Der Erregerstrom der Nebenschlußwicklung beträgt 150 mA. Die Nebenschlußwicklung liegt an der Klemmenspannung. Der Gesamtwiderstand des Ankerkreises R_i zwischen den Anschlußklemmen A1–D2 beträgt 3,3 Ω.

Berechnen Sie

a) den Widerstand der Nebenschlußwicklung R_{EN},

b) den Ankerstrom I_A,

c) den Widerstand der Reihenschlußwicklung R_{ER}, wenn der Spannungsfall der Reihenschlußwicklung U_{VR} = 2,13 V beträgt,

d) die abgegebene Leistung P_{ab},
e) die induzierte Spannung U_0,
f) die Ankerleistung P_A,
g) die gesamten Kupferverluste $P_{Cu\,ges}$,
h) die Leistung P_{zu}, wenn die gesamten Verluste 18 % betragen.

Lösung

a) $$R_{EW} = \frac{U_{Kl}}{I_e} = \frac{169\ V}{0{,}15\ A} = \underline{\underline{1127\ \Omega}}$$

b) $$I_A = I + I_e = 3{,}5\ A + 0{,}15\ A = \underline{\underline{3{,}65\ A}}$$

c) $$R_{ER} = \frac{U_{VR}}{I_A} = \frac{2{,}13\ V}{3{,}65\ A} = \underline{\underline{0{,}58\ \Omega}}$$

d) $$P_{ab} = U_{Kl} \cdot I = 169\ V \cdot 3{,}5\ A = \underline{\underline{592\ W}}$$

e) $$U_0 = U_{Kl} + I_A \cdot R_i = 169\ V + 3{,}65\ A \cdot 3{,}3\ \Omega = \underline{\underline{181\ V}}$$

f) $$P_A = U_0 \cdot I_A = 181\ V \cdot 3{,}65\ A = \underline{\underline{661\ W}}$$

g) $$P_{Cu\,A} = I_A^2 \cdot R_i = (3{,}65\ A)^2 \cdot 3{,}3\ \Omega = 43{,}96\ W$$

$$P_{Cu\,E} = I_e^2 \cdot R_{EN} = (0{,}15\ A)^2 \cdot 1127\ \Omega = 25{,}36\ W$$

$$P_{Cu\,ges} = P_{Cu\,A} + P_{Cu\,E} = 43{,}96\ W + 25{,}36\ W = \underline{\underline{69{,}32\ W}}$$

h) $$P_{zu} = \frac{P_{ab}}{\eta} = \frac{592\ W}{0{,}82} = \underline{\underline{722\ W}}$$

Zusammenfassung

a) Der Doppelschlußgenerator vereinigt in sich den Nebenschluß- und Reihenschlußgenerator.
b) Die Wicklungen können so geschaltet werden, daß sich ihre Magnetfelder unterstützen oder entgegenwirken.
c) Der Doppelschlußgenerator kann seine Klemmenspannung bei starken Netzbelastungen konstant halten.
d) Er polt auch bei Rückstrom nicht um, da stets die magnetische Wirkung der Nebenschlußwicklung gegenüber der Reihenschlußwicklung überwiegt.
e) Findet der Doppelschlußgenerator zum Laden von Akkumulatoren Verwendung, wird die Reihenschlußwicklung kurzgeschlossen, um ein Umpolen bei Spannungsrückgang zu vermeiden.

2.2 Parallelschaltung von Gleichstromgeneratoren

Allgemeines

Gleichstromgeneratoren werden miteinander parallelgeschaltet, um in Zentralen die Betriebssicherheit zu gewährleisten und einzelne Generatoren vor Überlastung zu schützen.

Die Parallelschaltung von Generatoren stellt grundsätzlich eine Gegenreihenschaltung von Spannungserzeugern dar. Wie aus Bild 2.15 ersichtlich ist, müssen die Spannungen der Generatoren mit der Netzspannung übereinstimmen. Die einzelnen abgegebenen Generatorströme I_1 und I_2 addieren sich zum Gesamtstrom $I_{Ges} = I_1 + I_2$. Die Gesamtleistung $P_{Ges} = P_1 + P_2$ steht dem Netz zur Verfügung.

Aus dieser Erkenntnis heraus sind bei Parallelbetrieb von Gleichstromgeneratoren folgende Punkte wichtig:

a) Gleiche Leerlaufspannungen der Generatoren

Die Spannungen werden durch getrennte oder durch einen gemeinsamen umschaltbaren Spannungsmesser kontrolliert.

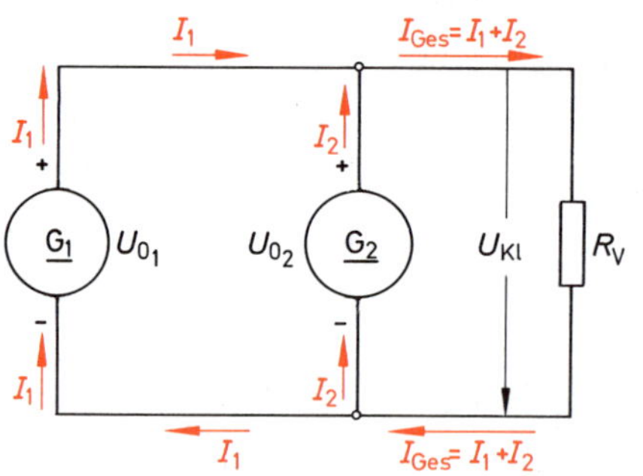

Bild 2.15 Parallelschaltung von Gleichstromgeneratoren (Prinzipschaltbild)

$$P_{Ges} = P_1 + P_2$$
$$P = U_{Kl} \cdot I_1 + U_{Kl} \cdot I_2$$
$$P = U_{Kl} \cdot (I_1 + I_2)$$
$$P = U_{Kl} \cdot \Sigma I$$

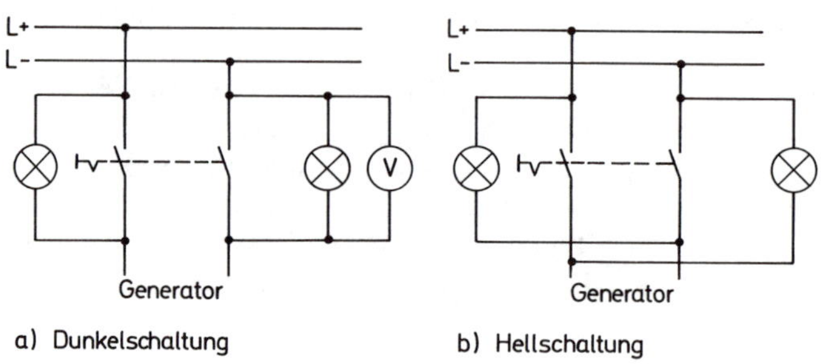

Bild 2.16 Polaritätskontrolle durch Lampenschaltungen

b) Gleiche Polaritäten der Generatoren

Die Polaritäten können auf verschiedene Weise ermittelt werden:

1. Durch ein polarisiertes Meßinstrument, z. B. Drehspulinstrument.

2. Durch eine Glimmlampe. Der negative Pol (Katode) überzieht sich mit einer Glimmhaut.
3. Durch die Hell- oder Dunkelschaltung (Bild 2.16).

c) In der positiven Leitung eines jeden Generators befindet sich ein Rückstromschalter

Der Rückstromschalter arbeitet nach dem magnetischen Ausgleichsprinzip. Er hat die Aufgabe, bei Spannungsrückgang $U_0 < U_{Kl}$ den Generator vor Rückstrom zu schützen und einen Übergang in den Motorzustand zu verhindern.

d) Ausgleichsleistung beim Parallelbetrieb von Doppelschlußgeneratoren (Abschnitt 2.2.2)

Man strebt weiter an, daß Generatoren, die unmittelbar miteinander verbunden sind, annähernd gleiche Belastungskennlinien aufweisen. Damit sind die Parallelbedingungen und die Lastverteilungen auf beiden Generatoren sicher gewährleistet.

In der Praxis werden auch Nebenschluß- und Doppelschlußgeneratoren parallelgeschaltet. Reihenschlußgeneratoren kommen wegen der großen Belastungsschwankungen heute nicht mehr zur Anwendung.

2.2.1 Parallelschaltung von Gleichstromnebenschlußgeneratoren

Nebenschlußgeneratoren (Bild 2.17) können parallelgeschaltet werden, wenn die aus Abschnitt 2.2 wichtigen Punkte beachtet werden (gleiche Spannung, gleiche Polarität).

Wird Generator 2 dem Netz zugeschaltet, muß die anstehende Klemmenspannung so hoch sein wie die Netzspannung. Erst dann wird der Feldsteller verändert und die induzierte Spannung von Generator 2 erhöht, bis er Last übernimmt, oder der Feldsteller von Generator 1 wird so verändert, daß dieser dann entlastet wird. Die genaue Kontrolle der Lastverteilng erfolgt durch getrennte Strommesser, die jeweils einem Generator zugeordnet sind. Soll in belastungsschwachen Zeiten die Leistung auf Generator 1 übertragen werden, wird die Spannung von Generator 1 durch den Feldsteller erhöht oder bei Generator 2 allmählich gesenkt. Erst dann wird Generator 2 nach Kontrolle des Strommessers (Anzeige Null) vom Netz getrennt. Bei Doppelschlußgeneratoren wird in gleicher Weise verfahren.

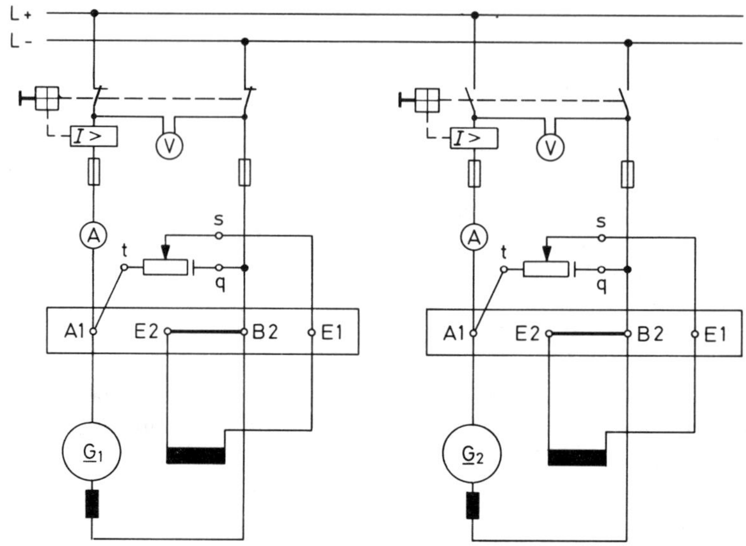

Bild 2.17 Parallelschaltung von Nebenschlußgeneratoren

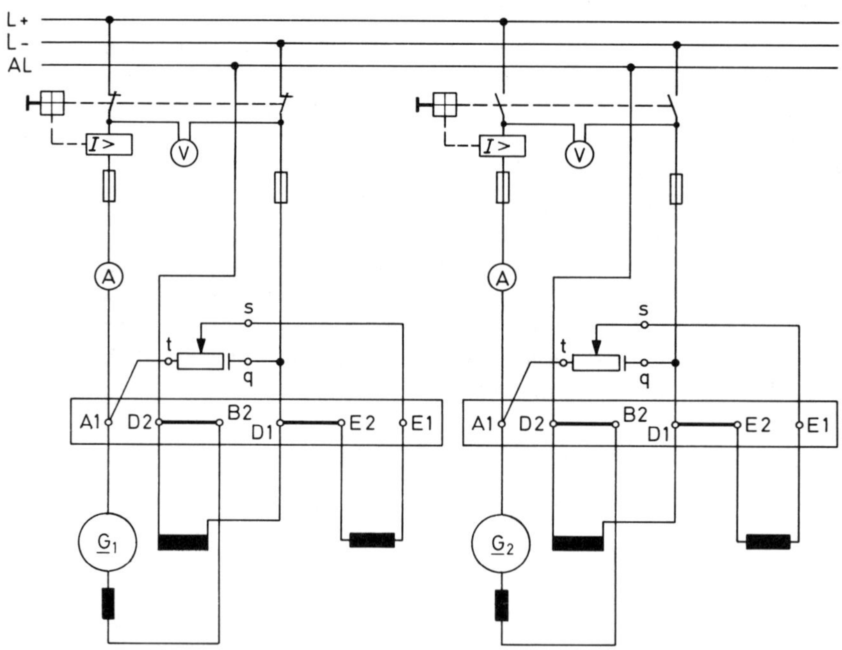

Bild 2.18 Parallelschaltung von Doppelschlußgeneratoren

2.2.2 Parallelschaltung von Gleichstromdoppelschlußgeneratoren

Der Parallelbetrieb von Doppelschlußgeneratoren (Bild 2.18) ist komplizierter als der von Nebenschlußgeneratoren. Wird die Spannung eines Generators im Betrieb vermindert, so kann der Generator Rückstrom aus dem Netz aufnehmen. Die Reihenschlußwicklung wird dann in umgekehrter Richtung vom Strom durchflossen und schwächt dadurch das magnetische Feld der Nebenschlußwicklung.

Die Rückwirkung kann so weit fortschreiten, bis der Generator in den Motorzustand übergeht. Dieser Gefahr kann begegnet werden, wenn zwischen beiden Generatoren eine Ausgleichsleitung von Klemme D 2 des ersten zur Klemme D 2 des zweiten Generators gelegt wird. Hierdurch wird auf beiden Generatoren eine gleichmäßige Lastverteilung hervorgerufen. Durch die Ausgleichsleitung werden die Reihenschlußwicklungen in sich parallel geschaltet. Somit herrscht an den Klemmen D 1–D 2 der gleiche Potentialunterschied. Die richtige Stromverteilung (Ausgleichsstrom) durch die Ausgleichsleitung ist damit gewährleistet.

2.3 Gleichstrom-Dreileiternetz

Allgemeines

Gleichstromnetze werden in Zwei- (Bild 2.19) und Dreileitersysteme (Bild 2.20) eingeteilt.

Zweileitersysteme bestehen aus einer Hin- und Rückleitung. Da beide Leitungen vom gleichen Strom durchflossen werden, müssen die Leitungsquerschnitte gleich ausgeführt sein. Diese Anlagen werden nur für Verbraucher mit geringer Belastbarkeit für kurze Entfernungen verwendet ($U = 220\,V$). Um die Wirtschaftlichkeit der Übertragung über

Bild 2.19 Gleichstrom-Zweileitersystem

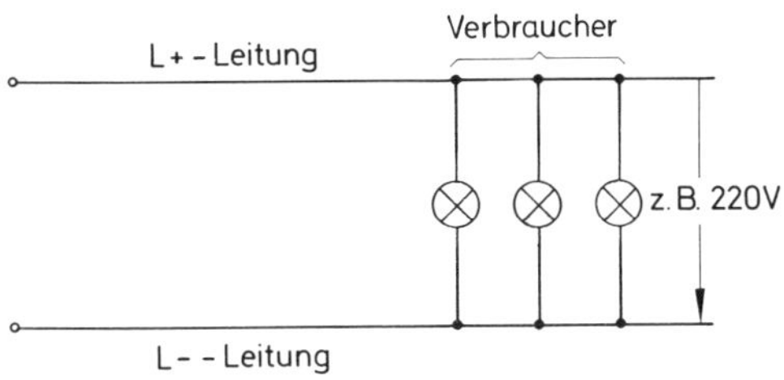

Bild 2.20 Gleichstrom-Dreileitersystem

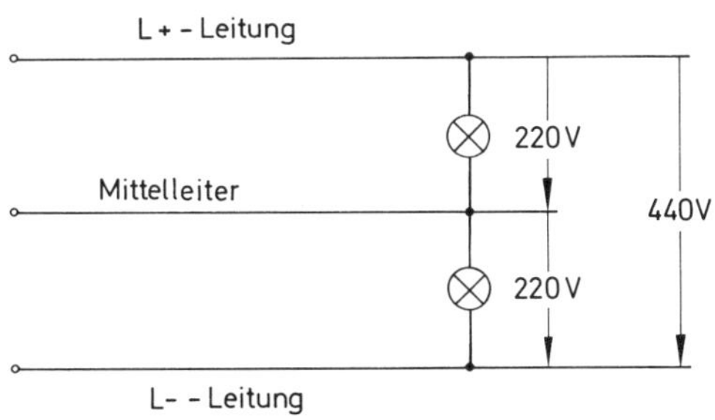

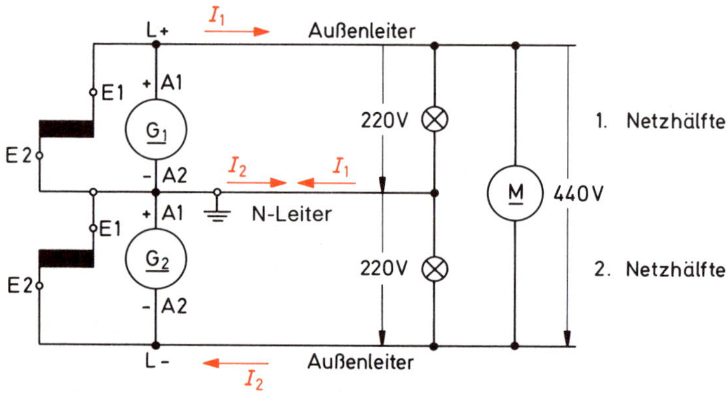

Bild 2.21 Reihenschaltung von Gleichstrom-Nebenschlußgeneratoren

a)

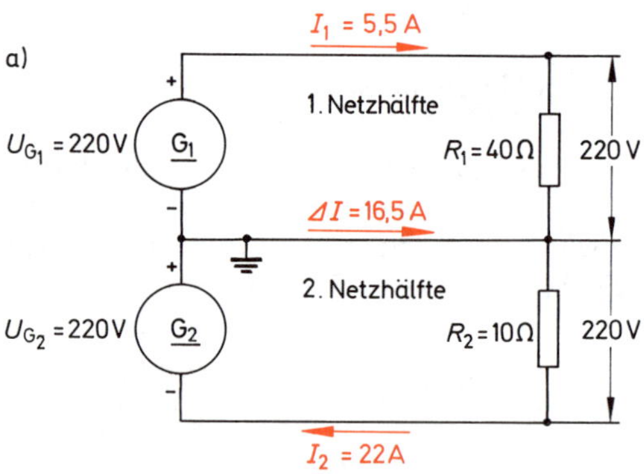

1. Netzhälfte:

$$I_1 = \frac{U_1}{R_1} = \frac{220\,\text{V}}{40\,\Omega} = 5{,}5\,\text{A}$$

2. Netzhälfte:

$$I_2 = \frac{U_2}{R_2} = \frac{220\,\text{V}}{10\,\Omega} = 22\,\text{A}$$

Differenzstrom im N-Leiter

$$\Delta I = I_2 - I_1 = 22\,\text{A} - 5{,}5\,\text{A} = 16{,}5\,\text{A}$$

a) ohne Unterbrechung des N-Leiters

b)

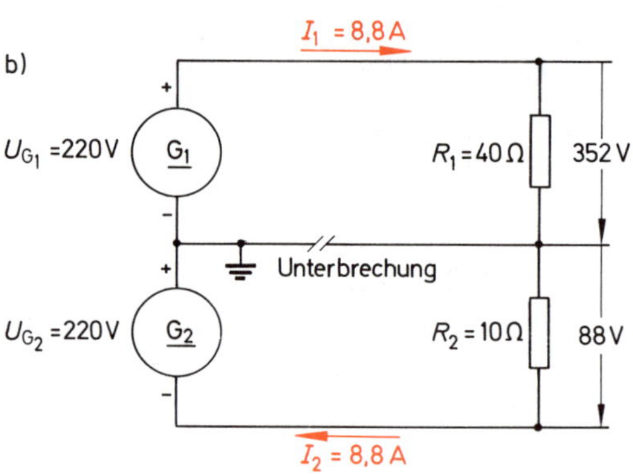

$$U_{ges} = U_{G_1} + U_{G_2} = 220\,\text{V} + 220\,\text{V} = 440\,\text{V}$$

$$I_1 = I_2 = \frac{U_{ges}}{R_1 + R_2} = \frac{440\,\text{V}}{40\,\Omega + 10\,\Omega} = 8{,}8\,\text{A}$$

1. Netzhälfte:

$$U_1 = I_1 \cdot R_1 = 8{,}8\,\text{A} \cdot 40\,\Omega = 352\,\text{V}$$

2. Netzhälfte:

$$U_2 = I_2 \cdot R_2 = 8{,}8\,\text{A} \cdot 10\,\Omega = 88\,\text{V}$$

b) mit Unterbrechung des N-Leiters

Bild 2.22 Gleichstrom-Dreileitersystem

größere Entfernungen bei hohen Leistungen zu erhöhen, wird das Dreileitersystem mit doppelter Spannung ($2 \cdot U = 440\,V$) angewendet.

Die in der Praxis angewendeten Gleichstromdreileitersysteme werden durch die Reihenschaltung von zwei Generatoren oder durch den Dreileitergenerator versorgt.

2.3.1 **Reihenschaltung von Gleichstromgeneratoren** (Bild 2.21)

Ein Gleichstrom-Dreileiternetz kann auf einfache Art aus der Reihenschaltung zweier Nebenschluß- oder Doppelschlußgeneratoren gleicher Leistung und Spannung hergestellt werden.

Die Außenleiterspannung (Spannung zwischen L+- und L−-Leiter) stellt die doppelte Maschinenspannung dar. Sie beträgt gewöhnlich $U = 440\,V$. Die dritte Leitung, der Mittelleiter M, wird am Verbindungspunkt zwischen den beiden in Serie geschalteten Generatoren abgegriffen. Die zwischen dem M und dem Außenleiter gemessene Spannung beträgt

$$\frac{U_{\text{Außenleiter}}}{2} = 220\,V$$

Zwischen L+- und N-Leiter* bzw. L−- und N-Leiter herrscht nur die Hälfte der Außenleiterspannung, also $U = 220\,V$.

Der Mittelleiter wird aus Sicherheitsgründen in der Zentrale ab 50 V Netzspannung geerdet: Er wird dann zum N-Leiter.

Bei gleicher Belastung auf beiden Netzhälften ist der N-Leiter stromlos. Dieser günstige Zustand ist anzustreben, kann aber in der Praxis kaum erreicht werden. Wird nun das Netz ungleichmäßig belastet, fließt im N-Leiter immer der Differenzstrom $\Delta I = I_2 - I_2$ beider Außenleiterströme (Bild 2.22a).

Aus diesem Grund kann bei stärkerem Querschnitt der Außenleiter der Querschnitt des Mittelleiters auf die Hälfte vermindert werden, jedoch nicht unter $16\,mm^2$ für Cu-Leitung und $25\,mm^2$ für Al-Leitung.

Der N-Leiter darf niemals allein durch einen Schalter oder eine Sicherung unterbrochen werden. Es würde die Netzhälfte mit dem höheren ohmschen Widerstandswert (kleiner Last) durch Überspannung und somit zu hohem Strom gefährdet. Nach Bild 2.22b würde $R_1 = 40\,\Omega$ mit Sicherheit zerstört werden.

2.3.2 **Dreileitergenerator** (Bild 2.23)

Eine Spannungsteilung kann auch an einem einzelnen Gleichstromgenerator vorgenommen werden. Man erhält dann den sogenannten Dreileitergenerator. Diese Ausführung hat gegenüber zwei Maschinen den Vorteil, daß eine einzelne Maschine mit voller Leistung im Betrieb wirtschaftlicher ist als zwei Maschinen mit je halber Leistung.

Die Außenleiterspannung (Gleichspannung) wird direkt am Stromwender zwischen den Bürsten A 1 und A 2 abgegriffen. Außer dem Stromwender befinden sich auf der Welle zusätzlich Schleifringe. Um den dritten Leiter, den Mittelleiter, künstlich herzu-

---

* N-Leiter (Neutralleiter)

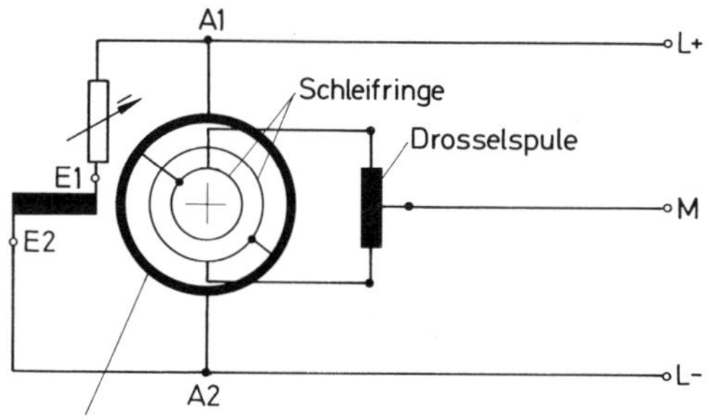

Bild 2.23 Dreileitergenerator (Prinzipbild)

stellen, muß die Ankerwicklung im einfachsten Falle um 180° symmetrisch angezapft und mit den Schleifringen verbunden werden. Über die Schleifringe wird die induzierte Wechselspannung einer Drosselspule zugeführt. Wird die Mitte der Drosselspule angezapft, erhält man den künstlichen Mittel- bzw. Nulleiter. Durch diese Schaltungsanordnung wird das Netz in zwei symmetrische Hälften aufgeteilt. Die Drosselspule stellt für den Wechselstrom einen hohen induktiven Widerstand dar, so daß der Verlust in der Drossel sehr gering ist. Wird das Gleichstromnetz ungleichmäßig belastet, durchfließt der Differenzstrom den Mittelleiter und fließt zur Drosselspule zurück. Bei Gleichstrom wird aber für die Drosselspule nur der geringe ohmsche Widerstand wirksam, so daß der Ausgleichsstrom leicht zur Ankerwicklung zurückfließen kann.

Der Dreileitergenerator beruht auf dem gleichen Prinzip wie der Einankerumformer mit der gemeinsamen Ankerwicklung (Abschnitt 9.3.2).

Gleichstromdreileiternetze können außerdem noch auf verschiedene andere Weise hergestellt werden, z. B. durch

1. Batteriespannungsteilung,
2. Ausgleichsmaschinensatz.

Zusammenfassung

a) Der Vorteil eines Gleichstromdreileiternetzes liegt in der Materialersparnis und in niedrigeren Anlagekosten gegenüber Zweileitersystemen.
b) Es können größere Leistungen auf weitere Entfernungen gegenüber Zweileitersystemen übertragen werden.
c) Das Netz stellt zwei verschiedene Spannungen zur Verfügung. Hierdurch kann das Netz gleichmäßig ausgelastet werden.
d) Bei Netzspannungen ab 50 V muß der Mittelleiter nach VDE geerdet werden: Er wird zum Nulleiter.
e) Der Nulleiter darf niemals durch eine Sicherung oder einen Schalter allein getrennt werden. Bei ungleicher Netzbelastung wären sonst die Verbraucher in der schwächer belasteten Netzhälfte gefährdet.

L+ und L− = 440 V
L+ und M = 220 V
M und L− = 220 V

3 Gleichstrommotoren

3.1 Wirkungsweise

3.1.1 Stromdurchflossene Leiterschleife im Magnetfeld

Befindet sich eine drehbare, stromdurchflossene Leiterschleife im Magnetfeld (Bild 3.1), erfährt diese eine Ablenkung, deren Richtung nach der Motorregel (linke Hand) bestimmt ist. Die Motorregel lautet:

> Hält man die linke Hand so, daß die Feldlinien vom Nordpol in die Innenfläche der Hand eintreten und die ausgestreckten Finger in Stromrichtung weisen, so zeigt der abgespreizte Daumen die Ablenkrichtung des Leiters an.

Erreger- und Ankerfeld bilden zusammen ein resultierendes Magnetfeld, das ein Drehmoment $M = 2 \cdot F \cdot r$ am Ankerumfang ausübt. Die Ablenkkraft F unter einem Pol (Bild 3.1) ergibt sich aus dem Produkt der magnetischen Induktion B, der effektiven Leiterlänge l des Leiterstromes I_L und der Leiterzahl z.

$$F = B \cdot l \cdot I_L \cdot z \text{ in N.}$$

Das entwickelte Drehmoment ist gleich dem angenäherten Produkt aus Magnetfeld Φ und Ankerstrom I_A.

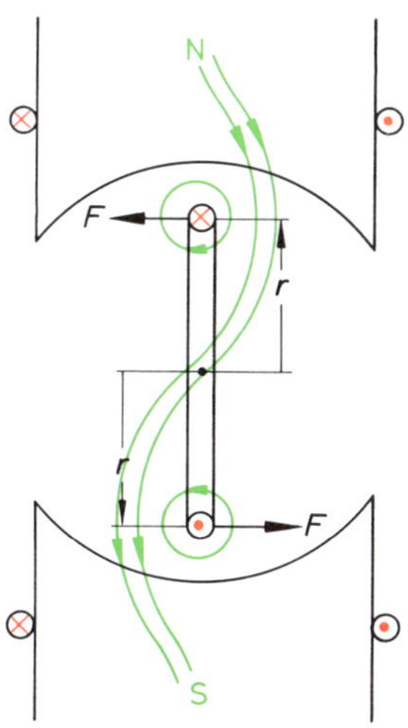

◀ Bild 3.1 Stromdurchflossene Leiterschleife im Magnetfeld

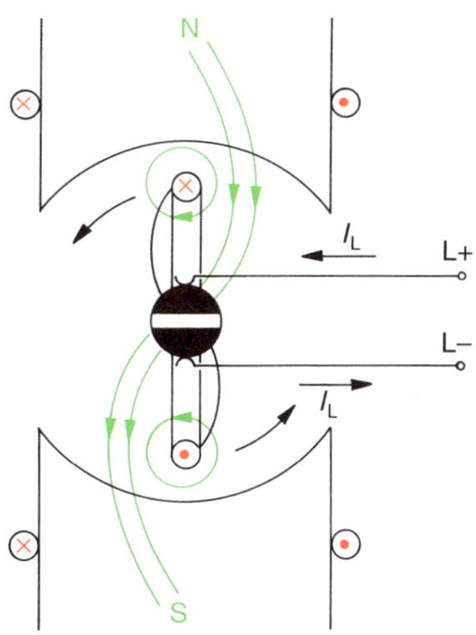

▶ Bild 3.2 Stromdurchflossene Leiterschleife im Magnetfeld mit Stromwender

$$M \sim \Phi \cdot I_A$$

Nach dem Induktionsgesetz entsteht in der Leiterschleife eine Induktionsspannung, wenn diese durch Drehbewegung von Kraftlinien geschnitten wird. Diese Spannung ist beim Motor die Gegenspannung U_0 (beim Generator die induzierte Spannung U_0), die der Ursache, der angelegten Klemmenspannung U_{Kl}, entgegenwirkt (Lenzsche Regel). Die Richtung der Gegenspannung wird nach der Generatorregel (rechte Hand) bestimmt. Ihre Größe ist vom Magnetfeld Φ und der Drehzahl n der Leiterschleife abhängig.

$$U_0 \sim \Phi \cdot n$$

Wird die Leiterschleife (Bild 3.2) mit dem Stromwender verbunden, findet in der neutralen Zone eine Kommutierung statt, so daß die Stromrichtung unter dem Nord- und Südpol gleich bleiben. Deshalb entsteht eine fortlaufende Rotation. Das gleiche Prinzip liegt auch bei mehreren Leitern in einem lamellierten und genuteten Ankerkörper vor. Ein Vertauschen der Anschlüsse von Erregerwicklung oder Leiterschleife ruft eine Drehrichtungsumkehr hervor.

Beispiel
Wie groß ist die Kraft F, die auf einem Leiter mit der effektiven Leiterlänge $l = 260$ mm ausgeübt wird, wenn er sich in einem Magnetfeld mit der homogenen Flußdichte von $B = 800$ mT befindet und von einem Leiterstrom $I_L = 12$ A durchflossen wird?

Lösung

$$F = B \cdot l \cdot I_L \text{ in N}$$
$$F = 0{,}8\,\text{T} \cdot 0{,}26\,\text{m} \cdot 12\,\text{A} = \underline{\underline{2{,}5\,\text{N}}}$$

3.1.2 Anlassen des Gleichstrommotors

Beim direkten Einschalten von größeren Gleichstrommotoren (etwa ab 1 kW Nennleistung) treten erhebliche Stromerhöhungen auf, die eine Beschädigung der Stromquelle, des Netzes bzw. der Ankerwicklung des Motors zur Folge haben können. Der Grund des hohen Einschaltstromes liegt in der fehlenden induzierten Gegenspannung U_0. Im Stillstand wird der Strom allein durch den sehr kleinen Ankerwiderstand R_A begrenzt. Durch Vorschalten eines Anlaßwiderstandes zum Ankerkreis kann der Anlaßspitzenstrom auf ein Mindestmaß begrenzt werden. Der Einschaltstrom wird nach dem Ohmschen Gesetz der Gleichstrommaschine bestimmt.

Ohne Anlaßwiderstand:

$$I_A = \frac{U_{Kl}}{R_A}$$

Mit Anlaßwiderstand:

$$I_A = \frac{U_{Kl}}{R_A + R_V}$$

Sobald sich der Anker dreht, wird eine Gegenspannung U_0 induziert. Der Anlaßwiderstand wird nun stufenweise abgeschaltet, die Spannungsdifferenz zwischen Klemmenspannung U_{Kl} und Gegenspannung U_0 wird verringert. Je nach Verwendungszweck kommen in der Praxis zur Ausführung:

a) Anlasser für Kurzzeitbetrieb (normales Anlassen),
b) Anlasser für Dauerbetrieb (normales Anlassen und Drehzahlsteuerung bis Nenndrehzahl),
c) Leistungselektronik.

Im Leerlauf (unbelasteter Zustand) ist die Gegenspannung fast gleich der Klemmenspannung. Der innere Spannungsfall $\Delta U = U_{Kl} - U_0$ läßt nur einen geringen Strom fließen. Sobald der Anker durch ein Gegenmoment von außen belastet wird, verringert sich die Drehzahl und damit gleichzeitig die Gegenspannung. Der innere Spannungsfall wird größer und somit auch der Ankerstrom. Dieser wird aber benötigt, damit der Motor bei größerer Belastung das Gegenmoment überwinden kann.

Die Gegenspannung gilt als eigentlicher Regulator des Motors. Sie paßt sich den Belastungsverhältnissen an und regelt automatisch die Stromaufnahme des Motors.

Beispiel

Von einem Gleichstrom-Nebenschlußmotor für eine Nennspannung von 220 V, einer Gegenspannung von 215 V, einem Ankerwiderstand von 0,5 Ω und einem vorhandenen Anlaßwiderstand von 4,5 Ω ist

1. der Nennstrom zu berechnen,
2. die Größe des Anlaßwiderstandes für Anlaßbetrieb unter Normallast zu überprüfen. Das Nebenschlußfeld bleibt unberücksichtigt.

Lösung

1. Beim direkten Einschalten aus dem Stillstand

$$I_A = \frac{U_{Kl}}{R_i} = \frac{220\,\text{V}}{0{,}5\,\Omega} = \underline{\underline{440\,\text{A}}}$$

beim Anlauf über Anlaßwiderstand von 4,5 Ω

$$I_A = \frac{U_{Kl}}{R_i + R_v} = \frac{220\,\text{V}}{0{,}5\,\Omega + 4{,}5\,\Omega} = \underline{\underline{44\,\text{A}}}$$

Bei Belastung im Nennbetrieb mit kurzgeschlossenem Anlasser

$$I_N = \frac{U_{Kl} - U_0}{R_i} = \frac{220\,\text{V} - 215\,\text{V}}{0{,}5\,\Omega} = \underline{\underline{10\,\text{A}}}$$

2. Nach den Vorschriften soll beim Anlaufen unter Normallast der Anlaßspitzenstrom das 1,5fache des Nennstromes nicht übersteigen. In unserem Falle beträgt er das

$$\frac{44\,\text{A}}{10\,\text{A}} = 4{,}4\text{fache des Nennstromes.}$$

$$U_{Kl} = U_0 + 1{,}5 \cdot I_N(R_i + R_v)$$

$$R_v = \frac{U_{Kl} - U_0}{1{,}5 \cdot I_N} - R_i \qquad (U_0 = 0)$$

$$R_v = \frac{U_{Kl}}{1{,}5 \cdot I_N} - R_i$$

$$R_v = \frac{220\,\text{V}}{1{,}5 \cdot 10\,\text{A}} - 0{,}5\,\Omega = 14{,}7\,\Omega - 0{,}5\,\Omega$$

$$R_v = \underline{\underline{14{,}2\,\Omega}}$$

Es ist somit eine Nachrechnung des Anlaßwiderstandes erforderlich.

3.1.3 Nebenschlußmotor

Beim Nebenschlußmotor (Bild 3.3a) ist die Erregerwicklung E 1–E 2 parallel zur Ankerwicklung A 1–B 2 geschaltet. Beide Wicklungen liegen unmittelbar an der gleichen Netzspannung. In Reihe mit dem Anker liegt der Anlaßwiderstand (Begrenzungswiderstand), der den Ankerstrom I_A auf das geforderte Maß begrenzt. Die Erregerwicklung (Nebenschlußwicklung) liegt schon beim Einschaltvorgang an voller Netzspannung und wird durch den Erregerstrom I_e sofort voll erregt. Das Magnetfeld ist somit nicht vom Belastungsstrom und der Drehzahl des Ankers abhängig.

Ein Nebenschlußmotor erreicht deshalb im Anlauf mit konstantem Magnetfluß (ohne Einfluß der Ankerrückwirkung) sein höchstes Drehmoment $M \sim I_A$.

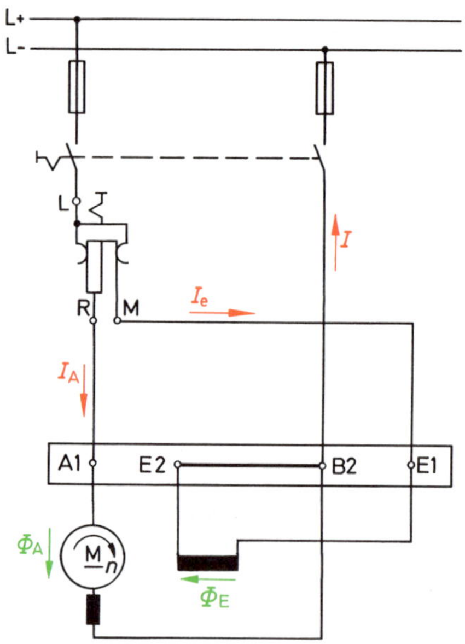

Bild 3.3a
Schaltbild eines Nebenschlußmotors für Rechtslauf

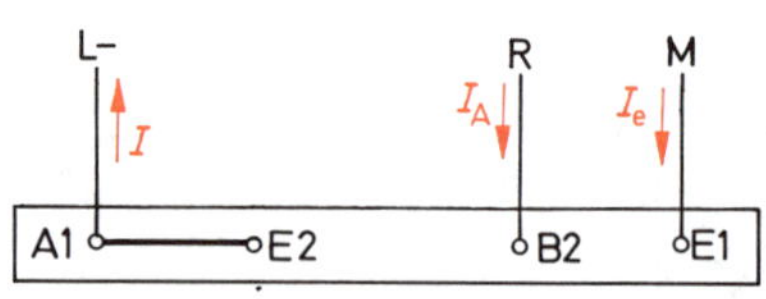

Bild 3.3b Anschlußbrett für Linkslauf

Bild 3.4 Belastungskennlinie eines Nebenschlußmotors

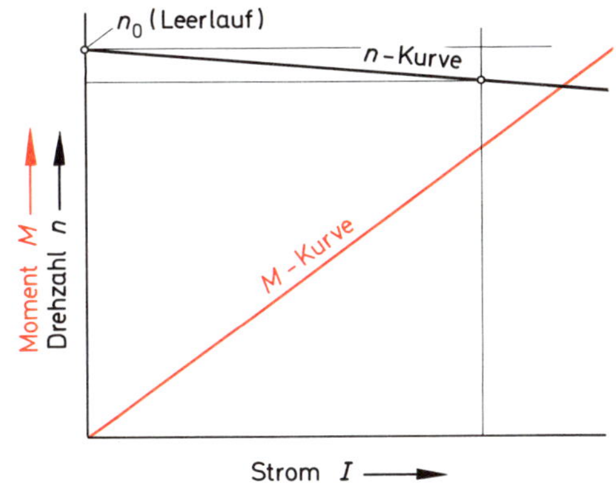

Im Gegensatz zum Reihenschlußmotor, dessen Drehmoment quadratisch mit dem Strom ansteigt, werden diese Motoren nur für Antriebe verwendet, die im Anlauf ein kleines bis mittleres Gegenmoment überwinden müssen.

Im *Anlaufmoment* ist der Anlaßwiderstand voll eingeschaltet, und das Magnetfeld ist in voller Höhe erregt. Am Anlaßwiderstand fällt dabei der größte Teil der Netzspannung ab, der Rest am Anker.

Nach der Formel $n \sim U_0/\Phi$ verhält sich die Motordrehzahl bei konstantem Magnetfeld Φ linear zur induzierten Gegenspannung U_0 im Anker $n \sim U_0$.

Aus dieser Erkenntnis heraus kann mit dem Anlaßwiderstand die Drehzahl des Motors bis zur Nenndrehzahl gesteuert werden.

Der Nachteil dieser unwirtschaftlichen Drehzahlsteuerung liegt in der großen Verlustleistung im Anlasser ($P_v = I_A^2 \cdot R_v$), wodurch sich ein schlechter Gesamtwirkungsgrad ergibt.

Im *Nennbetrieb* erhält der Anker die volle Netzspannung nach der Formel

$$n \sim \frac{U_{Kl} - I_A \cdot R_i}{\Phi}$$

Die Motordrehzahl wird durch die Differenz $U_0 = U_{Kl} - I_A \cdot R_i$ bestimmt. Der Spannungsfall $I_A \cdot R_i$ zwischen Leerlauf und Nenndrehzahl bei konstanter Klemmenspannung stellt einen kleinen Wert dar. Der Motor bleibt in seiner Drehzahl fast konstant (Bild 3.4). Eine wirtschaftliche Drehzahlsteuerung wird durch Drehzahlerhöhung erreicht, indem das Magnetfeld der Nebenschlußwicklung durch einen Feldsteller geschwächt wird. Bei konstanter Netzspannung und konstantem Ankerstrom I_A lautet die Formel $n \sim 1/\Phi$, d. h., die Drehzahl ist umgekehrt proportional dem Magnetfeld Φ.

Bei einer Schwächung des Erregerfeldes wird die induzierte Gegenspannung U_0 im Augenblick geringer. Die erhöhte Spannungsdifferenz (Spannungsverlust in der Maschine) $\Delta U = U_{Kl} - U_0$ im Anker treibt einen größeren Ankerstrom durch den Ankerkreis, was wiederum ein größeres Motormoment zur Folge hat. Die Drehzahl steigt so lange an, bis der Ankerstrom I_A wieder so weit zurückgeht, daß das Motormoment ausreicht, um das Lastmoment zu überwinden. Eine Feldschwächung hat immer einen Rückgang des Motormoments zur Folge; die Leistungsminderung wird durch die Drehzahlerhöhung wieder ausgeglichen. Wird bei einem leerlaufenden Nebenschlußmotor das Feld sehr stark geschwächt, steigt die Drehzahl entsprechend an; *der Motor geht durch*. In Sonderfällen wird der Motor mit einer Hilfsreihenschlußwicklung ausgelegt, um ein unstabiles Drehzahlverhalten durch die Ankerrückwirkung zu vermeiden.

Beispiel

Ein Gleichstrom-Nebenschlußmotor besitzt folgende Nenndaten:

$$U_{Kl} = 220\ \text{V}$$
$$I = 2{,}5\ \text{A}$$
$$P = 0{,}4\ \text{kW}$$
$$n = 1470\ \text{min}^{-1}$$

Bestimmen Sie

a) den Ankernennstrom I_A, wenn die Erregerwicklung $R_E = 680\ \Omega$ besitzt,

b) die induzierte Gegenspannung U_0 in der Ankerwicklung, wenn der Ankerwiderstand $R_A = 2\ \Omega$ hat,

c) den Nennwirkungsgrad η,

d) den Anlaßwiderstand R_V, wenn der Anlaufstrom das 1,4fache des Nennstromes betragen soll.

Der Erregerstrom wird vernachlässigt.

Lösung

a)
$$I_e = \frac{U_{Kl}}{R_E} = \frac{220\ \text{V}}{680\ \Omega} = 0{,}324\ \text{A}$$

$$I_A = I - I_e = 2{,}5\ \text{A} - 0{,}324\ \text{A} = \underline{\underline{2{,}18\ \text{A}}}$$

b)
$$U_0 = U_{Kl} - I_A \cdot R_A = 220\ \text{V} - 2{,}18\ \text{A} \cdot 2\ \Omega = \underline{\underline{215{,}64\ \text{V}}}$$

c)
$$\eta = \frac{P_{ab}}{P_{zu}} = \frac{400\ \text{W}}{220\ \text{V} \cdot 2{,}5\ \text{A}} = \underline{\underline{0{,}727}}$$

d)
$$U_{Kl} = 1{,}4 \cdot I\ (R_A + R_V)$$

$$R_V = \frac{U_{Kl}}{1{,}4 \cdot I} - R_A = \frac{220\ \text{V}}{1{,}4 \cdot 2{,}5\ \text{A}} - 2\ \Omega = \underline{\underline{60{,}86\ \Omega}}$$

Zusammenfassung

a) Der Nebenschlußmotor ist im mechanischen Aufbau wie der Nebenschlußgenerator ausgeführt.

b) Die Drehzahl ändert sich kaum mit Belastung: Der Motor ist in seinem Drehzahlverhalten sehr stabil. Der Nebenschlußmotor wird dort eingesetzt, wo eine gleichmäßige Drehzahl erforderlich ist, z. B. bei Werkzeugmaschinen und Personenaufzügen.

c) Die Drehzahlsteuerung kann sowohl unterhalb sowie oberhalb der Nenndrehzahl erfolgen.
d) Eine Drehrichtungsumkehr wird meistens im Ankerkreis mit einem Wendeschalter (Bild 3.5) vorgenommen.

Der Anlaßwiderstand muß mit der Erregerwicklung leitend (galvanisch) verbunden werden, damit im Ausschaltaugenblick die hohe Selbstinduktionsspannung der Wicklung über dem Anlasser und Ankerkreis kurzgeschlossen wird.

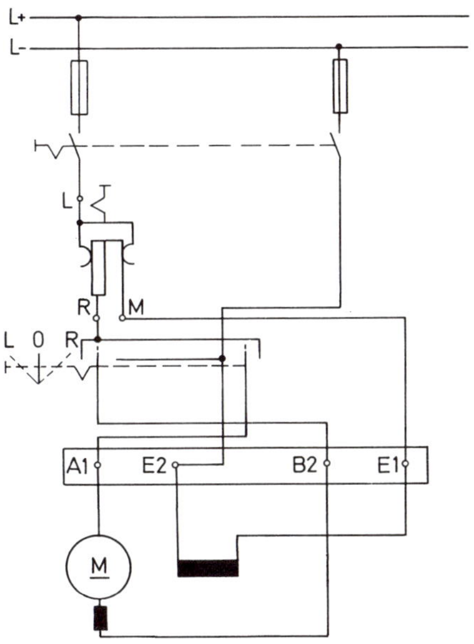

Bild 3.5 Nebenschlußmotor mit Wendeschalter

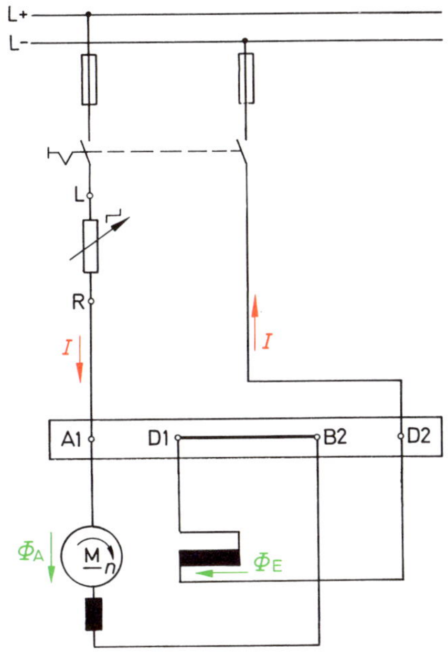

Bild 3.6a Schaltbild eines Reihenschlußmotors für Rechtslauf

Bild 3.6b Anschlußbrett für Linkslauf

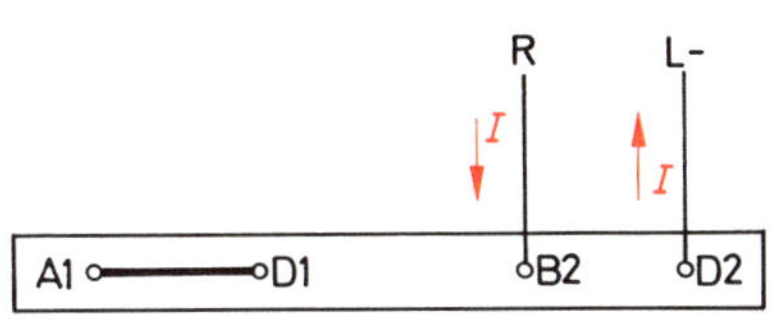

3.1.4 Reihenschlußmotor

Beim Reihenschlußmotor (Bild 3.6a) liegen Anker- und Erregerwicklung in Reihenschaltung und werden somit vom gemeinsamen Strom I durchflossen, der gleichzeitig Erregerstrom I_E und Ankerstrom I_A ist.

Im Leerlauf (bei Entlastung) hat der Motor sein geringstes Moment zu überwinden. Somit ist auch der aufgenommene Strom I sehr gering. Er wird nach folgender Formel bestimmt:

$$I = \frac{U_{Kl} - U_0}{R_A + R_W + R_H}$$

R_A = Widerstand der Ankerwicklung
R_W = Widerstand der Wendepolwicklung
R_H = Widerstand der Hauptwicklung

Der geringe Strom baut nur ein geringes Erregerfeld auf. Um die Gegenspannung aufrechtzuerhalten, die wegen der geringen Spannungsfälle nur wenig kleiner als die Klemmenspannung ist, muß die Drehzahl entsprechend hohe Werte annehmen. Die angenäherte Formel lautet (wie beim Nebenschlußmotor):

$$U_0 \sim \Phi \cdot n$$

$$n \sim \frac{U_0}{\Phi}$$

Die Drehzahl verhält sich bei konstanter Klemmenspannung umgekehrt zum Magnetfeld Φ. Der Reihenschlußmotor kann deshalb im Leerlauf eine hohe Drehzahl annehmen, so daß der Anker durch die hohen mechanischen Beanspruchungen (Fliehkräfte) gefährdet ist; *er geht durch.* Um dies zu vermeiden, muß der Reihenschlußmotor immer mit der anzutreibenden Maschine direkt oder starr gekuppelt werden.

Im Anlauf fließt durch die Erregerwicklung ein kräftiger Strom, der ein starkes Erregerfeld aufbaut.

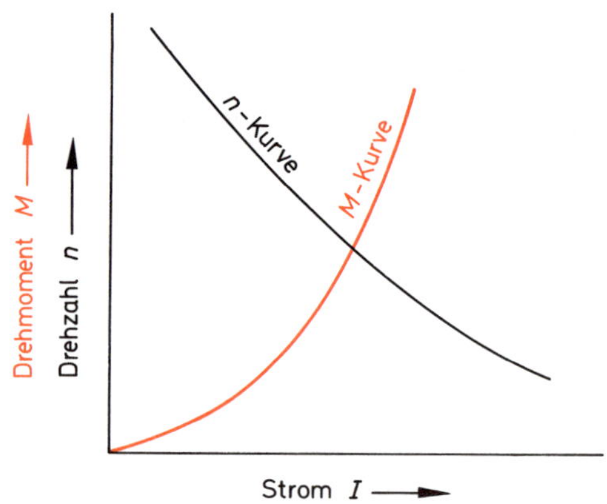

Bild 3.7 Belastungskennlinie eines Reihenschlußmotors

Im Gegensatz zum Nebenschlußmotor, dessen Drehmoment linear mit dem Ankerstrom bei konstantem Magnetfeld steigt, wird bei einem Reihenschlußmotor (im ungesättigten Bereich des Eisens) das Motormoment quadratisch mit dem Ankerstrom ansteigen $M \sim I^2$, da das Magnetfeld sich proportional mit dem Strom ändert ($M \sim \Phi \cdot I$, $\Phi \sim I$, $M \sim I \cdot I \Rightarrow M \sim I^2$) (Bild 3.7).

Das treibende Motormoment ist im Anlauf daher sehr groß; so benötigt der Motor für ein vierfaches Nenndrehmoment nur eine zweifache Nennstromaufnahme aus dem Netz.

Reihenschlußmotoren haben deshalb von allen Gleichstrommotoren das höchste Drehmoment. Sie werden vorwiegend für schwere Lasten verwendet.

Zum Anlassen des Motors kann wie bei jedem Gleichstrommotor ein veränderbarer Anlaßwiderstand vorgeschaltet werden. Seine Drehzahl kann damit bis zur Nenndrehzahl gesteuert werden.

Beispiel

Ein 5,5-kW-Gleichstrom-Reihenschlußmotor ist an eine Klemmenspannung von 220 V angeschlossen und macht 1250 min^{-1}. Er hat einen inneren Widerstand von 0,18 Ω, hierbei entfallen 0,04 Ω auf die Erregerwicklung. Die gesamten Motorverluste betragen 16%.

Bestimmen Sie

a) die Leistungsaufnahme P_{zu} des Motors,

b) die Stromaufnahme I bei Nennbetrieb,

c) den Spannungsfall U_R in der Reihenschlußwicklung,

d) die induzierte Gegenspannung U_0,

e) die Ankerleistung P_A,

f) das Motordrehmoment M an der Welle.

Lösung

a) $$P_{zu} = \frac{P_{ab}}{\eta} = \frac{5{,}5\ \text{kW}}{0{,}84} = \underline{6{,}55\ \text{kW}}$$

b) $$I = \frac{P_{zu}}{U_{Kl}} = \frac{6{,}55 \cdot 10^3\ \text{W}}{220\ \text{V}} = \underline{29{,}8\ \text{A}}$$

c) $$U_R = I \cdot R_E = 29{,}8\ \text{A} \cdot 0{,}04\ \Omega = \underline{1{,}19\ \text{V}}$$

d) $$U_0 = U_{Kl} - I \cdot R_i = 220\ \text{V} - 29{,}8\ \text{A} \cdot 0{,}18\ \Omega = \underline{214{,}64\ \text{V}}$$

e) $$P_A = U_0 \cdot I = 214{,}64\ \text{V} \cdot 29{,}8\ \text{A} = \underline{6{,}4\ \text{kW}}$$

f) $$M = \frac{P_{ab}}{\omega} = \frac{P_{ab}}{\frac{2 \cdot \pi \cdot n}{60}} = \frac{5{,}5 \cdot 10^3\ \text{W}}{\frac{2 \cdot \pi \cdot 1250\ \text{min}^{-1}}{60\ \text{s/min}}} = \underline{42\ \text{Nm}}$$

Zusammenfassung

a) Anker- und Erregerwicklung liegen in Reihe und werden vom gemeinsamen Strom I durchflossen. Die Erregerwicklung wird wegen des starken Belastungsstromes mit wenigen Windungen und starkem Querschnitt ausgeführt.
b) Die Drehzahl ändert sich sehr stark bei Belastung. Im Leerlauf neigt der Motor zum Durchgehen und darf deshalb nur starr verbunden werden. Im Anlauf entwickelt er ein kräftiges Moment.
c) Die Veränderung der Motordrehzahl kann folgendermaßen vorgenommen werden: *Drehzahlerhöhung* durch Nebenwiderstand zur Erregerwicklung oder Anzapfung der Erregerwicklung.
   Drehzahlminderung durch Vorwiderstand oder Reihenschaltung von zwei Motoren (Bahnmotoren).
d) Der Reihenschlußmotor findet Anwendung bei Straßenbahnen, bei Elektrokarren, bei Schnellbahnen, bei Hebezeugen, als Autoanlasser.

3.1.5 Universalmotor

Der Universalmotor (Bild 3.9a) ist ein kleiner Reihenschlußmotor, der sowohl mit Gleichstrom als auch mit einphasigem Wechselstrom bei normaler Netzfrequenz betrieben werden kann. Man nennt ihn deshalb auch Allstrommotor. Da öffentliche Netze fast nur noch Wechselstrom führen, wird der Universalmotor in erster Linie hierfür dimensioniert.

Er unterscheidet sich in der Bauform vom normalen Gleichstrommotor durch das gedrungene Ständerpaket, das mit den Polschuhen ein Stück bildet (Bild 3.8). Zur Vermeidung der Wirbelströme beim Betrieb von Wechselspannung ist das Ständerpaket aus Dynamoblechen zusammengeschichtet.

Die Erregerwicklung ist symmetrisch zum Anker aufgeteilt. Hierdurch wirken die Teilspulen der Erregerwicklung wie Drosselspulen, die zur Funkentstörung beitragen. Aus technischen und rationellen Gründen wird der Anker mit seiner Wicklung maschinell hergestellt.

Im Gegensatz zum Einphaseninduktionsmotor, dessen synchrone Drehfelddrehzahlen durch Netzfrequenz und Polpaarzahl festliegen, können mit dem Universalmotor Drehzahlen über $3000\,\text{min}^{-1}$ bis $30\,000\,\text{min}^{-1}$ erreicht werden.

Da bekanntlich die Erregerwicklungen bei Wechselspannung neben dem ohmschen einen induktiven Widerstand besitzen, ist der Spannungsfall an ihnen größer; Drehzahl und Leistung gehen daher beim Übergang von Gleich- auf Wechselspannung um etwa 15% zurück.

Soll in Sonderfällen für beide Spannungsarten bis etwa $6000\,\text{min}^{-1}$ die Leistung konstant gehalten werden, wird die Erregerwicklung mit Anzapfungen (Zusatzwicklungen) ausgeführt. Beim Gleichstrombetrieb erhält der Motor einige Windungen mehr als bei Wechselstrombetrieb.

In seiner Wirkungsweise verhält sich der Universalmotor wie ein normaler Gleichstrom-Reihenschlußmotor. Bei starker Belastung fließt in der Anker- und der Erreger-

Bild 3.8 Ständer- und Läuferblechschnitt eines Universalmotors

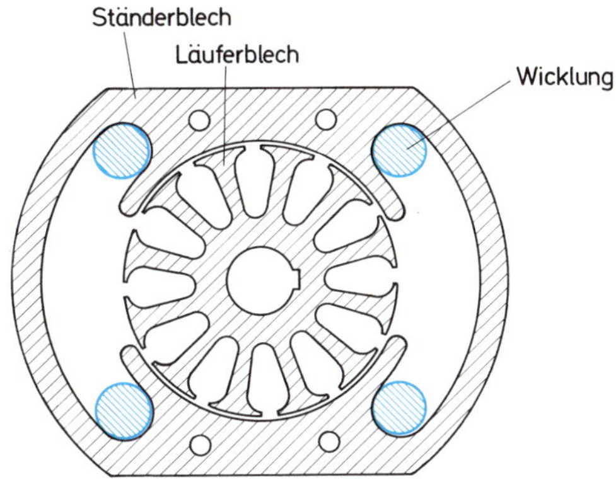

Bild 3.9a Schaltbild eines Universalmotors mit Zusatzwicklungen

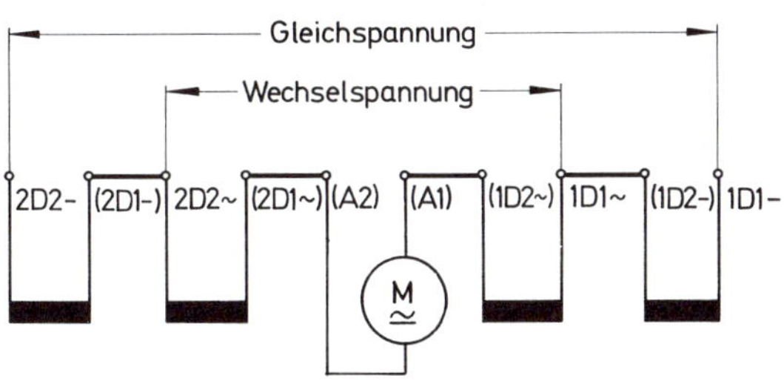

Bild 3.9b Belastungskennlinie eines Universalmotors

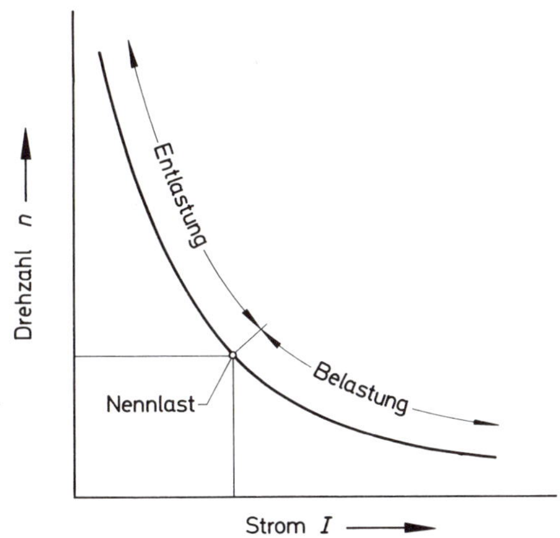

wicklung ein hoher Belastungsstrom. Beide Wicklungen erzeugen kräftige magnetische Felder, so daß der Motor in der Lage ist, ein starkes Drehmoment im Anlauf und im Betrieb zu entwickeln. Bei Entlastung werden der Strom und damit die Magnetfelder schwächer. Der Motor entwickelt dadurch eine höhere Drehzahl und kann durchgehen (Bild 3.9b). Aus Sicherheitsgründen wird in einigen Fällen auf die Motorwelle ein Fliehkraftschalter montiert, der bei kritischen Drehzahlen den Motor abschaltet oder einen ohmschen Widerstand zuschaltet. Eine einfache grobstufige und unwirtschaftliche Drehzahlsteuerung ist wie bei jedem Gleichstrommotor der Vorwiderstand. Eine feinstufige, aber ebenfalls nicht verlustlose Drehzahlsteuerung wird durch die Barkhausenschaltung (Bild 3.10a) erreicht. Ein ohmscher Widerstand wird als Potentiometer so geschaltet, daß ein Teil als Vorwiderstand R_v, der andere als Parallelwiderstand R_p zur Ankerwicklung liegt.

So neigt der Motor bei Leerlauf nicht mehr zum Durchgehen, er verliert dadurch den starren Reihenschlußcharakter. Motorwicklungen und Widerstand müssen aufeinander abgestimmt werden. Für spezielle Drehzahlsteuerungen, z. B. bei Handbohrmaschinen, wendet man heute Phasenanschnittsteuerungen durch Thyristoren oder Triac an (Bild 3.10b).

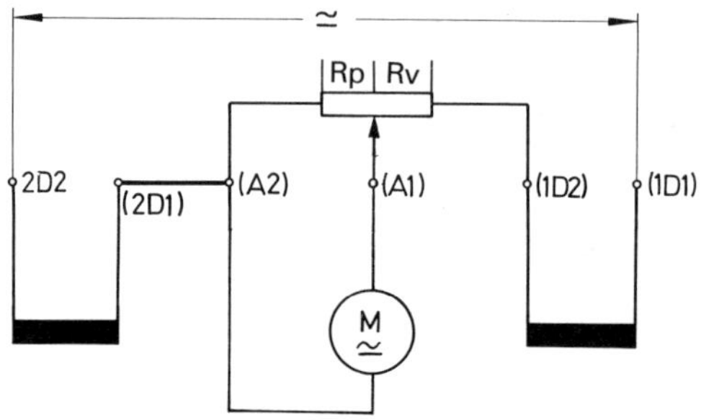

Bild 3.10a Barkhausenschaltung

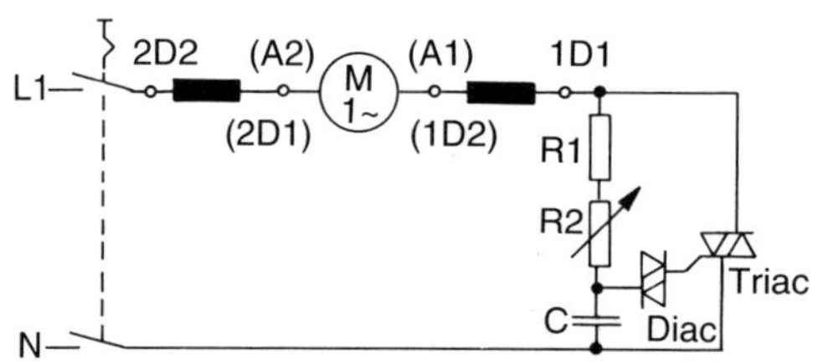

Bild 3.10b Phasenanschnittsteuerung eines Universalmotors

Zusammenfassung

a) Der Universalmotor ist stets ein Reihenschlußmotor. Dadurch wirken die Erregerwicklungen wie Drosselspulen und bewirken eine Funkentstörung. Zusätzlich wird der Motor mit einem Breitbandentstörer entstört.

b) Da die räumlichen Abmessungen sehr gering sind, können keine Wendepole untergebracht werden. Zur Behebung des Läuferquerfeldes werden die Bürsten um 1 bis 2 Stromwenderlamellen aus der neutralen Zone gegen die Drehrichtung verschoben.

c) Diese hochtourigen Kleinstmotoren mit ihren Drehzahlen von 1500 min^{-1} bis 30 000 min^{-1} sind in ihrer Leistung auf etwa 2000 W begrenzt. Die Anwendung des Motors ist sehr vielseitig, z. B. für Handbohrmaschinen, Haushaltsmaschinen (Staubsauger, Mixer usw.).

3.1.6 Doppelschlußmotor

Der mechanische Aufbau des Doppelschlußmotors (Bild 3.11a) entspricht dem eines Doppelschlußgenerators. Die Erregerwicklungen werden gewöhnlich so geschaltet, daß sie sich in ihrem magnetischen Verhalten unterstützen (normalkompoundiert). Im unbelasteten Zustand (Leerlauf) verhält er sich wie ein Nebenschlußmotor mit konstantem Magnetfluß Φ. Ein Durchgehen ist deshalb bei Entlastung nicht möglich.

Bild 3.11a
Schaltbild eines Doppelschlußmotors für Rechtslauf

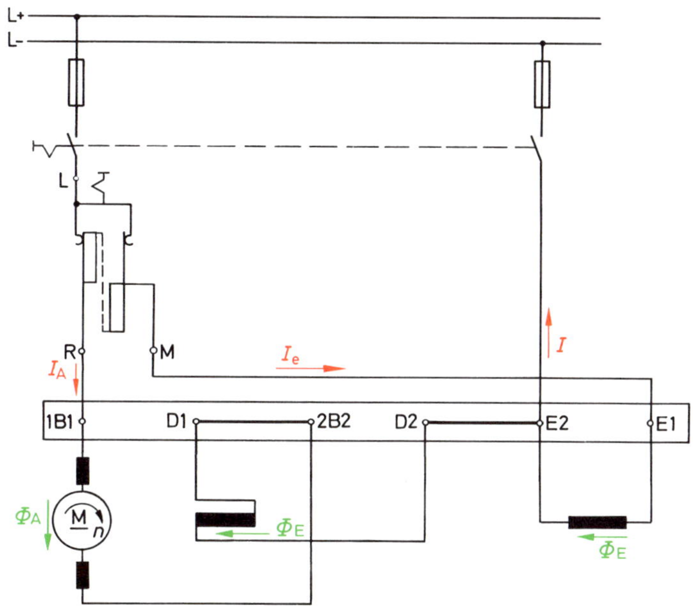

Bild 3.11b Anschlußbrett für Linkslauf

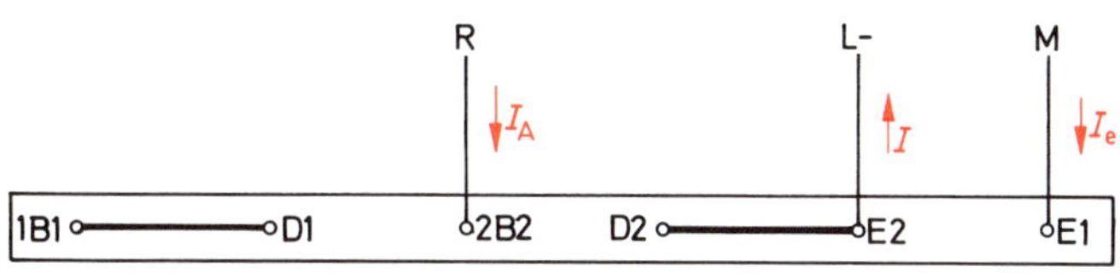

Bei Belastung wird die Reihenschlußwicklung vom belastungsabhängigen Ankerstrom durchflossen, das Nebenschlußfeld wird zusätzlich durch das Reihenschlußfeld unterstützt. Der Motor erhält ein gutes Anzugsmoment bei belastungsabhängiger Drehzahl. Doppelschlußmotoren besitzen deshalb keine so steife Drehzahlkennlinie wie der normale Nebenschlußmotor und kein so hohes Drehmoment wie der Reihenschlußmotor (Bild 3.12a). Je nach Ausführung und Anwendung der Erregerwicklungen kann die eine oder andere Charakteristik des Motors annähernd erreicht werden.

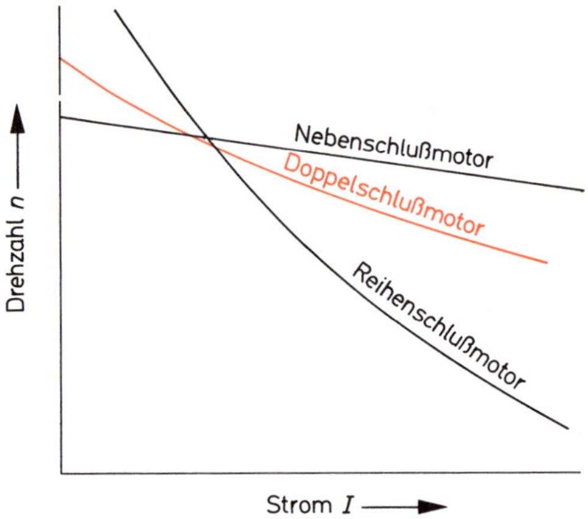

Bild 3.12a Drehzahlkennlinien

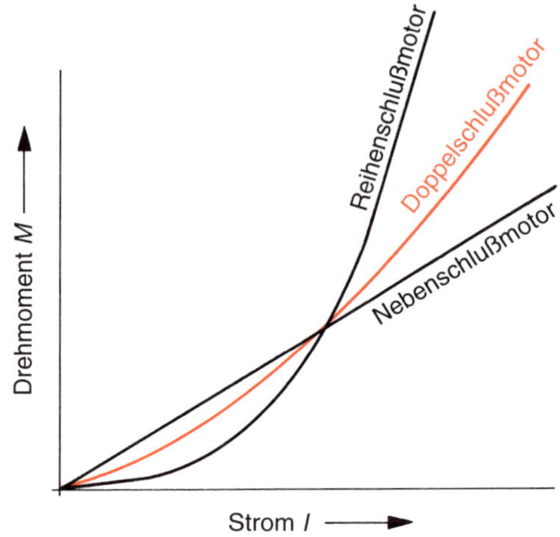

Bild 3.12b Drehmomentkennlinien

In Sonderfällen wird die Reihenschlußwicklung so geschaltet, daß sie der Nebenschlußwicklung entgegenwirkt (gegenkompoundiert). Dieses Verfahren ist nur dort anzuwenden, wo der Motor eine stabile Drehzahl bei veränderlicher Belastung (bis zur Nennlast) erreichen soll. Die Gegenkompoundierung soll möglichst vermieden werden, denn mit stärkerer Belastung wird auch das Hauptfeld schwächer, und das Drehmoment des Motors nimmt ab.

Bei großen Belastungsstößen kann notfalls das Gegenmoment nicht mehr überwunden werden, die Stromaufnahme aus dem Netz steigt durch die fehlende Gegenspannung in der Ankerwicklung an, die Sicherungen sprechen an.

Beispiel

Auf dem Leistungsschild eines Gleichstrom-Doppelschlußmotors stehen folgende Angaben:

$$P = 10\,\text{kW};\; U = 220\,\text{V};\; I = 54{,}6\,\text{A};\; n = 1610\,\text{min}^{-1}.$$

Die Reihenschlußwicklung wird vom Ankerstrom durchflossen und hat einen Widerstand von 0,05 Ω. Der Widerstand der Anker- und Wendepolwicklung beträgt 0,02 Ω und der der Nebenschlußwicklung 102 Ω.

Berechnen Sie

a) die zugeführte Leistung P_{zu},
b) den Gesamtwirkungsgrad η,
c) den Erregerstrom I_e der Nebenschlußwicklung,
d) die Ankerstromstärke I_A,
e) die Gegenspannung U_0,
f) die Ankerleistung P_A,

g) die elektrischen Verluste $P_{Cu\,ges}$,
h) das Motordrehmoment M an der Welle.

Lösung

a) $P_{zu} = U_{Kl} \cdot I = 220\,V \cdot 54{,}6\,A = \underline{12\,kW}$

b) $\eta = \frac{P_{ab}}{P_{zu}} = \frac{10\,kW}{12\,kW} = 0{,}833 \mathrel{\hat{=}} \underline{83{,}3\,\%}$

c) $I_e = \frac{U_{Kl}}{R_{EN}} = \frac{220\,V}{102\,\Omega} = \underline{2{,}16\,A}$

d) $I_A = I - I_e = 54{,}6\,A - 2{,}16\,A = \underline{52{,}44\,A}$

e) $U_0 = U_{Kl} - I_A \cdot R_i = U_{Kl} - I_A \cdot (R_A + R_W + R_{ER})$

$U_0 = 220\,V - 52{,}44\,A \cdot (0{,}02\,\Omega + 0{,}05\,\Omega) = \underline{216{,}3\,V}$

f) $P_A = U_0 \cdot I_A = 216{,}3\,V \cdot 52{,}44\,A = \underline{11{,}34\,kW}$

g) $P_{Cu\,ges} = I_A^2 \cdot (R_A + R_W + R_{ER}) + I_e^2 \cdot R_{EN}$

$P_{Cu\,ges} = (52{,}44\,A)^2 \cdot (0{,}02\,\Omega + 0{,}05\,\Omega) + (2{,}16\,A)^2 \cdot 102\,\Omega =$

$P_{Cu\,ges} = 192{,}5\,W + 476\,W = \underline{668{,}5\,W}$

h) $M = \frac{P_{ab}}{\frac{2 \cdot \pi \cdot n}{60}} = \frac{10 \cdot 10^3\,W}{\frac{2 \cdot \pi \cdot 1610\,min^{-1}}{60\,s/min}} = \underline{59{,}34\,Nm}$

Zusammenfassung

a) Beim Doppelschlußmotor werden die Nebenschluß- und Reihenschlußwicklungen gemeinsam auf einem Polkern untergebracht und am Anschlußbrett verschaltet. Das Anschlußbrett erhält gegenüber anderen Gleichstrommotoren 6 Klemmenanschlüsse.
b) Die Nebenschlußwicklung kann auch durch eine fremderregte Wicklung ersetzt werden. Bei der Wicklung F 1–F 2 hat man am Anschlußbrett nur noch eine Brücke.
c) Anwendung findet der Doppelschlußmotor dort, wo Leerlauf und Stoßbelastungen zu erwarten sind, z. B. bei Pressen, Stanzen, Scheren. Durch sein weiches Drehmoment-Drehzahl-Verhalten bei Belastung paßt er sich gut den Arbeitsbedingungen an.
d) Die Drehzahl des Motors kann, wie bei jedem Gleichstromnebenschlußmotor, durch einen Anlaßwiderstand oder Feldsteller verändert werden.

3.1.7 Fremderregter Motor

Der fremderregte Motor (Bild 3.13a) benötigt getrennte Spannungsquellen für den Anker- und Erregerkreis. Er ist im mechanischen Aufbau wie der Nebenschlußmotor ausgeführt. Statt der Anschlußbezeichnung E 1–E 2 erhält er die Bezeichnung F 1–F 2. Zusätzlich müssen auf dem Leistungsschild (Bild 3.15) die Erregerspannung und der Erregerstrom angegeben werden. Fremderregte Motoren werden z. B. als Spielzeugmotoren für kleine Leistungen mit Dauermagneten versehen. Da Anker- und Erregerkreis galvanisch getrennt sind, bleibt bei einem Spannungsrückgang am Anker das Erregerfeld konstant.

Bild 3.13a Schaltbild eines fremderregten Motors für Rechtslauf

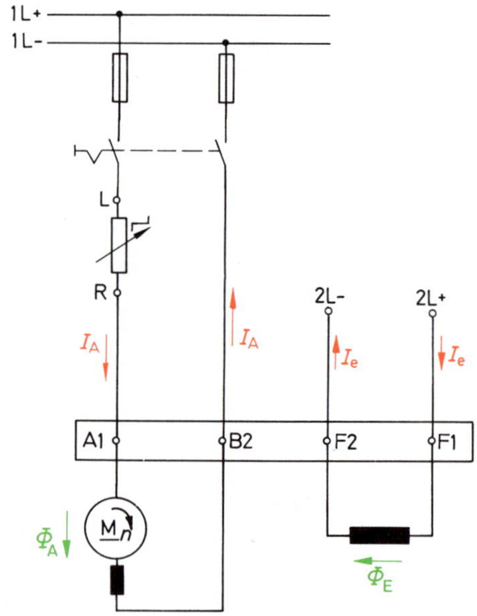

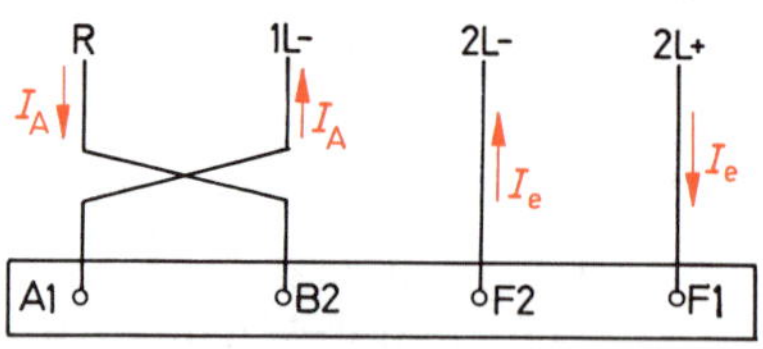

Bild 3.13b Anschlußbrett für Linkslauf

Dadurch bleibt die Drehzahl im Vergleich zum Nebenschlußmotor stabiler (Bild 3.14). Außerdem neigt der fremderregte Motor weniger zum Durchgehen als der Nebenschlußmotor. Eine Drehzahländerung ist wie bei jedem Gleichstrommotor durch Anker- und Feldsteuerung möglich. Fremderregte Motoren werden heute dort verwendet, wo bei gleichbleibendem Nenndrehmoment die Drehzahlabweichung zwischen Leerlauf- und Nenndrehzahl gering sein soll, z. B. bei Leonardschaltung. Da es heute nur noch selten klassische Gleichstromnetze gibt, werden die Gleichstrommotoren meistens von Wechselspannung (Drehspannung) über Gleichrichtersätze gespeist (Bild 3.16).

Wird statt eines Anlassers ein Stelltransformator für den Ankerkreis verwendet, so kann auf einfache Weise die Drehzahlsteuerung bei konstanter Erregung im unteren Drehzahlbereich fast verlustlos erfolgen.

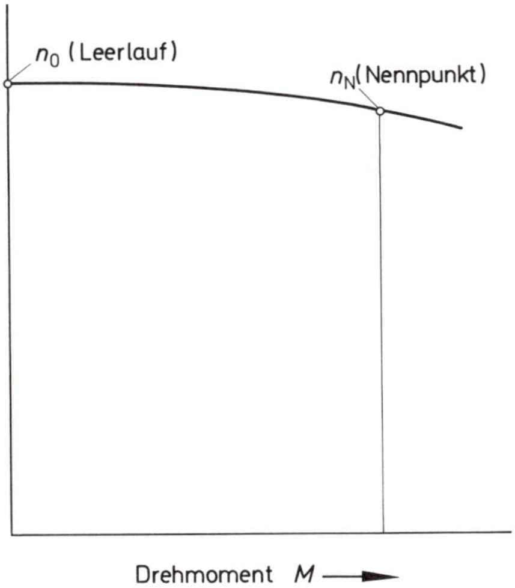

Bild 3.14 Belastungskennlinie eines fremderregten Motors

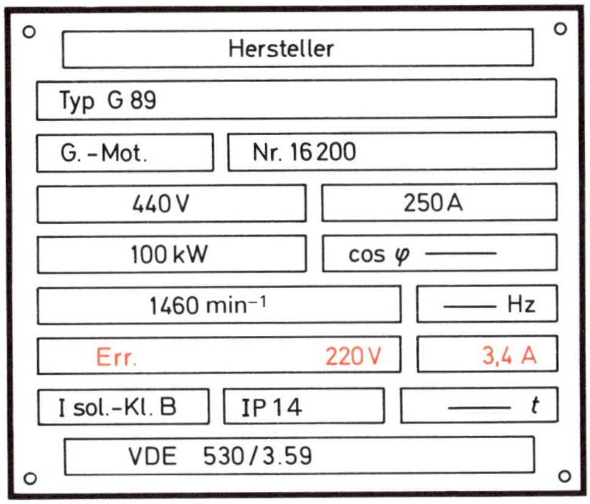

Bild 3.15 Leistungsschild eines fremderregten Motors

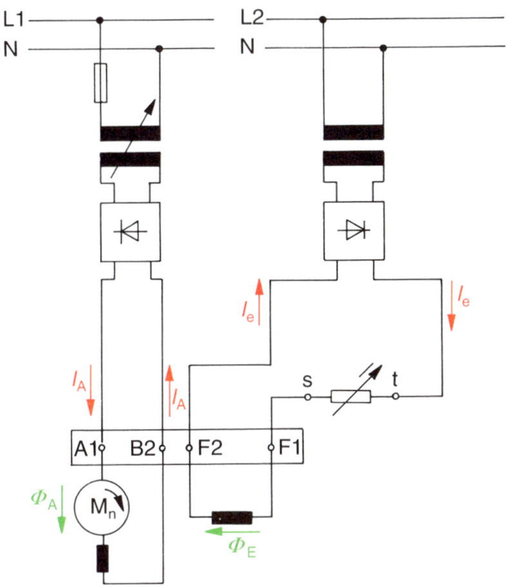

Bild 3.16 Drehzahländerung eines fremderregten Motors durch Stelltransformator

Die Belastungsabhängigkeit der Drehzahl ist in jedem Bereich nur gering (siehe Belastungskennlinien Leonardsatz Bild 3.18). Die Drehzahlverstellung im unteren wie auch im oberen Drehzahlbereich verhält sich wie beim Nebenschlußmotor.

Beispiel
Aus dem Leistungsschild (Bild 3.15) eines fremderregten Gleichstrommotors werden folgende Nenndaten entnommen:

Ankerkreis	*Erregerkreis*
$P_{ab} = 100\ \text{kW}$	$U_E = 220\ \text{V}$
$U_{Kl} = 440\ \text{V}$	$I_e = 3{,}4\ \text{A}$
$I_A = 250\ \text{A}$	
$n = 1460\ \text{min}^{-1}$	

Berechnen Sie
a) den gesamten Spannungsfall U_v, im Ankerkreis,
b) den Gesamtwiderstand R_i des Ankerkreises bei einer induzierten Gegenspannung von 420 V,
c) das Motordrehmoment M,
d) den Anlaßwiderstand R_v, wenn der Anlaßspitzenstrom das 1,3fache des Ankernennstromes nicht übersteigen soll,
e) den Wirkungsgrad η unter Vernachlässigung der Erregerleistung,
f) den Widerstand R_E der Erregerwicklung.

Lösung

a) $$U_v = U_{Kl} - U_0 = 440\ \text{V} - 420\ \text{V} = \underline{\underline{20\ \text{V}}}$$

b) $$R_i = \frac{U_{Kl} - U_0}{I_A} = \frac{U_v}{I_A} = \frac{20\ \text{V}}{250\ \text{A}} = 0{,}08\ \Omega$$

c) $$M = \frac{P_{ab}}{\omega} = \frac{P_{ab}}{\frac{2 \cdot \pi \cdot n}{60}} = \frac{100 \cdot 10^3\ \text{W}}{\frac{2 \cdot \pi \cdot 1460\ \text{min}^{-1}}{60\ \text{s/min}}} = \underline{\underline{654\ \text{Nm}}}$$

d) $$R_v = \frac{U_{Kl}}{1{,}3 \cdot I_A} - R_i = \frac{440\ \text{V}}{1{,}3 \cdot 250\ \text{A}} - 0{,}08\ \Omega = \underline{\underline{1{,}27\ \Omega}}$$

e) $$\eta = \frac{P_{ab}}{P_{zu}} = \frac{100 \cdot 10^3\ \text{W}}{440\ \text{V} \cdot 250\ \text{A}} = \underline{\underline{0{,}91}}$$

f) $$R_E = \frac{U_E}{I_e} = \frac{220\ \text{V}}{3{,}4\ \text{A}} = \underline{\underline{64{,}7\ \Omega}}$$

Zusammenfassung
a) Der fremderregte Motor ist im mechanischen Aufbau wie ein Nebenschlußmotor ausgeführt.
b) Er erhält durch seine getrennten Gleichspannungsquellen eine gute Drehzahlstabilität bei Nennlast.
c) Fremderregte Motoren werden überwiegend in der Steuer- und Regeltechnik, z. B.

beim Leonardsatz, angewendet. Motoren mit sehr geringer Leistung werden mit Dauermagneten versehen, z. B. Spielzeugmotoren, Trockenrasierer usw.

3.1.8 Drehzahlsteuerung von Gleichstrommotoren

Für die Drehzahlsteuerung von Gleichstrommotoren ergeben sich zwei Steuerungsarten:

□ **Drehzahlsteuerung durch Änderung der Ankerspannung** und
□ **Drehzahlsteuerung durch Änderung der Feldspannung.**

Bei der *Drehzahlsteuerung durch Spannungsänderung am Anker* liegt mit dem Ankerwiderstand ein Vorwiderstand R_v (Stellwiderstand) in Reihe. Diese Steuerung läßt sich nur im Bereich von Null bis zur Nenndrehzahl (Betriebsdrehzahl) durchführen. Die Drehzahl ändert sich hierdurch etwa proportional mit der anliegenden Spannung am Anker. Am Vorwiderstand fällt damit die restliche Spannung ab. Das bedeutet hohen Leistungsverlust und damit schlechten elektrischen Wirkungsgrad, außerdem wird die Drehzahl sehr stark lastabhängig. Diese Steuerungsmöglichkeit wird nur selten oder nur bei Motoren mit geringer Leistung angewendet. Durch die verminderte Belüftung müssen diese Motoren im unteren Drehzahlbereich mit herabgesetztem Drehmoment arbeiten oder bei vollem Drehmoment mit Fremdbelüftung ausgelegt werden. Eine feinstufige und fast verlustlose Drehzahlsteuerung im unteren Drehzahlbereich wird meistens durch die Leonardschaltung oder durch die Leistungselektronik ausgeführt.

Eine weitere Möglichkeit, die Drehzahl des Gleichstrommotors zu verändern, wird durch *Spannungsänderung an der Erregerwicklung (Feldschwächung)* hervorgerufen. Es kann also nur eine Steuerung im Drehzahlbereich über Nenndrehzahl erfolgen. Bei gleichmäßiger Belastung und konstanter Ankerklemmenspannung muß durch Feldschwächung der Ankerstrom infolge geringerer Gegenspannung ansteigen, bis Antriebsdrehmoment und Gegenmoment durch Drehzahlerhöhung ausgeglichen werden.

Das neue Motordrehmoment muß bei erhöhter Drehzahl zurückgehen, wenn die Motorleistung konstant bleiben soll. Damit eine Unstabilität der Drehzahl vermieden wird, soll der Drehzahlbereich nicht größer als 1:4 sein. Bei Entlastung (Reihenschlußmotor) oder stark eingestellter Feldschwächung (Nebenschlußmotor) können die Drehzahlen des Motors rapide ansteigen: Der Motor geht durch, der Anker erleidet mechanischen Schaden.

3.1.9 Leonardschaltung

Bei der Leonardschaltung findet man eine feinstufige, belastungsunabhängige und fast verlustlose Drehzahlsteuerung vor (Bild 3.17).

Der Leonardsatz besteht aus verschiedenen Maschinen. Der eigentliche Steuersatz setzt sich aus dem fremderregten Steuergenerator G_1 und dem fremderregten Steuermotor M_2 zusammen. Bei beiden Maschien sind die Anker elektrisch miteinander verbunden. Der Steuergenerator G_1 wird von einem Drehstrommotor M_1 mit gleichbleibender Drehzahl angetrieben. Die Erregerwicklungen der fremderregten Maschine werden von einer Erregermaschine G_2 (selbsterregter Nebenschluß- oder Doppelschlußgenerator) gespeist. Die Erregermaschine kann aber auch durch einen Gleichrichtersatz ersetzt werden. Die Ankerspannung des Steuermotors M_2 wird durch Veränderung des Feldstellers R_1 vom fremderregten Steuergenerator G_1 beeinflußt. Wird die Stromrichtung in der Erregerwicklung des Steuergenerators durch den Wendeschalter umgepolt, ändert sich auch die Polarität der Ankerspannung.

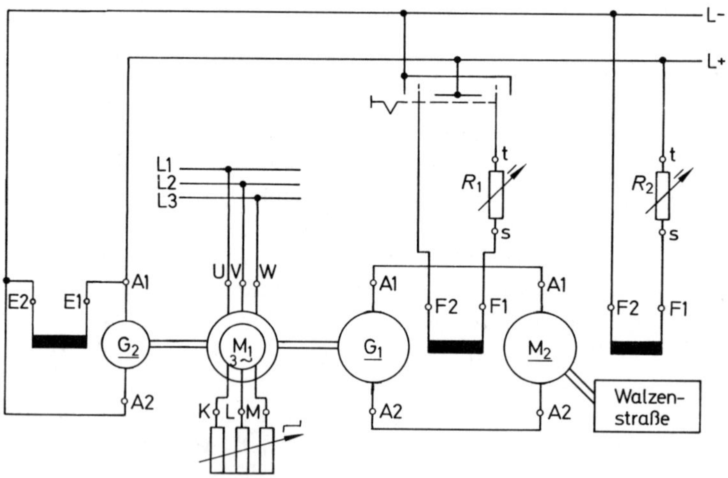

Bild 3.17
Leonardschaltung

G_2 = Erregergenerator
M_1 = Drehstrommotor
G_1 = Steuergenerator
M_2 = Steuermotor

Bleibende Polarität der Erregung des zu steuernden Motors M_2 und Polaritätsänderung am Anker dieses Motors verursachen Drehrichtungsänderung. Eine Drehzahlverstellung des Steuermotors M_2 erfolgt überwiegend im untren Drehzahlbereich. Eine Drehzahlverstellung des Motors M_2 im oberen Drehzahlbereich kann auch durch eine Feldschwächung erreicht werden.

Für stoßartig belastete Leonardsätze wird zum Schutz des Netzes vor starken Stromstößen ein Schwungrad (Ilgnerrad) auf der Welle angebracht.

Leonardsatz und Ilgnerrad ergeben dann den Ilgnerumformer. Der Antriebsmotor M_1 muß hierbei ein elastisches Drehmoment-Drehzahl-Verhalten zeigen. Es werden deshalb meistens Induktionsmotoren mit veränderlichen Läuferwiderständen (Schleifringläufermotoren) verwendet.

Bild 3.18 Belastungskennlinien der Leonardschaltung

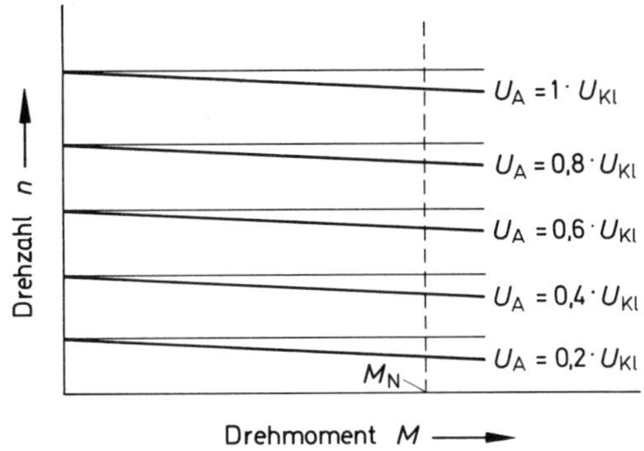

Vorteile

a) feinstufige und fast verlustlose Drehzahlsteuerungen, für große Motorleistungen bis 1:15 bei 6000 kW,
b) fast unabhängig von der Belastung (Nebenschlußcharakter) (Bild 3.18),
c) gute betriebsmäßige Drehrichtungsumkehr (durch Anker- oder Feldumpolung),
d) fast konstantes Drehmoment im unteren Drehzahlbereich.

Nachteile

a) durch die mechanisch gekuppelten Maschinen wird der Wirkungsgrad schlecht ($\eta \approx 0{,}7$),
b) hohe Anschaffungs- und Wartungskosten,
c) Steuergenerator G_1 und Steuermotor M_2 besitzen – im Gegensatz zur Zu- und Gegenschaltung – die gleichen Leistungen, da der Ankerstrom beide Ankerwicklungen durchfließt. Bei der Zu- und Gegenschaltung ist die Leistung des Steuergenerators G_1 nur halb so groß wie die des Steuermotors M_2. Die andere Hälfte der Leistung für den Steuermotor wird einem Gleichstromnetz entnommen.

3.1.10 Leistungsmessungen

Um die abgegebene Leistung eines Elektromotors zu bestimmen, werden in der Praxis verschiedene Meßverfahren angewendet.

a) Bei der *Wirbelstrombremse* (Bild 3.19) wird eine elektrisch gut leitende Scheibe, z. B. Kupfer- oder Aluminiumscheibe, mit der Motorwelle gekuppelt und zwischen einem gleichstromerregten Elektromagneten abgebremst. Der Elektromagnet ist mit dem Hebel l und dem Laufgewicht G verbunden. Das Gegengewicht Q dient als Ausgleich. Durch die Rotation der Scheibe wird je nach Drehzahl des Motors die Größe der Wirbelströme mit ihrem Magnetfeld Φ verändert. Durch die Wirbelströme in der Scheibe wird eine Kraft F_1 ausgeübt, die eine Drehung hervorruft. Das Drehmoment der Scheibe $F_1 \cdot l_1$ hält das Drehmoment (Gegendrehmoment) $G \cdot l$ im Gleichgewicht. Das Gegendrehmoment $G \cdot l$ ist gleich dem abgegebenen Motormoment. Mit Hilfe des gemessenen Drehmoments und der gemessenen Drehzahl kann die mechanische Wellenleistung P des Motors ermittelt werden. Diese Meßmethoden werden überwiegend für kleine Motorleistungen bis ca. 2 kW (5 kW) verwendet.

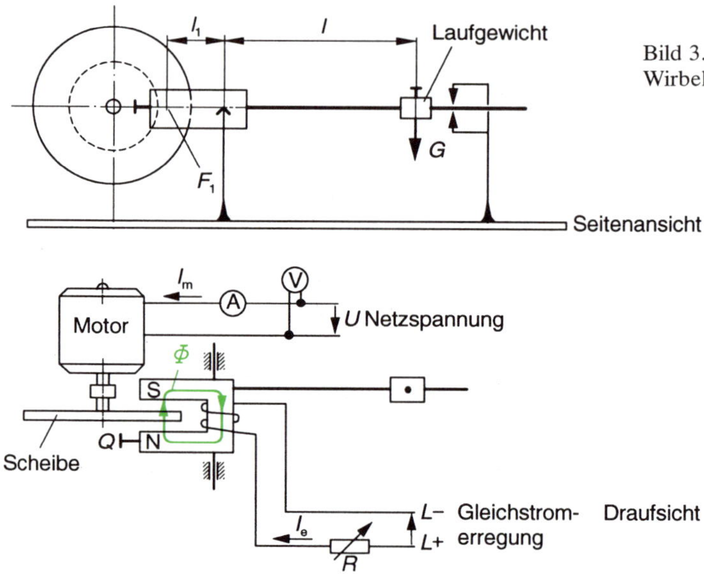

Bild 3.19 Prinzipschaltbilder der Wirbelstrombremse

$$P = \frac{G \cdot l \cdot n}{9550} = \frac{M \cdot n}{9550} \qquad \begin{aligned} P &= \text{in kW} \\ G &= \text{in N} \\ l &= \text{in m} \end{aligned} \qquad \begin{aligned} &M \text{ in Nm} \\ &n \text{ in min}^{-1} \end{aligned}$$

Der Motorwirkungsgrad wird nach folgender Formel berechnet:

$$\eta = \frac{\dfrac{M \cdot n}{9{,}550}}{U \cdot I} \cdot 100\% \qquad \eta = \frac{P_{ab}}{P_{zu}} \cdot 100\%$$

b) Bei der *Backenbremse* (Bild 3.20) befindet sich zwischen zwei Bremsbacken die abzubremsende Bremstrommel. Das Reibungsmoment wird durch den Druck der Backen mittels der Flügelmuttern eingestellt. Das abgegebene Motormoment muß gleich dem Gegenmoment aus Gewicht und Hebelarm sein. Stimmen Strom und Drehzahl des Motors mit den Nenndaten überein, so gibt der Motor seine mechanische Nennleistung an die Trommel ab.
Sowohl die Wirbelstrombremse als auch die Backenbremse werden für kleine bis mittlere Leistungen verwendet. Messungen an Drehstrommotoren können bei diesem Prüfverfahren nur im stabilen Bereich vorgenommen werden.

c) Der *Bremsgenerator (Pendelmaschine)* ist wegen seiner hohen Maßgenauigkeit für elektrische Maschinen die meist angewandte Leistungsmethode (Bild 3.21). Er kann auch als Motor benutzt werden. Wird die Pendelmaschine als Generator verwendet, kann die abgegebene Energie in den Widerständen in Wärme umgesetzt (Verlustbremsung) oder in das Netz zurückgeschickt werden (Nutzbremsung). Die Pendelmaschine wird als Nebenschluß- oder fremderregte Maschine ausgeführt. Um genaue Messungen zu erhalten, werden Ständer und Anker durch Kugellager getrennt gelagert. Das direkt gemessene Motormoment wird vom beweglichen Ständer über einen Hebelarm auf die Drehmomentwaage übertragen.

Bild 3.20 Backenbremse

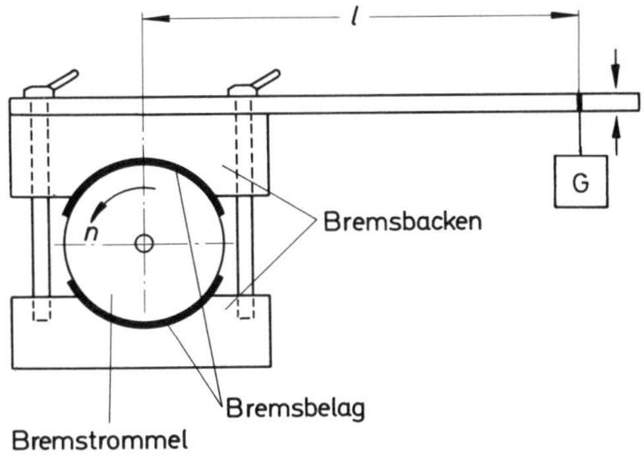

Bild 3.21 Bremsgenerator

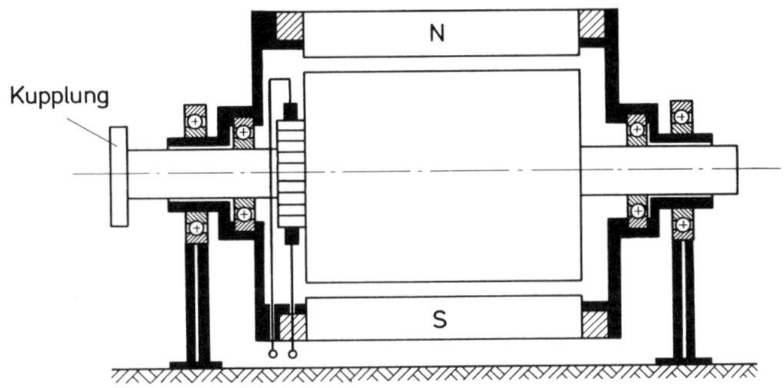

3.1.11 Verluste und Wirkungsgrade

Bei der Bestimmung der Wirkungsgrade kleinerer Maschinen erfolgt die direkte Messung aus Leistungsaufnahme und Leistungsabgabe. Für große Maschinen bevorzugt man wegen der Genauigkeit die indirekte Ermittlung des Wirkungsgrades nach dem Einzelverlustverfahren (Bild 3.22). Die Verluste werden aufgeteilt in:

a) Leerverluste
Luft-, Lager-, Bürstenreibungsverluste sowie Eisenverluste (Wirbelstrom- und Hysteresisverluste).

b) Erregerverluste
Sie werden bei Aufbau des Magnetfeldes (Erregerfeldes) durch den Erregerstrom in der Feldwicklung hervorgerufen.

Die Leer- und Erregerverluste ergeben zusammen die Leerlaufverluste der Gleichstrommaschine.

Die Leerlaufverluste erwärmen die Maschine ständig und sind fast unabhängig von der Belastung.

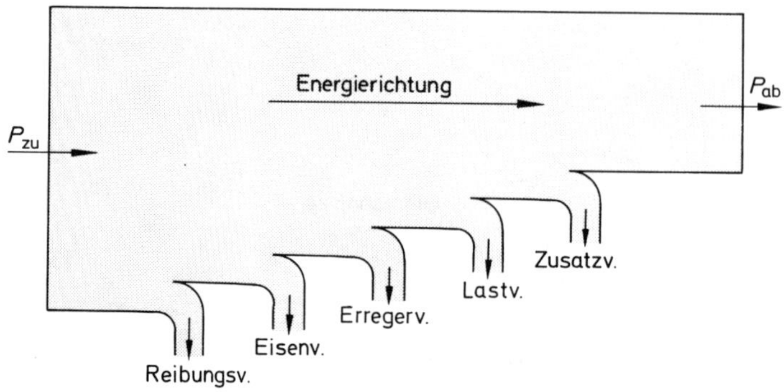

Bild 3.22 Leistungsflußbild

c) Last- oder Stromwärmeverluste
Sie treten auf in den Ankerwicklungen, Wendepolwicklungen und Kompensationswicklungen und Reihenschlußwicklungen.

Ferner treten sie zu einem kleinen Prozentsatz als Übergangsverluste unter den Bürsten auf. Die Stromwärmeverluste sind veränderliche Verluste, die sich nach der Belastung richten.

d) Zusatzverluste
Nicht erfaßbare Verluste werden als Zusatzverluste (0,5% bis 1% der Bezugsleistung) hinzugefügt. Der Wirkungsgrad ergibt sich aus der Formel:

$$\eta = \frac{P_{ab}}{P_{ab} + (\text{Leer-, Erreger-, Last- und Zusatzverluste})}$$

$$\eta = \frac{P_{ab}}{P_{ab} + P_v}$$

Die Wirtschaftlichkeit einer Maschine ist von den Gesamtverlusten abhängig.

3.2 Funkentstörung

Bei der Funkentstörung unterscheidet man die verschiedenen Störungsarten nach ihrer Entstehung, z. B.:

a) natürliche Störungen (atmosphärische Störungen),
b) mechanische Störungen (hervorgerufen durch gelockerte Masse- oder Steckverbindungen),
c) elektrische Störungen.

Den Praktiker interessiert hauptsächlich der Punkt c). Durch Unterbrechung von Schaltkontakten, Stromwenderlamellen usw. finden Spannungs- oder Stromunterbrechungen statt, die sich auf Leitungen direkt oder drahtlos als Störschwingungen fortpflanzen und im Tonfunk- oder Fernsehbereich unerwünschte Nebenwirkungen (Prasseln oder Knattern) hervorrufen. Diese Störungen sind mit Hilfe geeigneter Maßnahmen (Funkentstörung) zu vermeiden. Es sind hierbei die Bestimmungen laut VDE 0875 von Geräten, elektrischen Maschinen und Anlagen für Nennfrequenzen von 0 bis 10 kHz gültig. Nach entsprechender Prüfung erhalten die Geräte das Funkschutzzeichen (Bild 3.23). Die Bilder 3.24 und 3.25 verlieren ihre Gültigkeit.

Bild 3.23

Bild 3.24

Bild 3.25

Man unterscheidet zwei Arten von Störspannungen:

a) symmetrische Störspannung,
b) asymmetrische Störspannung.

Zu a) Symmetrische Störspannungen treten zwischen zwei stromführenden Leitern auf (Bild 3.26).

Zu b) Asymmetrische Störspannungen treten zwischen Netzleiter und Gehäuse bzw. zwischen Netzleiter und Erde auf. Ist das Gehäuse mit einem Schutzleiter verbunden, sind diese Störspannungen besonders groß (Bild 3.27).

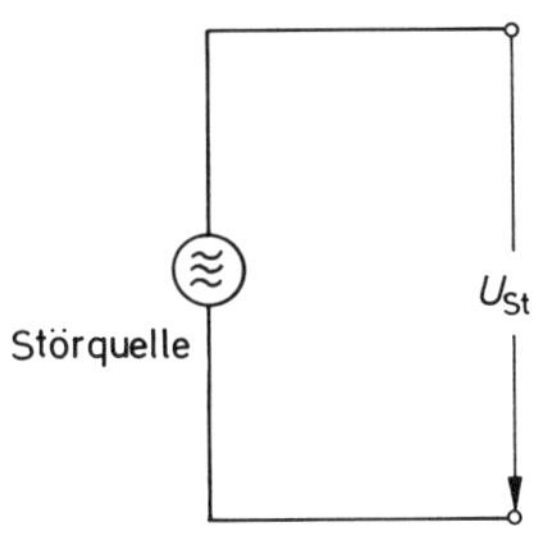

Bild 3.26

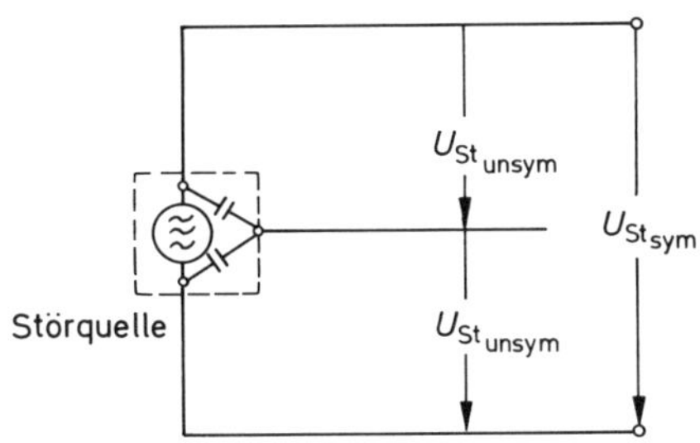

Bild 3.27

Die Reichweite der Störspannungen wird aber mit zunehmender Entfernung sehr stark gedämpft.

Zur Reduzierung von symmetrischen Störspannungen werden zur Störquelle Kondensatoren parallel oder Drosseln in Reihe geschaltet.

Eine gute Entstörung wird erreicht, wenn das Widerstandsverhältnis vom Innenwiderstand Z_i der Störquelle zum Innenwiderstand Z_c des Kondensators groß ist. Somit

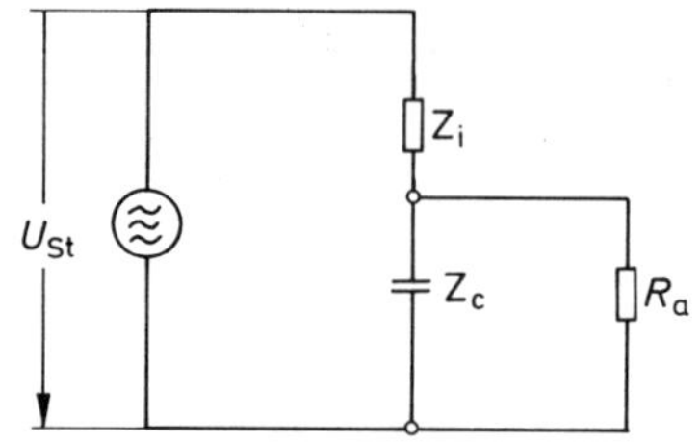

Bild 3.28

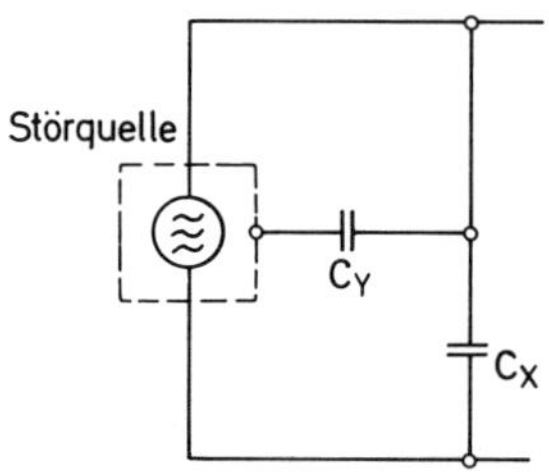

Bild 3.29

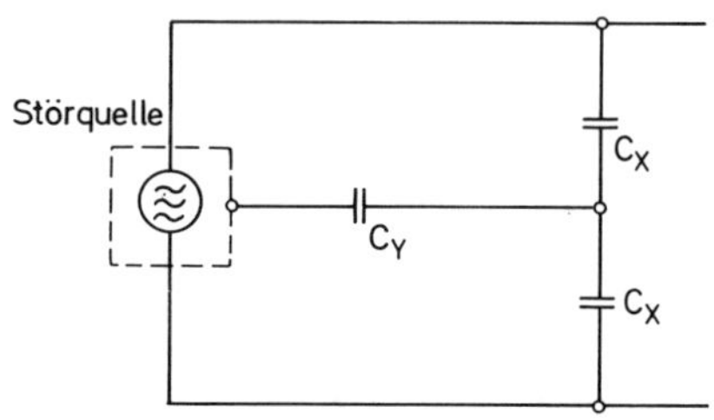

Bild 3.30

entsteht nur noch eine geringe Reststörspannung, die sich auf die Außenwiderstände R_a ausbreiten kann (Bild 3.28).

Entstörkombinationen enthalten kapazitive Querglieder und induktive Längsglieder. Bei Universalmotoren werden deshalb die Feldwicklungen (1 D 1–1 D 2 und 2 D 1–2 D 2) symmetrisch zur Ankerwicklung aufgeteilt; sie wirken somit als Entstördrosseln. Meistens werden Funktentstörungen aus preislichen Gründen mit Kondensatorkombinationen durchgeführt, die induktivitätsarm sind und somit die Störspannungen gut kurzschließen.

Für einfache Entstörungen wird meistens ein Berührungsschutzkondensator mit begrenzter Kapazität (für erhöhte Sicherheit) zwischen Gehäuse und Netzleiter eingebaut, und ferner zwischen den Netzleitern ein weiterer Kondensator (Bild 3.29) oder zwei symmetrische Kondensatoren (Bild 3.30). Die Entstörungskondensatoren werden u. a. nach ihrer Schaltung benannt:

a) X-Kondensatoren,
b) Y-Kondensatoren (früher: Berührungsschutzkondensatoren).

Zu a): X-Kondensatoren verbinden zwei Außenleiter oder einen Außenleiter mit Mittelleiter. Es können Kondensatoren unbegrenzter Kapazität sein mit beliebig hohem Strom. Beim Versagen, z. B. Kurzschluß, muß ein elektrischer Unfall ausgeschlossen sein.

Zu b): Y-Kondensatoren verbinden einen unter Spannung stehenden Leiter mit berührbarem bzw. nicht berührbarem (schutzisoliertem) leitenden Teil der Maschinen.

Es sind Kondensatoren mit erhöhter Sicherheit (hoher Isolierfestigkeit) und begrenzter Kapazität. Durch die Kapazitätsbegrenzung soll der durch den Kondensator fließende Wechselstrom und bei Gleichstrom der Energieinhalt des Kondensators auf ein ungefährliches Maß herabgesetzt werden.

3.3 Bremsschaltungen von Gleichstrommaschinen

Man verwendet folgende Bremsarten:

a) Die Widerstandsbremsung (Kurzschlußbremsung)
   - Nachlaufbremsung,
   - Senkbremsung.

b) Die Gegenstrombremsung

Zu a): Im allgemeinen werden bei der Widerstandsbremsung die Maschinen vom Netz getrennt und wandeln dabei mechanische Energie in den Brems- oder Belastungswiderständen in Wärme um.

Für diesen Zweck können Nebenschluß- oder Reihenschlußmaschinen sowie fremderregte Maschinen verwendet werden.

Bei der *Nachlaufbremsung* (elektrische Fahrzeuge) bleibt die Drehrichtung der Maschinen erhalten. Durch den Restmagnetismus erregen sich die Maschinen selbst und treiben einen Strom durch die Ankerwicklung, der der induzierten Spannung entgegengerichtet ist (Lenzsche Regel). Die Motoren arbeiten als Generatoren und werden abgebremst. Die Drehzahl der Nachlaufbremsung liegt unter der Nenndrehzahl. Bei den Nebenschlußmaschinen bleibt die Schaltung bestehen, während die Erregerwicklung der Reihenschlußmaschinen umgepolt werden muß, da sonst die Selbsterregung aufgehoben wird.

Bei der *Senkbremsung* wird die Drehrichtung durch die sinkende Last umgekehrt. Die elektrische Energie wird in Bremswiderständen vernichtet. Reihenschlußmaschinen können bei dieser Ausführung ihre Schaltung beibehalten. Bei den Nebenschlußmaschinen muß diesmal die Erregerwicklung umgepolt werden, damit sie sich selbst erregt.

Bei der Senkbremsung läßt sich noch ein Nutzeffekt erreichen, indem die Energie ins Netz zurückgeschickt wird. Die erzeugte Spannung muß dann größer sein als die Netzspannung. Das kann in der Praxis durch Drehzahlerhöhung oder Feldverstärkung, z. B. mit Fahrzeugen bei Abwärtsfahrten (Talfahrten) oder durch Kranbetrieb, erreicht werden. Es kommen überwiegend Reihenschlußmaschinen zur Anwendung.

Zu b): Bei der *Gegenstrombremsung* wird die Stromrichtung durch Umschaltung der Ankerwicklung geändert. Die zugeführte elektrische Leistung kann ein Mehrfaches der durch die Bremsung verursachten mechanischen Leistung betragen. Die Maschine wird daher thermisch sehr stark beansprucht.

3.4 Scheibenläufermotor

Der Scheibenläufermotor arbeitet nach dem Prinzip des Barlowschen Rades (Bild 3.31). Zwischen einem axialen, homogenen Magnetfeld befindet sich eine drehbar gelagerte Kupferscheibe mit radialen Strombahnen. Die rotierende Scheibe taucht z. T. in einen Quecksilberteich ein; hierdurch wird dem Rad Strom zugeführt und über eine Welle wieder abgeführt. Der Ankerstrom ist somit in sich geschlossen.

Die Drehbewegung der Scheibe kommt dadurch zustande, daß die elektrischen Ladungsträger (Strom I) im Halbmesser der Scheibe mit dem homogenen, axialen Magnetfeld Φ_D des Dauermagneten eine Kraftwirkung und damit eine Drehbewegung nach der Motorregel hervorrufen (Bild 3.32a und 3.32b).

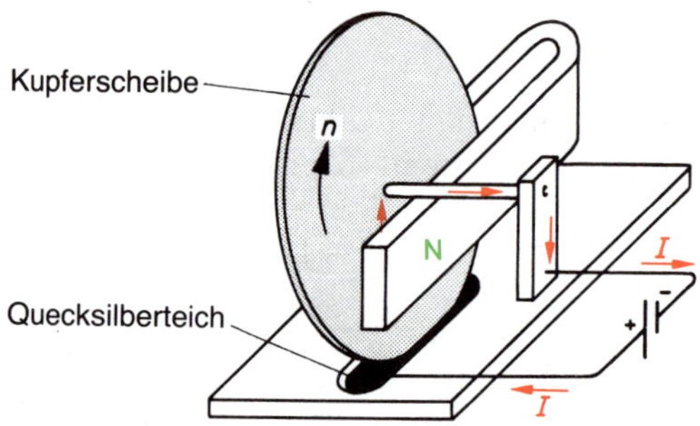

Bild 3.31 Barlowsches Rad

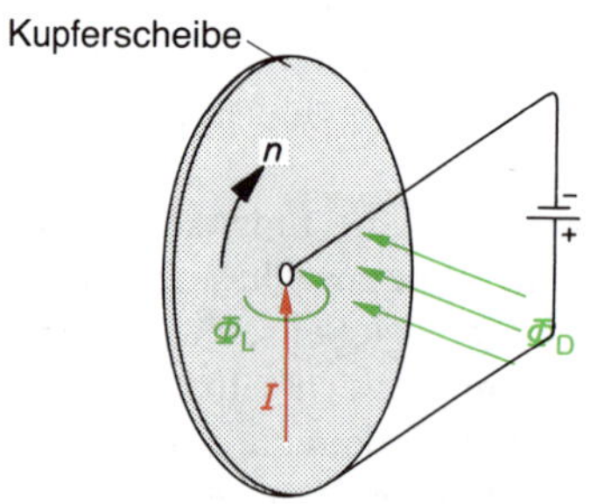

Bild 3.32a
Wirkungsweise des Barlowschen Rades

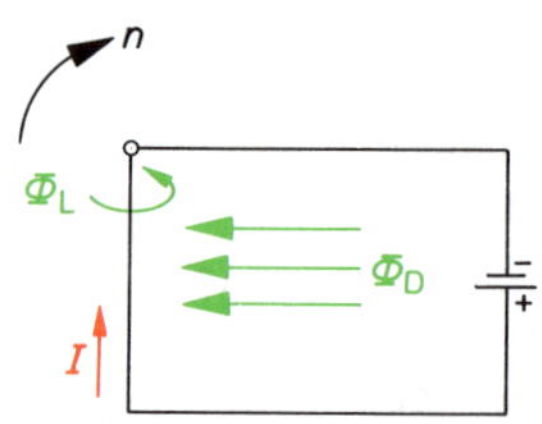

Bild 3.32b
Prinzip des Barlowschen Rades

Der in der Praxis anwendbare Scheibenläufermotor (Bilder 3.33, 3.34 und 3.35) gehört zu den fremderregten Gleichstrommotoren. Er unterscheidet sich von den normalen Gleichstrommaschinen dadurch, daß der rotierende Teil kein gewöhnlicher, genuteter Trommelanker nach Hefner-Alteneck (Bild 1.1a) mit darin befindlichen Ankerwicklungen ist, sondern ein eisenloser, scheibenförmiger Anker mit einer dünnen, trägheitsarmen Isolierscheibe.

Die Ankerwicklungen (Bilder 3.34 und 3.35) werden beidseitig auf der Isolierscheibe durch ein fotochemisches Ätzverfahren (gedruckte Schaltung) oder durch Ausstanzen

Bild 3.33
Scheibenläufermotor

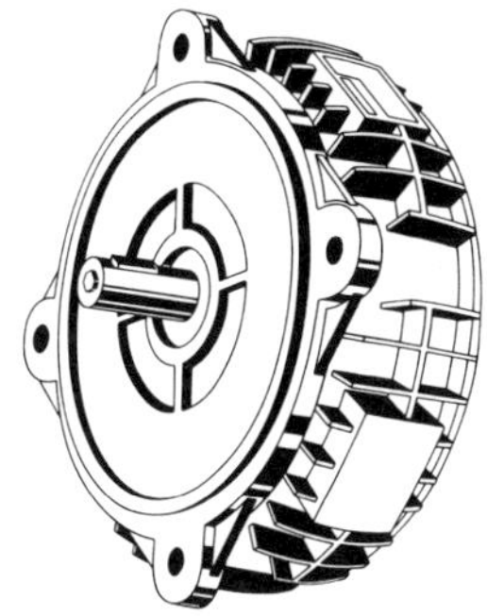

Bild 3.34
Scheibenläufermotor, in seine Einzelteile zerlegt

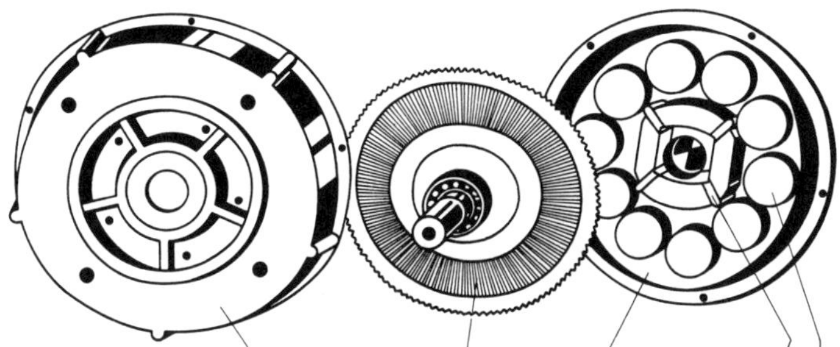

Bild 3.35 Sektor einer Scheibenläuferwicklung

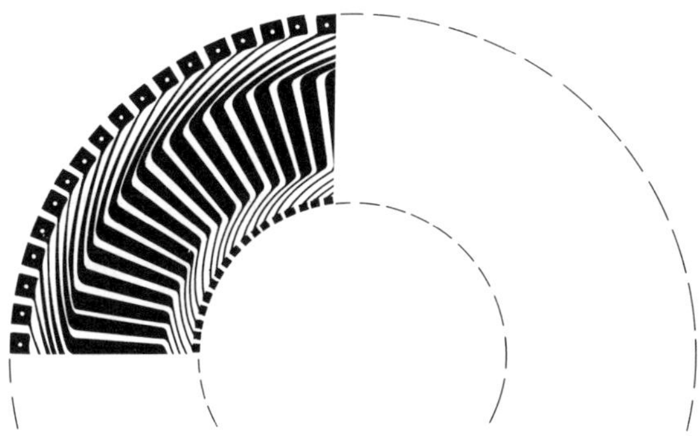

der Leiterzüge aus Kupferfolien hergestellt. Die Wicklungen sind durch untere und obere Verbindungen in sich geschlossen. Durch die blanken Ankerleiter sind die Kühlungsverhältnisse sehr gut. Außerdem kann der Motor unter hohem Strom festgebremst werden, ohne thermischen Schaden zu nehmen.

Die Stromzuführung der Ankerwicklungen kann durch Trommelstromwender (Bild 1.3a und Bild 1.3b), durch Flächenstromwender oder durch direkte Berührung der

Kohlebürsten mit den Ankerleitern erfolgen. Das magnetische, axial verlaufende Erregerfeld wird von kurzen, kreisförmigen Ferrit-Dauermagneten erzeugt, die ein- oder beidseitig des Motorgehäuses angebracht sind und deren Feldlinien sich über dem Gehäuse schließen. Durch das homogene Erregerfeld bleibt das Drehmoment über dem gesamten Bereich einer Umdrehung konstant. Außerdem kann bei Nennlast im Dauerbetrieb eine geringere Drehzahl erreicht werden.

Deshalb wird in vielen Fällen auf eine mechanische Übersetzung verzichtet.

Die Scheibenläufermotoren in Verbindung mit elektronischen Regeleinrichtungen können im Impulsbetrieb angewendet werden. Wegen der geringeren Ankermasse sind sie dem Schrittmotor (Abschnitt 7.6) in manchen Anwendungsgebieten überlegen.

Um die Leistungsfähigkeit eines kompletten Antriebssystems zu steigern, bieten verschiedene Firmen mikroprozessorgesteuerte, freiprogrammierte Positionssteuerungen an.

Die Klemmenspannung des Scheibenläufermotors liegt im Bereich von 6 V bis 150 V bei etwa 3000 (4800) min^{-1}. Der Leistungsbereich erstreckt sich von 15 W bis ca. 13 000 W.

Angewendet wird der Scheibenläufermotor für Pumpen-, Wickel-, Ventil-, Schubantriebe usw. In Sonderfällen werden diese Maschinen auch in einem Gehäuse als Doppelscheibenmotor geliefert. Die Systeme sind völlig getrennt aufgebaut, so daß die eine Scheibe als Motor, die andere als Tachogenerator verwendet werden kann.

Der Vorteil eines Scheibenläufermotors gegenüber einem normalen Gleichstrommotor liegt in

a) der Materialersparnis von Ständer und Anker. Das Verhältnis von Leistung und Bauvolumen ist damit sehr gering.
b) dem geringen Eigengewicht der Ankerscheibe. Das bedeutet, daß das Trägheitsmoment und damit auch die mechanische Zeitkonstante sehr niedrig ist.
c) dem gleichmäßigen Lauf bei niedriger Drehzahl und dem gleichmäßigen Drehmoment.
d) der großen Fläche für die Abführung der Verlustwärme. Damit können kurzzeitig hohe Kurzschlußströme beherrscht werden.

Die Stromdichten im Dauerbetrieb betragen ca. 45 A/mm^2, bei kurzem oder intermittierendem Betrieb 100 A/mm^2.

4 Transformatoren (Umspanner)

Transformatoren dienen der Aufgabe, elektrische Energie auf weite Strecken wirtschaftlich zu übertragen. Hierfür sind hohe Spannungen erforderlich, damit der Strom nicht zu groß wird und somit die Leitungsquerschnitte in ausführbaren Grenzen gehalten werden können. Transformatoren können für sehr hohe Leistungen gebaut sein (Bild 4.1).

4.1 Aufbau mit Schutzeinrichtungen

4.1.1 Magnetgestell

Das lamellierte Magnetgestell kann für den Einphasen- bzw. Drehstrombetrieb in Ring-, Kern- oder Mantelform ausgeführt sein. Es besteht aus *Fe-Ringen* bzw. *Schenkeln (Säulen, Kerne),* die durch *Joche* verbunden sind.

Beim Einphasen-Kerntransformator sind gewöhnlich beide Schenkel bewickelt (Zweischenkelbewicklung).

Da der Magnetfluß Φ im Eisenkreis unverzweigt bleibt, haben Schenkel und Joche gleichen Querschnitt (Bild 4.2a).

Beim Einphasen-Manteltransformator wird nur der Mittelschenkel bewickelt (Einschenkelbewicklung). Der magnetische Fluß Φ verteilt sich von hier gleichmäßig über Joche und Außenschenkel (Mantel); ihre Querschnitte betragen darum nur die Hälfte des Mittelschenkels (Bild 4.2b).

Beim Drehstrom-Kerntransformator liegen die drei Schenkel in einer Ebene; die Anordnung ist asymmetrisch (Bild 4.3a). Der Kraftfluß hat in den beiden äußeren Schenkeln einen längeren Weg zurückzulegen als im Mittelschenkel. Deshalb ist auch der Magnetisierungsstrom im Mittelschenkel etwas geringer als die Magnetisierungsströme der Außenschenkel. Für den praktischen Betrieb ist diese Erscheinung jedoch unwesentlich. Bei Transformatoren sehr großer Leistung wird bisweilen die magnetische Asymmetrie durch Anbau zweier unbewickelter Schenkel mit halbem Querschnitt ausgeglichen (Bild 4.3b). Drehstrom-Manteltransformatoren kommen in der Praxis selten vor.

Bild 4.1 Dreiphasen-Leistungs-Stelltransformator 250 MVA. Werkbild: BBC

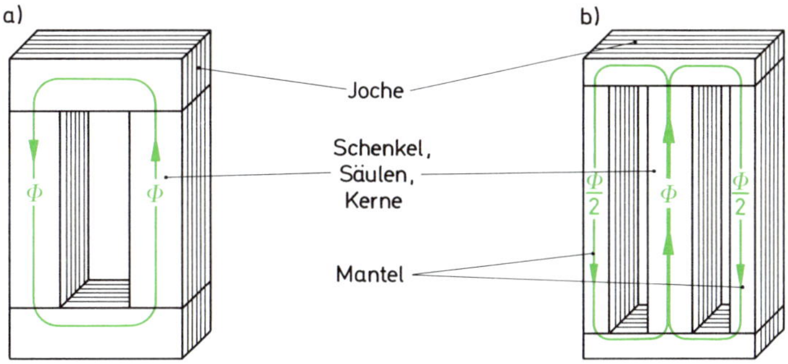

Bild 4.2
Magnetgestelle von Einphasentransformatoren
a) Kernbauform
b) Mantelbauform

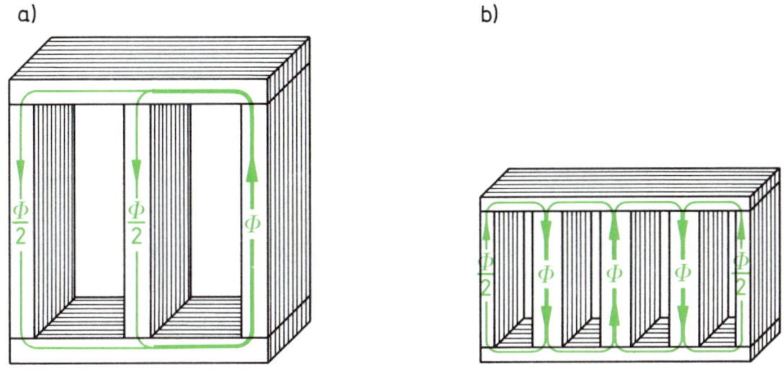

Bild 4.3
Magnetgestelle von Drehstromtransformatoren
a) Dreischenkelkern – asymmetrische Flußverteilung
b) Fünfschenkelkern – symmetrische Flußverteilung

4.1.2 Wicklungen

Die grundlegenden Wicklungsformen sind die *Scheiben-* und die *Zylinderwicklungen.*

Bei der Scheibenwicklung werden Ober- und Unterspannungswicklung abwechselnd axial übereinandergeschichtet angeordnet (Bild 4.4). Für die zylindrische Wicklungsanordnung (Bild 4.5a; allgemeine zylindrische Anordnung) gibt es verschiedene Wickelformen, deren Ausführungsart zu Spezialbenennungen geführt hat. Zu den einfachen Wicklungsausführungen gehören *Röhren-, Lagen-* und *Spulenwicklung.* Die Röhrenwicklung wird ein- oder zweilagig fortlaufend über die gesamte verfügbare Wickellänge angeordnet. Die Niederspannungswicklungen der normalen Netztransformatoren für 400-V-Dreiphasenspannung werden fast ausschließlich als Röhrenwicklungen hergestellt. Die Lagenwicklung (Bild 4.5b) ist nichts anderes als eine mehrlagige Röhrenwicklung und kommt meist bei kleineren Transformatoren zur Ausführung. Bei der Spulenwicklung wird die gesamte Wickellänge in Einzelspulen unterteilt, axial übereinandergeschichtet und in Serie geschaltet (Bild 4.5c). Sie wird vorwiegend für Oberspannungswicklungen angewendet.

Die *verstürzte Wicklung* und die *Wendelwicklung* sind Zylinder-Sonderwicklungsformen.

Für Hochspannungen können die Isolationen im Bereich der Lötstellen der normalen Spulenwicklungen (Bild 4.5c) vor allem Unstetigkeiten für das elektrische Feld verursa-

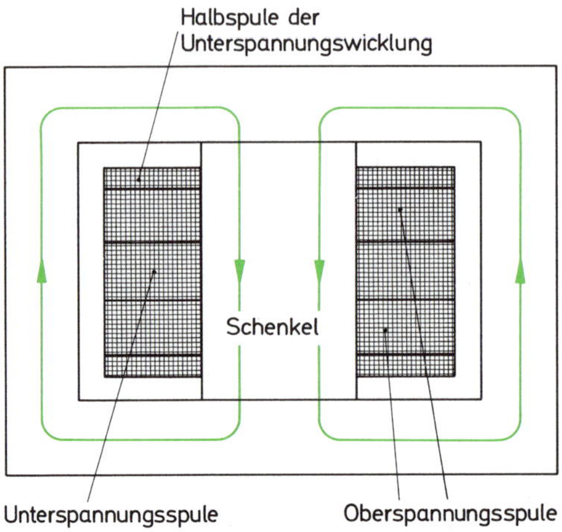

Bild 4.4 Schematische Darstellung der Scheibenwicklung

chen. Bei der *verstürzten Wicklung* fallen die Lötstellen weg. Die verstürzte Wicklung wird aus fortlaufend profiliertem Draht hergestellt. Die Spulen werden lagenweise gewickelt, jeweils eine Windung pro Lage. Jede zweite Spule wird provisorisch gewickelt und dann – wie aus Bild 4.5d ersichtlich – «gestürzt», d. h. umschichtig angeordnet. Man erhält dann eine *scheinbar* von außen nach innen gewickelte Spule. Wegen der geringen Lagenspannung bietet die verstürzte Wicklung weiterhin – bezüglich der Durchlagsfestigkeit – größere Sicherheit.

Haben Transformatoren sehr große Leistungen bzw. Ströme, treten erhebliche Verluste durch Stromverdrängungen bzw. magnetische Streuungen auf. Man teilt dann den Leiter zwecks Vergrößerung der Oberfläche in mehrere Einzelleiter auf und führt ihn als *Wendelwicklung* aus (Bild 4.5e). Mit dieser «Wendelung» (Verdrallung, Stromweichen) erreicht jeder Leiter eine bestimmte geometrische Lage, wobei die Störeinflüsse weitgehendst behoben werden.

Für die betrieblichen Belange unterscheidet man neben Ober- und Unterspannungswicklung noch Eingangswicklung (Primärwicklung) und Ausgangswicklung (Sekundärwicklung); die Oberspannungsseite erhält die Buchstabenbezeichnung 1U; 1V; 1W und eventuell 1N, die Unterspannungsseite die Buchstabenbezeichnung 2U; 2V; 2W; 2N. Entsprechend der Einspeisung kann die Ober- wie die Unterspannungsseite Primär- oder Sekundärseite sein.

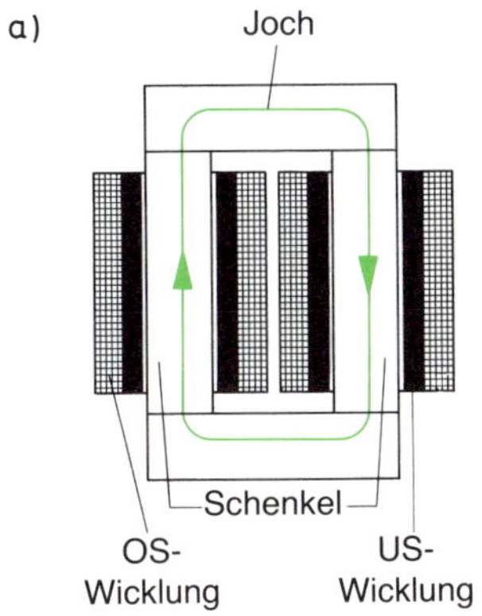

Bild 4.5 Schematische Darstellungen von Zylinderwicklungen
a) allgemeine zylindrische Anordnung
b) Lagenwicklung
c) Spulenwicklung
d) verstürzte Wicklung
e) Wendelwicklung

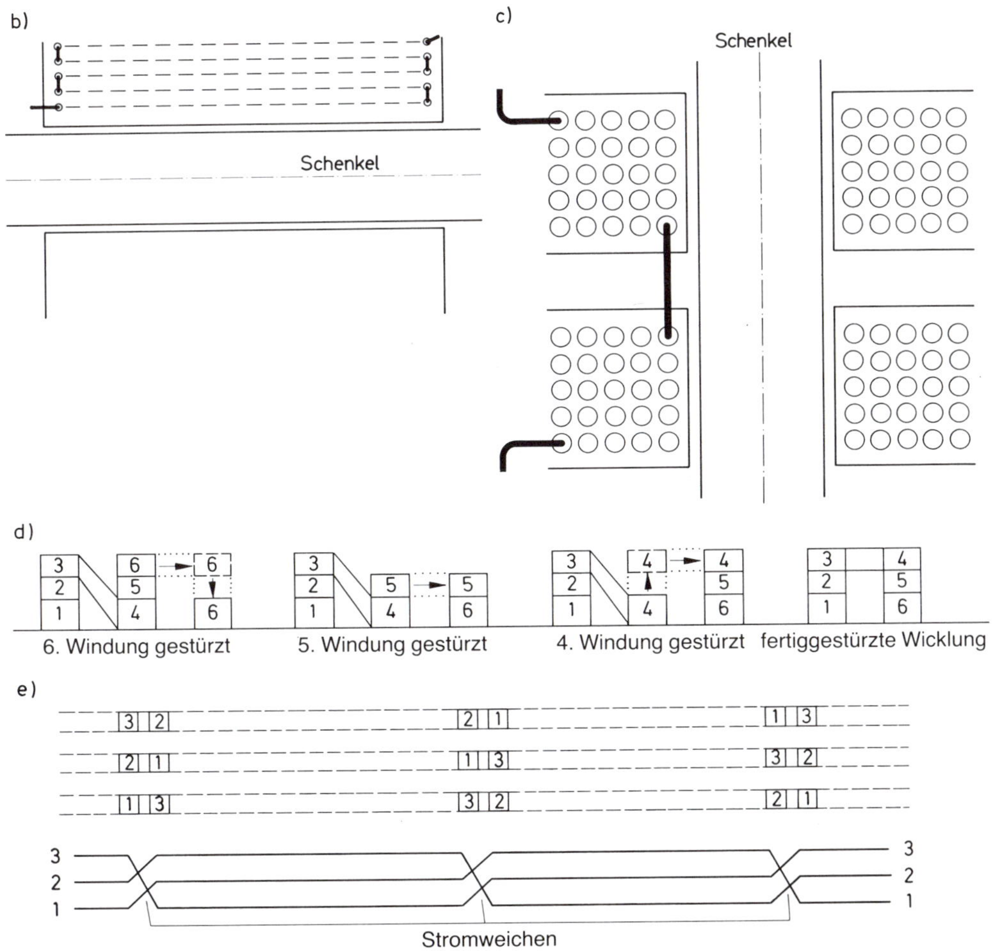

4.1.3 Ölkessel und Schutzeinrichtung

Da beim Transformator die natürliche mechanische Bewegung fehlt, stellt seine Kühlung ein spezielles Problem dar. Aus diesem Grunde wird die spezifische Strombelastung (Stromdichte) etwa in der Größenordnung von 1,5 bis 2,5 A · mm^{-2} gehalten. Kleinere Transformatoren haben Luftkühlung und sind wegen des unzureichenden Schutzes gegen Feuchtigkeit gewöhnlich auf trockene Räume beschränkt. Große Transformatoren besitzen zur Verbesserung der Isolation und zur Kühlung Ölfüllung. Für schlagwetter- und explosionsgefährdete Transformatoren wird Silikonöl (synthetisches, nicht brennbares Isolationsmaterial) verwendet. Die Kühlung des erwärmten Öles kann bei möglichst großer Oberfläche des Ölkessels mittels Eigen- oder Fremdkühlung erreicht werden. Für Leistungen von etwa 50 kVA bis 1600 kVA kommen gewöhnlich Wellblechkessel zur Ausführung. Bei Eigenkühlung wird für größere Leistungen weitestgehend der natürliche Ölumlauf ausgenutzt. Transformatoren sehr großer Leistungen müssen fremdgekühlt werden. Der Kühlvorgang kann durch angebaute Ventilatoren bzw. durch Ölumlauf mittels Umwälzpumpe über besondere Kühlsysteme erreicht werden. Vielfach nutzt man heute die Ölwärme zur Wassererwärmung (Bild 4.6).

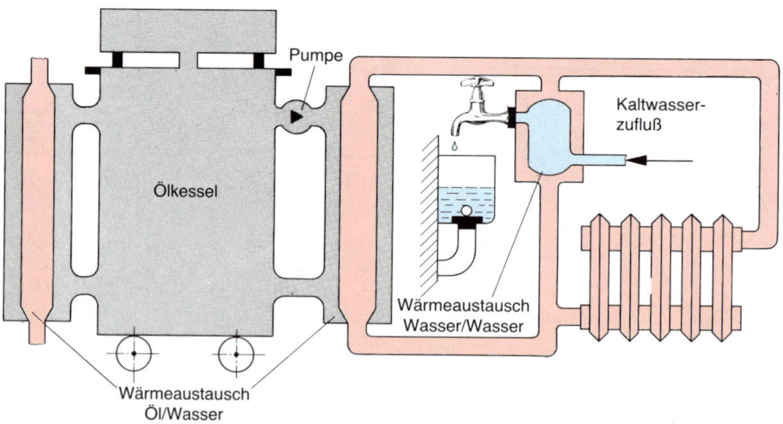

Bild 4.6 Verlustwärmenutzung bei Öltransformatoren

Jeder ölgekühlte Transformator ist einem «Atmungsablauf» unterworfen, d. h., erwärmtes Öl steigt zum Ausdehnungsgefäß empor und drückt über eine Entlüftungsöffnung Luft aus dem Gefäß. Da beim Erkalten wieder Luft eingesaugt wird, muß ein mit geglühtem Kupfersulfat bzw. mit Kobaltsalz gefüllter Luftentfeuchter (Lufttrockner) Feuchtigkeitszutritt verhindern (Bild 4.7). Haben die weißen Kupfersulfatkristalle durch Feuchtigkeitsannahme eine blaue Färbung bzw. das blaue Kobaltsalz eine rosa Färbung angenommen, müssen sie erneuert werden.

Eine ständige Temperaturkontrolle wird mit *Kontakt-* oder *Widerstandsthermometern* durchgeführt. Zur Verwendung kommen auch *Bimetallthermometer,* die bei Erreichung

Bild 4.7
Buchholz-Schutzrelais
und Ölausdehnungsgefäß

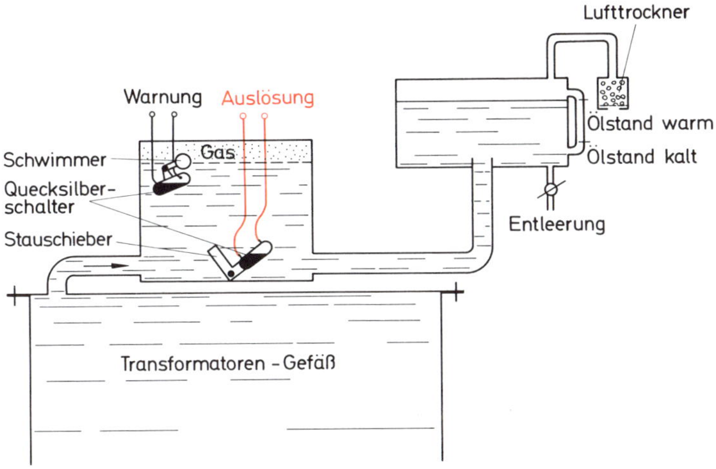

Bild 4.8
Schnittbild eines
Drehstromtransformators.
Werkbild:
AEG-Telefunken

einer bestimmten Grenztemperatur Warnsignale auslösen oder eine Zusatzkühlung einschalten.

Für die Meldung eines in der Entstehung befindlichen Isolationsschadens wird die Ölgasbildung ausgenutzt. Bei jedem Spannungsdurchschlag – z. B. Windungsschluß – entwickelt sich als Zersetzungsprodukt Gas. Die nach oben steigenden Gasblasen sammeln sich im oberen Teil des zwischen Ölkessel und Ölausdehnungsgefäß angebrachten *Buchholz-Schutzrelais* (Bild 4.7). Durch allmähliches Absinken des Ölspiegels stellt schließlich der mit dem Schwimmer verbundene Quecksilberschalter den Kontakt für eine optische oder akustische Warnanlage her; u. U. kann auch der Transformator abgeschaltet werden. Vergrößert sich die Fehlerstelle infolge eines «satten» Schlusses, steigt eine Gasdruckwelle nach oben. Der vor der Druckwelle hergeschobene Ölschwall drückt gegen den Stauschieber. Die ausgelöste Kontaktverbindung durch den Quecksilberschalter des Stauschiebers setzt den Transformator sofort außer Betrieb. Bild 4.8 zeigt das Schnittbild eines Drehstromtransformators.

4.2 Wirkungsweise

4.2.1 Spannungserzeugung

Der Transformator formt Wechselspannung in Wechselspannung anderer Größe um. Auf diese Weise war es überhaupt erst möglich, Höchstspannungen zu erzeugen und somit weit voneinander entfernte Kraftzentralen im Verbundsystem arbeiten zu lassen. Wie bei allen elektrischen Maschinen erfolgt die Spannungserzeugung auch hier auf elektromagnetischem Wege. Der Scheitelwert der Leerlaufspannung (Urspannung) beträgt

$$\hat{u}_0 = \omega \cdot \hat{\Phi} \cdot N$$

$$\hat{u}_0 = 2\pi \cdot f \cdot \hat{\Phi} \cdot N$$

$\hat{u}_0$ = Leerlaufspannung (Scheitelwert) in V
f = Frequenz in Hz oder s^{-1}
$\hat{\Phi}$ = magnetischer Fluß (Scheitelwert) in Vs
N = Windungszahl

Für die Praxis ist der Effektivwert U_0, der $1/\sqrt{2} = 0{,}707$fache Wert von $\hat{u}_0$, von Interesse. Daraus dann die Transformatorenhauptgleichung:

$$U_0 = \frac{2\pi}{\sqrt{2}} \cdot f \cdot \hat{\Phi} \cdot N$$

$$\boxed{U_0 = 4{,}44 \cdot f \cdot \hat{\Phi} \cdot N}$$

4.2.2 Leerlauf

Die Leerlaufeigenschaften lassen sich aus dem Wirkbild (Bild 4.9a) und dem Diagramm (Bild 4.9b) ablesen. Die Stromaufnahme (Leerlaufstrom I_0) ist gering, da sich die Primärseite bei geöffneter Sekundärseite wie eine Induktivität verhält. Der der Spannung U_1 um 90° nacheilende relativ große Magnetisierungsstrom I_μ ergibt multipliziert mit der Windungszahl N_1 die Magnetisierungsdurchflutung $\Theta_\mu = I_\mu \cdot N_1$ (Bild 4.11a), die das magnetische Feld Φ aufzubauen hat. Der mit der Spannung U_1 in Phase liegende Wirkstromanteil I_r dient zur Deckung der äußerst minimalen Wärmeverluste in der primären Kupferwicklung und der Wärmeverluste im Eisenkern (Hysteresis- und Wirbelstromverluste). Der Wechselfluß Φ erzeugt die Urspannungen U_{01} und U_{02}.

Der um 180° zum Spannungszeiger U_1 gedrehte Spannungszeiger U_{01} ist die Urspannung (Gegen-Urspannung) der Primärseite, der ebenfalls um 180° gedrehte Spannungszeiger U_{02} die Urspannung der Sekundärseite. Der große Winkel φ_0 besagt: kleine Wirkleistungsaufnahme, größere Blindleistungsaufnahme.

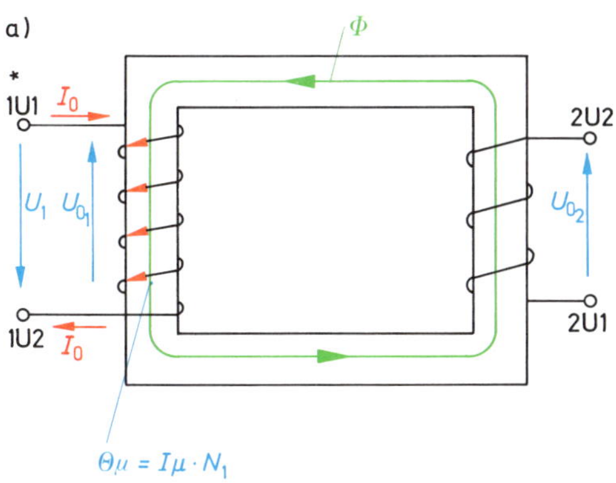

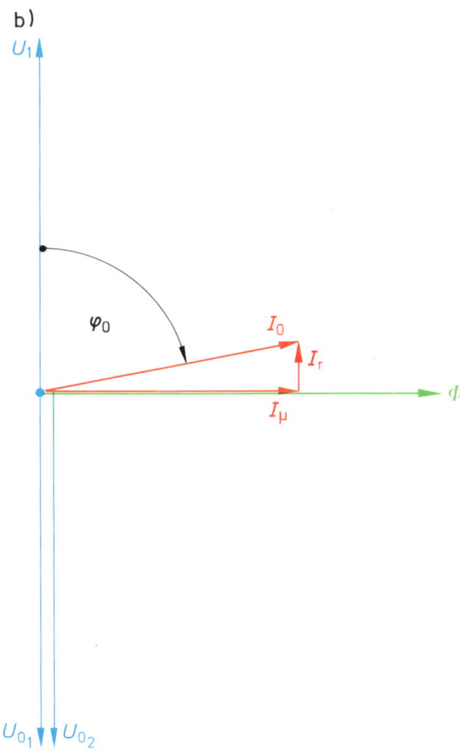

Bild 4.9
a) Spannungen, Strom- und Magnetfluß eines Transformators bei Leerlauf
b) Vereinfachtes Leerlaufdiagramm eines Transformators. ü = 1:1

* Bei Einpahsentransformatoren ist die Kennzeichnung der Leiteranschlüsse durch Buchstaben nicht unbedingt erforderlich. Es reichen die Angaben 1.1; 1.2; 2.2 usw. aus.

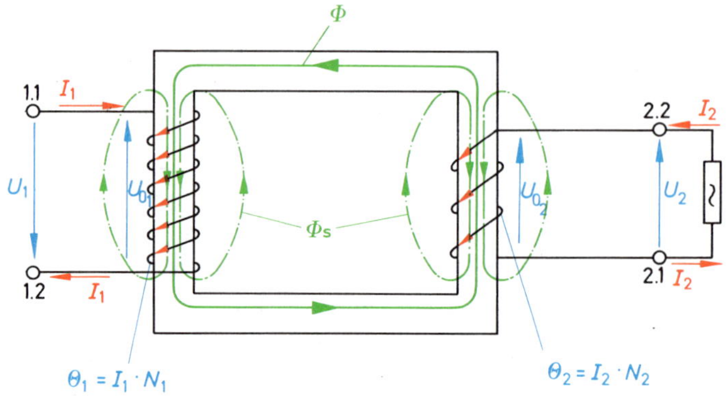

Bild 4.10 Spannungen, Ströme und Magnetflüsse eines Transformators bei Belastung

Bild 4.11
a) Vereinfachtes Diagramm der Durchflutungen (ohmsch-induktive Last)
b) Vereinfachtes Belastungsdiagramm eines Transformators (ohmsch-induktive Last). ü = 1:1

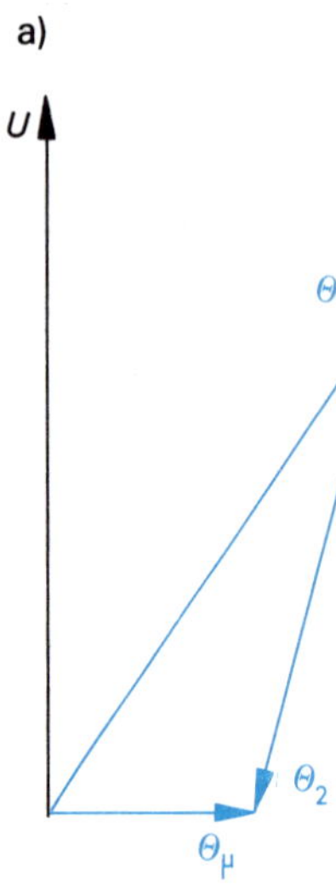

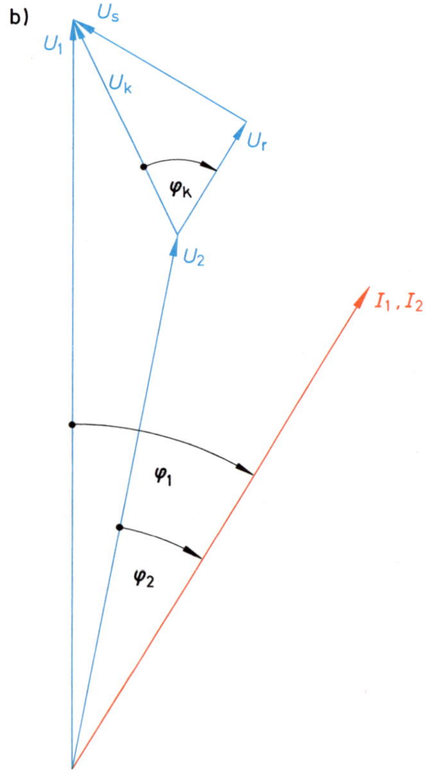

4.2.3 Belastung

Dem Bild 4.10 sind die elektrischen und magnetischen Vorgänge im Belastungsfall zu entnehmen.

Durch den von der Spannung U_1 getriebenen Strom I_1 entsteht die primäre Durchflutung (magnetische Urspannung) $\Theta_1 = I_1 \cdot N_1$. Es werden die elektrischen Urspannungen U_{01} und U_{02} induziert. Die Urspannung U_{02} treibt den Strom I_2, der die sekundäre Durchflutung $\Theta_2 = I_2 \cdot N_2$ verursacht. Entsprechend dem Gesetz von Lenz wirkt die Durchflutung Θ_2 der Durchflutung Θ_1 entgegen, so daß die geometrische Summe beider Durchflutungen (Θ_1 und Θ_2) wieder praktisch die Magnetisierungsdurchflutung Θ_μ ergibt, also

$$\vec{\Theta}_\mu = \vec{\Theta}_1 + \vec{\Theta}_2 \quad \text{(Bild 4.11a).}$$

Die Magnetisierungsdurchflutung Θ_μ, die sich – infolge Zunahme magnetischer Streufelder Φ_s – bis zur Nennlast nur unwesentlich ändert, treibt den praktisch konstanten Fluß Φ durch den Eisenkern (Bilder 4.9a und 4.10).

In dem vereinfacht dargestellten Belastungsdiagramm (Bild 4.11b) sind die Zeiger für die Sekundärspannung U_2 und den Sekundärstrom I_2 um 180° gedreht eingezeichnet. Außerdem sind die Sekundärgrößen mit dem Übersetzungsverhältnis auf Primärgrößen umgerechnet worden. Durch Vernachlässigung des geringen Leerlaufstromes I_0 fallen die Ströme I_1 und I_2 zusammen.

Die geometrische Differenz zwischen U_1 und U_2 ergibt den gesamten inneren Spannungsfall U_k, der sich aus dem ohmschen Anteil U_r und dem induktiven Anteil (Streuanteil) U_s zusammensetzt.

4.3 Leistungsschild

Das Leistungsschild stellt den «Personalausweis» eines Gerätes bzw. einer Maschine dar und ist genormt (Bild 4.12).

4.3.1 Leistungs- und Spannungsangabe

Der Transformator kann während des Betriebes an seiner sekundären Seite Belastungen von ohmschem, induktivem bzw. kapazitivem Charakter haben. Entsprechend der Belastungsart sind auch die Phasenlagen zwischen Spannungen und Strömen verschieden, d. h., die Wirk- und Blindleistungen wie auch der Leistungsfaktor $\cos\varphi$ unterliegen laufenden Veränderungen. Aus diesem Grunde wird die abgegebene *Scheinleistung S* (geometrische Summe aus *Wirkleistung P* und *Blindleistung Q*) in VA, kVA, MVA oder GVA (sprich: Giga-Volt-Ampere) angegeben. Die größten heute bekannten Leistungen liegen bei 1300 MVA = 1,3 GVA.

Die geometrische Summe der Wirk- und Blindleistung darf bei Transformatoren der Hauptreihe (HET) die auf dem Leistungsschild angegebene Scheinleistung nur wenig

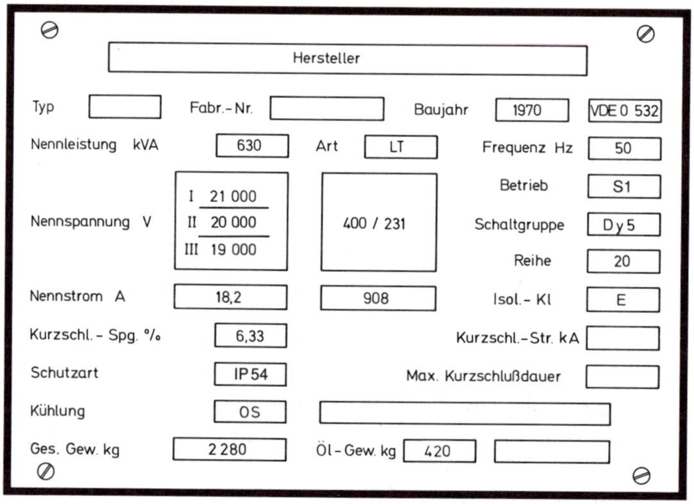

Bild 4.12 Leistungsschild eines Drehstromtransformators

überschreiten. Transformatoren der Sonderreihe (SET) dürfen zeitweise über Nennleistung belastet werden (z. B. während der Dreschperiode in der Landwirtschaft).

Bei Transformatoren, die unter VDE 0532 fallen, wird als sekundäre *Nennspannung* die *Leerlaufspannung* angegeben. Diese Vorgehensweise wird damit begründet, daß Leistungstransformatoren kleine innere Spannungsfälle haben, die zudem vom Charakter der Belastung beeinflußt werden.

Bei ohmscher Last sinkt die Spannung U_2 nur wenig, bei induktiver Last sinkt sie wesentlich stärker, und bei kapazitiver Last steigt sie sogar an (Bild 4.13).

Genauere Erläuterungen zum Belastungscharakter sind in Abschnitt 7.2.2 ausgeführt.

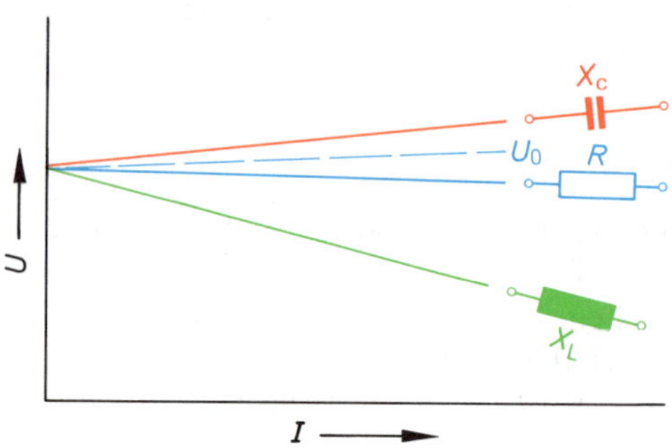

Bild 4.13 Abgabespannungen in Abhängigkeit vom Charakter der Last

4.3.2 Kurzschlußspannung, Kurzschlußstrom

Im vereinfachten Belastungsdiagramm (Bild 4.11b) wird der innere Spannungsfall des Transformators mit U_K bezeichnet. Er läßt sich im sogenannten Kurzschlußversuch (Bild 4.14) durch Messung bestimmen.

Hierbei wird die Sekundärwicklung kurzgeschlossen und die Primärspannung so eingestellt, daß der primäre Nennstrom fließt. Diese Primärspannung wird als *Kurzschlußspannung* U_K bezeichnet und entspricht dem gesamten inneren Spannungsfall des Transformators bei Nennbelastung.

> Die Kurzschlußspannung ist die Spannung, die bei kurzgeschlossener Sekundärwicklung und bei Nennfrequenz an der Primärwicklung liegen muß, um den primären Nennstrom zum Fließen zu bringen.

Das Kurzschlußdiagramm (Bild 4.15) zeigt, daß sich die Kurzschlußspannung U_K aus dem kleineren ohmschen Anteil U_r und dem größeren induktiven Anteil U_s zusammensetzt.

U_r ist der Spannungsfall an Wicklungswiderständen, U_s der an Streublindwiderständen.

Der Streuspannungsanteil läßt sich durch bauliche Maßnahmen wirkungsvoll beeinflussen.

a) Sind die Wicklungen *röhrenartig übereinandergesetzt* (Bild 4.16), wirken die Streufelder Φ_{s1} und Φ_{s2} gegeneinander. Die Streuspannung U_s ist klein, infolgedessen auch die Kurzschlußspannung U_K (Transformatoren in *Mantelbauform*).

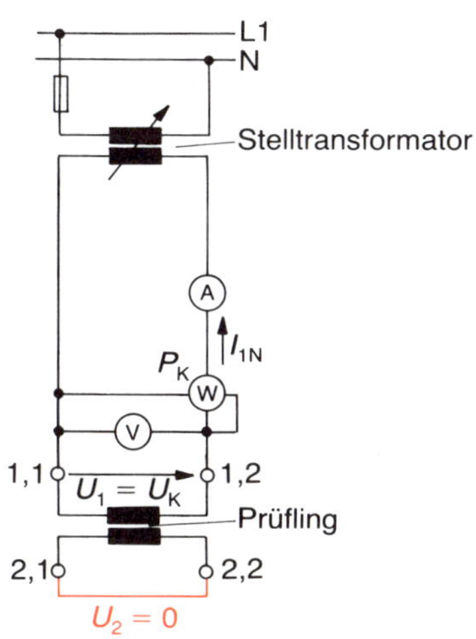

Bild 4.14 Messung der Kurzschlußspannung

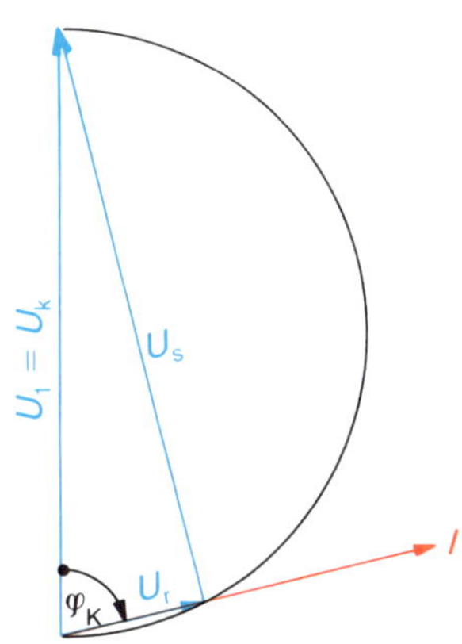

Bild 4.15 Kurzschlußdiagramm

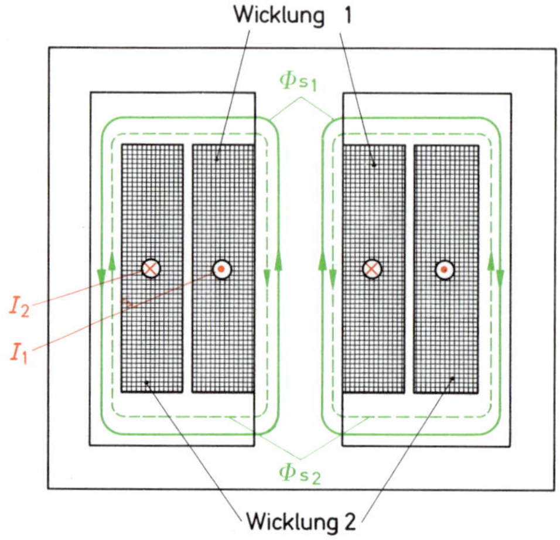

Bild 4.16 Wicklungsanordnung mit kleiner Kurzschlußspannung

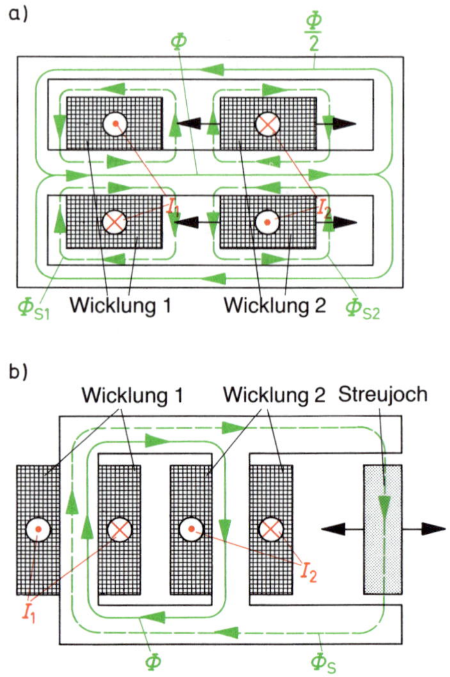

Bild 4.17 Wicklungsanordnungen mit großer Kurzschlußspannung
a) Wicklungsanordnung verschiebbar
b) Wicklungsanordnung mit Streujoch

b) Sind die Wicklungen auf getrennten magnetischen Säulen angeordnet, beeinflussen sich die Streufelder wenig. Magnetische Streuung und Kurzschlußspannung sind größer (Transformatoren in *Kernbauform*).

c) Ähnliche Verhältnisse liegen vor, wenn die Wicklungen *nebeneinander* und *verschiebbar* angeordnet sind (Bild 4.17a). Durch Vergrößern des Abstandes zwischen den Wicklungen läßt sich die magnetische Streuung vergrößern und damit auch die Kurzschlußspannung.

d) Durch magnetische Nebenschlüsse in Form von *Streujochen* (Bild 4.17b) lassen sich magnetische Streuung und Kurzschlußspannung am stärksten verändern *(Streufeldtransformator)*.

Die Kurzschlußspannung kann bis auf Nennspannung gebracht werden, so daß der Kurzschlußstrom gleich dem Nennstrom wird. Ein solcher Transformator gilt als *kurzschlußfest*.

Um mit kleineren Meßströmen arbeiten zu können, wird gewöhnlich die Unterspannungswicklung kurzgeschlossen und an der Oberspannungswicklung die Kurzschluß-

Tabelle 4.1
Kurzschlußspannungen

Transformatorentyp	Kurzschlußspannung u_k in %
Spannungswandler	< 1
Spartransformatoren	1 bis 2
Drehstromnetztransformatoren	
a) bis 200 kVA	3,5 bis 4,5
b) 250 bis 3200 kVA	6
c) 4000 bis 5000 kVA	6 bis 7
d) 6300 bis 10 000 kVA	7 bis 10
Trenntransformatoren	10
Spielzeugtransformatoren	20
Klingeltransformatoren	40
Experimentiertransformatoren	70
Zündtransformatoren Schweißtransformatoren	100

spannung eingestellt. Die ermittelte Kurzschlußspannung wird in Prozent der primären Nennspannung angegeben (Tabelle 4.1).

$$u_k = \frac{100\% \cdot U_k}{U_N}$$

u_k Kurzschlußspannung in %
U_k Kurzschlußspannung in V
U_N Nennspannung in V

Beispiel
Nennspannung $U_N = 10\,000\,V$
Kurzschlußspannung $U_k = 500\,V$
Kurzschlußspannung $u_k = ?\%$

Lösung

$$u_k = \frac{100\% \cdot U_k}{U_N} = \frac{100\% \cdot 500\,V}{10\,000\,V} = \underline{\underline{5\%}}$$

Wird nun die prozentuale Kurzschlußspannung u_k mit dem Kurzschlußstrom I_k in Beziehung gebracht, ergibt sich

$$I_k = \frac{100\% \cdot I_N}{u_k}$$

I_k Kurzschlußstrom in A
I_N Nennstrom in A
u_k Kurzschlußspannung in %

Beispiel
Nennstrom $I_N = 1\,A$
Kurzschlußspannung $u_k = 2\%$
Kurzschlußstrom $I_k = ?\,A$

Lösung

$$I_k = \frac{100\% \cdot I_N}{u_k} = \frac{100\% \cdot 1\,A}{2\%} = \underline{\underline{50\,A}}$$

Bei kleiner Kurzschlußspannung fließt ein hoher Kurzschlußstrom, der Innenwiderstand des Transformators ist gering. Bei hoher Kurzschlußspannung liegt der umgekehrte Fall vor.

Beispiel

Nennstrom $I_N = 1\,A$
Kurzschlußspannung $u_k = 80\%$
Kurzschlußstrom $I_k = ?\,A$

Lösung

$$I_k = \frac{100\% \cdot I_N}{u_k} = \frac{100\% \cdot 1\,A}{80\%} = \underline{\underline{1{,}25\,A}}$$

Transformatoren mit kleiner Kurzschlußspannung bezeichnet man als *spannungssteif* bzw. *spannungshart,* Transformatoren mit großer Kurzschlußspannung als *spannungsweich* bzw. *spannungssicher.*

> Die Größe der Kurzschlußspannung ist maßgebend für das Betriebsverhalten (Dauerkurzschluß, Parallelschaltbarkeit) eines Transformators.

4.3.3 Wirkungsgrad, Verluste

Zur Ermittlung des Nennwirkungsgrades von Kleintransformatoren wird mit der angegebenen Nennabgabeleistung P_{abN} (= S_{abN}, rein ohmsche Last) belastet und die dabei auftretende Nennaufnahmeleistung P_{zuN} gemessen.

Mit diesen Werten wird der Nennwirkungsgrad berechnet:

$$\boxed{\eta_N = \frac{P_{abN}}{P_{zuN}}}$$

Die Differenz zwischen zugeführter und abgegebener Nennleistung ergibt die gesamte Nennverlustleistung P_{vN} des Transformators. Die Nennverlustleistung P_{vN} setzt sich aus den spannungs- und frequenzabhängigen Eisenverlusten P_{fe} – verursacht durch den Eisenverlustwiderstand R_{fe} – und aus den stromabhängigen Kupfer- oder Wicklungsverlusten P_{cuN} – verursacht durch den Kupferwiderstand R_{cu} – zusammen (Bilder 4.18 und 4.19).

Bei der Bestimmung des Nennwirkungsgrades von Leistungstransformatoren fällt es schwer oder ist es gar nicht möglich, Verbraucher mit entsprechend großer Leistung zur

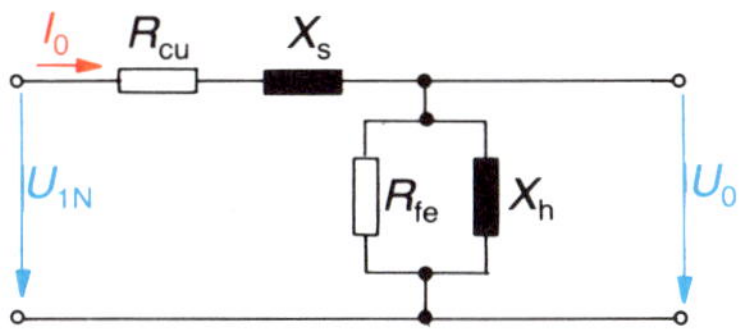

Bild 4.18 Vereinfachtes Ersatzschaltbild, Leerlaufversuch

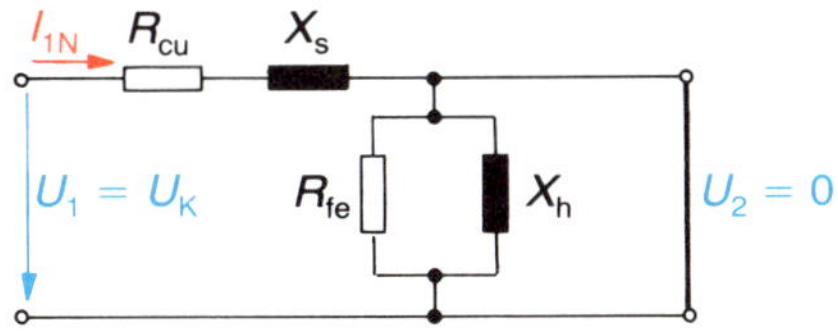

Bild 4.19 Vereinfachtes Ersatzschaltbild, Kurzschlußversuch

Verfügung zu haben. In diesem Fall wird der Nennwirkungsgrad über die Messung der Einzelverluste ermittelt.

a) Eisenverluste

Wie in Abschnitt 4.2.2 beschrieben, nimmt der unbelastete Transformator nur einen kleinen Leerlaufstrom I_0 (Bild 4.18) auf. Er liegt in der Größenordnung Prozent vom Nennstrom, so daß die an R_{cu} hervorgerufene Verlustleistung $P_{cu0} = I_0^2 \cdot R_{cu}$ vernachlässigbar ist. Die im Leerlauf gemessene Verlustleistung P_0 entspricht damit praktisch den Eisenverlusten P_{fe}.

$$P_{fe} = \frac{U_0^2}{R_{fe}} \approx P_0$$

b) Kupferverluste

Nach dem in Abschnitt 4.3.2 beschriebenen Kurzschlußversuch genügt beim sekundärseitig kurzgeschlossenen Leistungstransformator eine kleine Primärspannung (Kurzschlußspannung), um den primären Nennstrom I_{1N} (Bild 4.19) zum Fließen zu bringen. Die am Eisenverlustwiderstand R_{fe} abfallende Spannung ist so klein, daß die Eisenverluste vernachlässigbar sind.

Die im Kurzschlußversuch gemessene Verlustleistung P_K entspricht damit hinreichend genau den Nennkupferverlusten P_{cuN}.

$$P_{cuN} = I_{1N}^2 \cdot R_{cu} \approx P_K$$

Für den Nennwirkungsgrad gilt:

$$\eta_N = \frac{P_{abN}}{P_{zuN}} = \frac{P_{abN}}{P_{abN} + P_{cuN} + P_{fe}} \approx \frac{P_{abN}}{P_{abN} + P_K + P_0}$$

4.3.4 Schaltgruppen

Nach den Bestimmungen VDE 0532 werden Drehstromtransformatoren in vier Schaltgruppen eingeteilt (Tabelle 4.2). Die heute gültige Benennung durch die Kennzahlen (Kennziffern) 0, 5, 6, 11 hat wesentliche Vorteile gegenüber der alten Bezeichnung durch die Buchstaben A, B, C, D.

Aus den Benennungen mit Kennzahlen können die ober- und unterspannungsseitigen Schaltungen sowie die *elektrischen Winkel* (Zeitgrößen) sofort ersehen werden. Wird die jeweilige Kennzahl mit 30° multipliziert, ergibt sich der Phasenverschiebungswinkel zwischen Ober- und Unterspannungssystem.

Beispiel
Zeitgleich herrschen im Oberspannungsstrang 1 W 1–1 W 2 und im Unterspannungsstrang 2 W 1–2 W 2 die positiven Spannungsscheitelwerte. Der Phasenverschiebungswinkel beträgt dann

$$0 \cdot 30° = 0° \qquad \text{(Bild 4.20)}$$

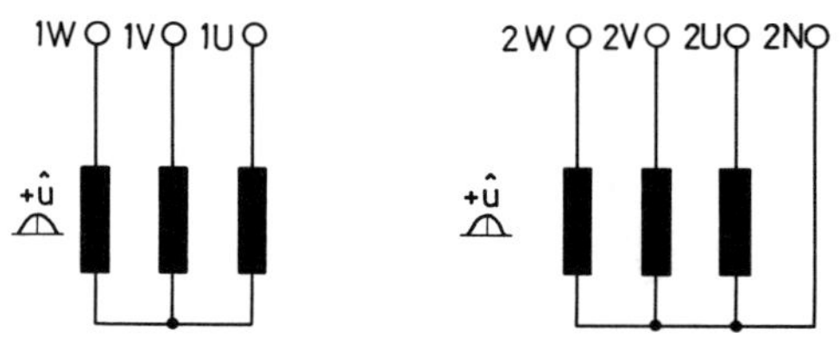

Bild 4.20 Yyn0-Schaltung

Beispiel
Zeitgleich herrschen im Oberspannungsstrang 1 W 1–1 W 2 der positive Spannungsscheitelwert und im Unterspannungsstrang 2 W 1–2 W 2 der negative Spannungsscheitelwert. Der Phasenverschiebungswinkel beträgt nun

$$6 \cdot 30° = 180° \qquad \text{(Bild 4.21)}$$

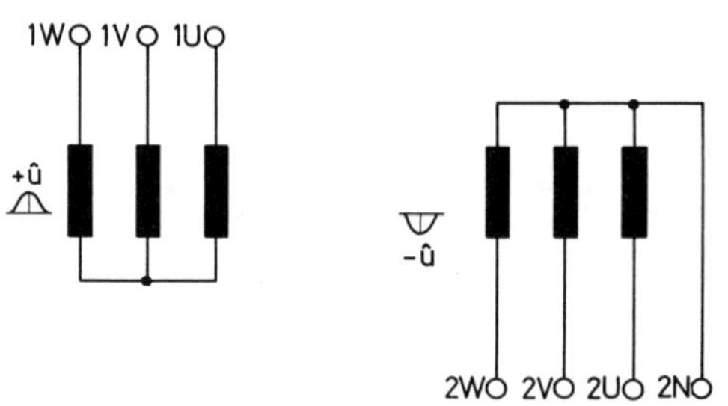

Bild 4.21 Yyn6-Schaltung

Das zweite Beispiel zeigt, daß eine Parallelschaltung der Unterspannungsseiten nicht vorgenommen werden darf, da die gleiche Phasenlage (Deckungsgleichheit) der Span-

Tabelle 4.2 Gebräuchliche Schaltgruppen für Drehstromtransformatoren

Anschlußbezeichnungen für Drehstromtransformatoren	
Alt	Neu DIN 42402
U	1U
V	1V
W	1W
u	2U1
v	2V1
w	2W1
x	2U2
y	2V2
z	2W2

1	2	3		4		5	6
Bezeichnung		Zeigerbild		Schaltungsbild		Übersetzung $U_1 : U_2$	Frühere Bezeichnung
Kennzahl	Schaltgruppe*	OS	US	OS	US		
0	Dd0	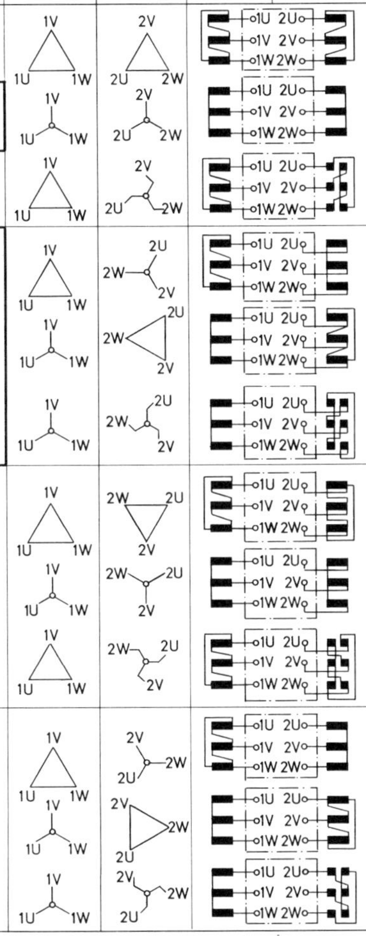				$\frac{N_1}{N_2}$	A 1
	Yy0					$\frac{N_1}{N_2}$	A 2
	Dz0					$\frac{2N_1}{3N_2}$	A 3
5	Dy5					$\frac{N_1}{\sqrt{3}\cdot N_2}$	C 1
	Yd5					$\frac{\sqrt{3}\cdot N_1}{N_2}$	C 2
	Yz5					$\frac{2\cdot N_1}{\sqrt{3}\cdot N_2}$	C 3
6	Dd6					$\frac{N_1}{N_2}$	B 1
	Yy6					$\frac{N_1}{N_2}$	B 2
	Dz6					$\frac{2\cdot N_1}{3\cdot N_2}$	B 3
11	Dy11					$\frac{N_1}{\sqrt{3}\cdot N_2}$	D 1
	Yd11					$\frac{\sqrt{3}\cdot N_1}{N_2}$	D 2
	Yz11					$\frac{2\cdot N_1}{\sqrt{3}\cdot N_2}$	D 3

* Sind an der Ober- und Unterspannungsseite die Mittelpunktsleiter für Stern- bzw. Zickzackschaltung mit herausgeführt, tritt ihre Bezeichnung in der Schaltgruppe mit auf, z. B. YNyn0.
** Herausgeführte Sternpunkte werden in den Schaltbildern bzw. Zeigerbildern mit 1N bzw. 2N bezeichnet.

nungswellen nicht gegeben ist. Die gleichen Bedingungen gelten auch unter den anderen Schaltgruppen.

> Ein Parallelbetrieb von Drehstromtransformatoren ist nur mit Transformatoren der gleichen Schaltgruppe statthaft.

4.3.5 Zickzackschaltung (z-Schaltung)

Wird an der Unterspannungsseite die Sternschaltung (y-Schaltung) gewählt, erhält man zwei Spannungen, z. B. 400/230 V. Wird der Mittelpunktsleiter 2 N als Bezugspunkt gegenüber den Außenleitern 2 L 1; 2 L 2; 2 L 3 betrachtet, ist die Sternschaltung als Parallelschaltung anzusehen, sofern die Phasenverschiebung zwischen den drei Strängen unberücksichtigt bleibt. Große einseitige (unsymmetrische, schiefe) Last verursacht zwischen den Außenleitern bzw. zwischen den Außenleitern und dem Mittelpunktsleiter ungleiche Spannungen (Bild 4.22), sofern oberspannungsseitig ebenfalls Y-Schaltung vorliegt. Aus diesem Grund soll die Schieflast (unsymmetrische Last) eine gewisse Größe nicht übersteigen.

Wird an der Unterspannungsseite die Dreieckschaltung* (d-Schaltung) gewählt, erhält man nur eine Spannung. Bild 4.23 zeigt, daß das Ende des ersten mit dem Anfang des zweiten Stranges verbunden ist usw. (2 U 2–2 V 1; 2 V 2–2 W 1; 2 W 2–2 U 1).

Die Verschaltung Strangende mit neuem Stranganfang gibt der Dreieckschaltung den Charakter einer Reihenschaltung, wenn wiederum die Phasenverschiebung zwischen den drei Strängen ohne Berücksichtigung bleibt. Die Dreieckschaltung verträgt Schieflast.

Werden Stern- und Dreieckschaltung zu einer neuen gemischten Schaltung kombiniert, lassen sich die Vorteile beider Schaltungen,

a) zwei Spannungen,
b) Verträglichkeit von Schieflast,

vereinen.

Diese neue Schaltung heißt *Zickzackschaltung* (Bild 4.24a).

Die Stern- und Dreieckschaltung sind elektrisch und materialmäßig im wesentlichen gleichwertige Schaltungen. Würde eine Zickzackschaltung mit der gleichen Windungszahl wie eine Sternschaltung hergestellt, ergäben sich kleinere Strang- und Außenleiterspannungen (Bild 4.24b). 115 V an den Halbsträngen ergeben nur Strangspannungen von $115\,\mathrm{V} \cdot \sqrt{3} = 200\,\mathrm{V}$ (nicht $115 \cdot 2 = 230\,\mathrm{V}$!).

---

* Laut VDE 0532 wird in den Schaltgruppen für Drehstromtransformatoren (Tabelle 4.2) die Dreieckschaltung mit «D» bzw. «d» bezeichnet. Die Kurzbezeichnung «D» wird aber auch für den Begriff Drehstrom verwandt, z. B. D-Motor bzw. D-Transformator. Um Irrtümer zu vermeiden, soll in Zukunft für die Maschinen das Zeichen «△» für die Dreieckschaltung verwandt werden.

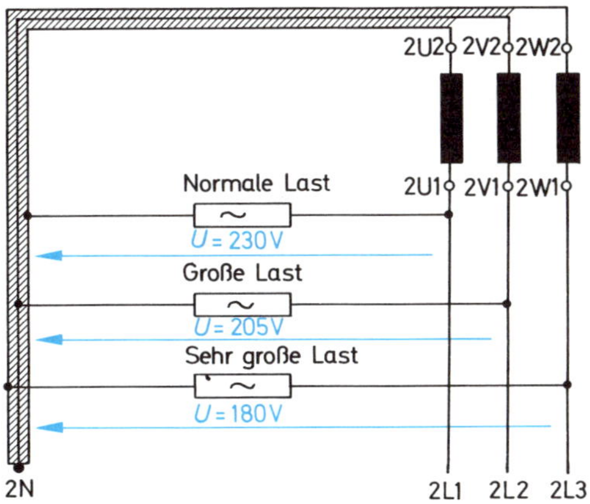

Bild 4.22 Spannungen an der Unterseite für Sternschaltung (y-Schaltung) unter verschiedenen Lastbedingungen

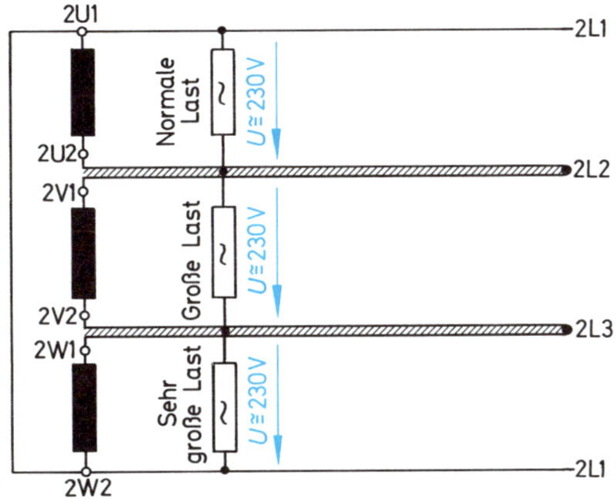

Bild 4.23 Spannungen an der Unterseite für Dreieckschaltung (d-Schaltung) unter verschiedenen Lastbedingungen

Bild 4.24 Zickzackschaltung
a) Schaltbild
b) Zeigerbild

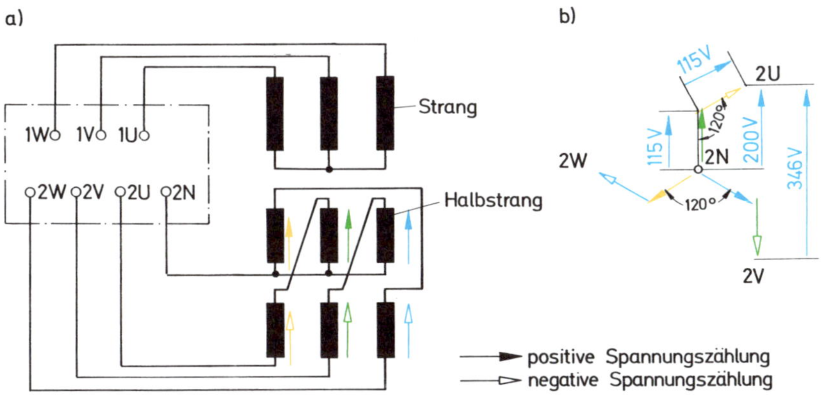

Die Ursache liegt in der Anordnung der beiden in Reihe geschalteten auf verschiedenen Eisenschenkeln angeordneten Halbstränge. Damit ergibt sich ein zweiter elektrischer Winkel von 120° (Bild 4.24b). Um die Spannungen auf die genormten Werte von 230 V bzw. 400 V zu bringen, muß die Windungszahl gegenüber Y-Schaltung um

$$\frac{230\,\text{V}}{200\,\text{V}} = \underline{\underline{1{,}15}} \mathrel{\hat{=}} \underline{\underline{15\%}} \text{ gesteigert werden.}$$

Die Zickzackschaltung (z-Schaltung) ermöglicht die Abgabe von zwei Spannungen und verträgt Schieflast, benötigt aber gegenüber der Sternschaltung (y-Schaltung) und Dreieckschaltung (d-Schaltung) 15% mehr Material.

4.4 Parallelschaltungen

Reicht die gelieferte Leistung eines Transformators nicht aus, müssen – wie bei Generatoren – Parallelschaltungen von Transformatoren vorgenommen werden. Es müssen hierbei die Nennspannungen sowie die Phasenwinkel zwischen Oberspannungs- und zugehöriger Unterspannungsseite unbedingt gleich sein. Lediglich in der Größe der Kurzschlußspannungen sind geringe Abweichungen zulässig. Laut VDE 0532 darf die Kurzschlußspannung des kleineren Transformators bis zu 10% größer sein als die des größeren Transformators. Zu große Unterschiede der Kurzschlußspannungen haben zu ungünstige Lastverteilungen zur Folge, wie nachstehendes Beispiel zeigt.

Beispiel

Transformator I:
$S_1 = 1000\,\text{kVA}$
$u_{k1} = 5\%$

Transformator II:
$S_2 = 1000\,\text{kVA}$
$u_{k2} = 4\%$

Wie erfolgt bei den Transformatoren die Lastverteilung?

Lösung

Die mittlere prozentuale Kurzschlußspannung u_{km} wird:

$$u_{km} = \frac{S}{\dfrac{S_1}{u_{k1}} + \dfrac{S_2}{u_{k2}}}$$

$$u_{km} = \frac{2000\,\text{kVA}}{\dfrac{1000\,\text{kVA}}{5\%} + \dfrac{1000\,\text{kVA}}{4\%}} = 4{,}45\%$$

Transformator I übernimmt:

$$S_1' = \frac{u_{km}}{u_{k1}} \cdot S_1 = \frac{4{,}45\%}{5\%} \cdot 1000\,\text{kVA} = \underline{\underline{890\,\text{kVA}}} \mathrel{\hat{=}} \underline{\underline{89\%}}$$

Transformator II übernimmt:

$$S_2' = \frac{u_{km}}{u_{k2}} \cdot S_2 = \frac{4{,}45\%}{4\%} \cdot 1000\,\text{kVA} = \underline{\underline{1100\,\text{kVA}}} \mathrel{\hat{=}} \underline{\underline{111\%}}$$

Praktische Schlußfolgerung

Die Lastverteilung ist zu ungünstig. Ein Ausgleich könnte durch Vorschalten einer Drossel vor den Transformator mit der kleinen Kurzschlußspannung erfolgen. Auch längere Netzleitungen zwischen den Transformatoren tragen wesentlich zum Ausgleich der Kurzschlußspannungen bei.

a) *Einphasentransformatoren* (Schaltgruppe Ii0) benötigen zur Parallelschaltung gleiche Nennspannungen sowie möglichst gleiche Kurzschlußspannungen. Die Kontrolle der

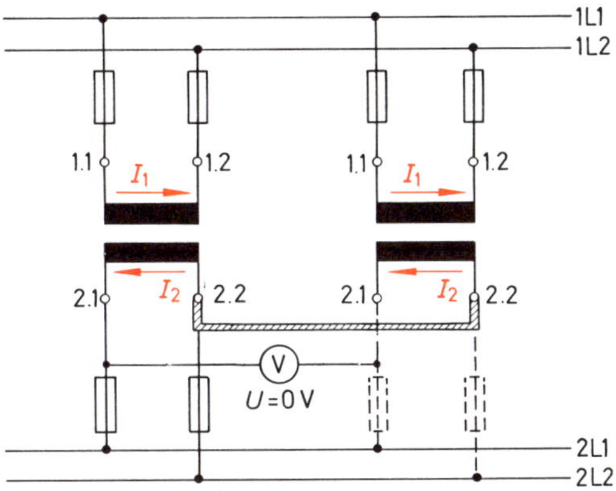

Bild 4.25 Parallelschaltung zweier Einphasentransformatoren mit Spannungsmesser zur Kontrolle der Phasenlage

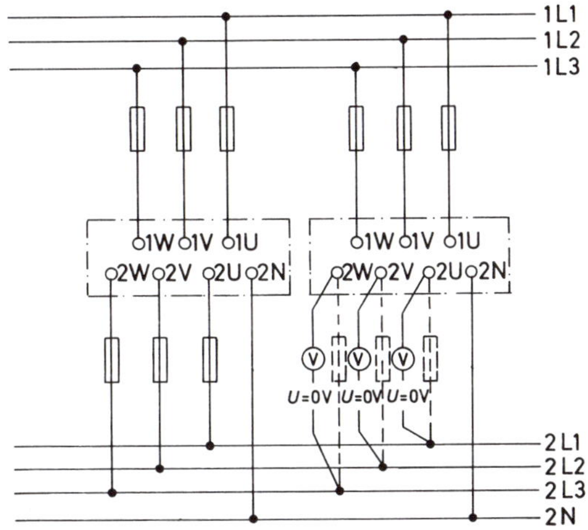

Bild 4.26 Parallelschaltung zweier Drehstromtransformatoren mit Spannungsmesser zur Kontrolle der Phasenlage

notwendigen Phasenlage wird mit Hilfe eines Spannungsmessers durchgeführt, wobei das kontrollierende Meßgerät den Wert 0 V anzeigen muß (Bild 4.25). Wird der doppelte Nennspannungswert angezeigt, liegt Reihenschaltung der Unterspannungsseiten vor.

b) *Drehstromtransformatoren* benötigen zum Parallelbetrieb von vornherein gleiche Nennspannungen, gleiche Kurzschlußspannungen und gleiche Schaltgruppe (Phasenlage). Auch sollen die Größenverhältnisse der Leistungen nicht mehr als das Dreifache voneinander abweichen. Die Feststellung der Phasenlage wird wiederum mit Kontrollspannungsmessern vorgenommen (Bild 4.26).

4.5 Stelltransformatoren

Entsprechend der Spannungserzeugungsformel

$$U_0 = 4{,}44 \cdot \hat{\Phi} \cdot f \cdot N$$

muß sich die Größe der sekundären Spannung durch den Kraftfluß Φ, die Frequenz f bzw. die Windungszahl N verändern lassen. Praktisch sind Veränderungen aber nur durch die Windungszahl N und den Kraftfluß Φ möglich.

4.5.1 Grundsätzliche Möglichkeiten zur Änderung der Ausgangsspannung

a) Änderung durch Stufentransformator

Beim *Stufentransformator* fällt bzw. steigt entsprechend der Beziehung

$$\frac{U_1}{U_2} = \frac{N_1}{N_2}$$

im gleichen Verhältnis mit der sekundären Windungszahl N_2 auch die sekundäre Spannung U_2. Ändert man dagegen die primäre Windungszahl N_1, so ändert sich die sekundäre Spannung U_2 im umgekehrten Verhältnis.

Beispiel

Gegeben: $U_1 = 1000\,\text{V}$ $\quad N_1 = 500$ Windungen
$U_2 = 100\,\text{V}$ $\quad N_2 = 50$ Windungen
Die Windungszahl N_1 soll bei konstanter primärer Spannung U_1 auf 450 vermindert werden.

Gesucht: $U_2 = ?\,\text{V}$

Lösung

$$U_2 = \frac{U_1 \cdot N_2}{N_1} = \frac{1000\,\text{V} \cdot 50}{450} = \underline{\underline{111\,\text{V}}}$$

b) Änderung durch Streufeldtransformator

Beim Streufeldtransformator können – je nach Anordnung der Spulen bzw. des Eisengestells – große und kleine Streuflüsse Φ_s und somit entsprechende Kurzschlußspannungen U_k auftreten (Abschnitt 4.3.2). Eine große Kurzschlußspannung besagt, daß der innere Widerstand des Transformators hoch ist. Der Spannungsfall steigt, wodurch die an der Sekundärseite abgenommene Spannung U_2 kleiner wird. Auf diese Weise läßt sich die sekundäre Spannung in weiten Grenzen verstellen.

4.5.2 Lichtbogen-Schweißtransformatoren

Der wichtigste praktische Fall einer Veränderung des magnetischen Flusses wie auch der Windungszahlen liegt beim Lichtbogen-Schweißtransformator vor. Hierfür werden außer dem eigentlichen Transformator als Dämpfungsglieder bei der Lichtbogenzündung, aber auch als Steuereinrichtung zum Einstellen des Schweißstromes Drosseln bzw. Streujoche (Streupakate) benötigt.

Bei Transformatoren mit Windungsanzapfungen (Bild 4.27) können primär- wie auch sekundärseitig die Veränderungen vorgenommen werden. Die Verringerung der primären Windungszahl ist bei konstanter Primärspannung begrenzt. Das Zu- und Abschalten von Windungen kann ohne Betriebsunterbrechung erfolgen. Zwecks Beherrschung des Schaltfunkens sind aber dann besondere Lastumschalter erforderlich.

Es ist ferner zu beachten, daß mit der Änderung des Übersetzungsverhältnisses nicht nur der Schweißstrom, sondern auch die Leerlaufspannung verändert wird. Nach

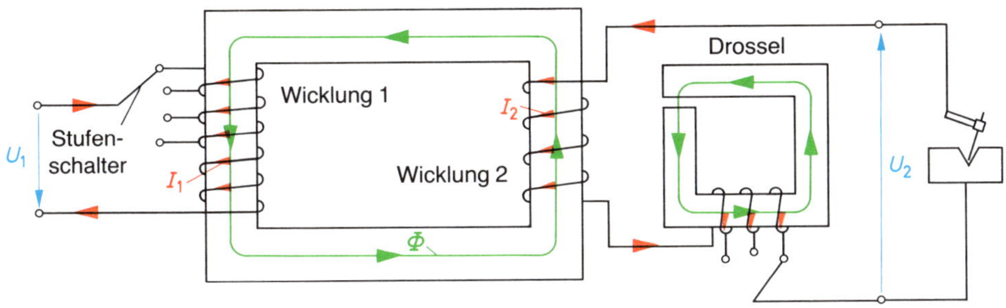

Bild 4.27 Schweißtransformator mit Stufenschalter und Drossel

VDE 0541 darf die Leerlaufspannung 70 V nicht übersteigen. Bei Arbeiten in beengten Räumen mit leitfähigen Wänden (z. B. Kessel- und Schiffbau) darf sie sogar nur 50 V betragen.

Liegen im Eisenkern größere Hysteresis- und Wirbelstrombildungen vor, kann es zu unangenehmen Verzerrungen der Stromkurve kommen. In diesem Fall versieht man den Eisenkreis der Drossel mit einem kleinen Luftspalt (Bild 4.27). Luftspalte säubern Stromkurven von Verzerrungen.

Beim Streufeldtransformator mit verstellbarem bzw. veränderbarem Streujoch (Streupaket) erfolgt die Steuerung der Ausgangsspannung durch das als magnetischer Nebenschluß eingebaute Joch (Bild 4.28).

Liegt das Streujoch III zum Eisenschenkel II wie in Bild 4.28a dargestellt, läuft ein großer Anteil des Gesamtflusses Φ_1 als magnetischer Streufluß $\Phi_s = \Phi_3$ über diesen Eisenweg. Der Fluß Φ_2 wird in diesem Falle am geringsten und ebenfalls die Spannung an der Spule 2. Durch Herausziehen bzw. -drehen des Streujoches aus dem Eisenkreis steigt die Spannung an der Spule 2 wieder an.

Die Veränderung mittels Handrad erfolgt nur bei kleinen Leistungen. Bei mittleren und größeren Leistungen wird der Streufluß durch einen Steuergleichstrom beeinflußt (Bild 4.28b). Der Steuergleichstrom verursacht durch sein magnetisches Gleichfeld Φ_G im Streujoch eine mehr oder weniger große Vormagnetisierung. Ist der Streukern durch das Gleichfeld restlos ausgesättigt, wird sein magnetischer Widerstand so hoch, daß keine Streufeldlinien mehr über den Streukern fließen können (Bild 4.28b). In diesem Falle durchsetzt der gesamte magnetische Wechselfluß die Spule 2, und der Höchstwert des Schweißstromes fließt.

Die Steuerspulen (Gleichstromwicklungen) müssen entgegengesetzten Wicklungssinn haben, damit die vom Streufluß hervorgerufene Induktionsspannung null wird.

Beim Streufeldtransformator mit verschiebbaren Spulensystemen werden durch Lageveränderung der beweglichen Primärwicklung zur festen Sekundärwicklung (Bild 4.29) die Streufelder Φ_{S1} und Φ_{S2} und damit der innere Widerstand beeinflußt. Auf diese Weise wird die gewünschte Schweißspannung sowie der gewünschte Schweißstrom erreicht. Es können auch beide Spulensysteme beweglich angeordnet sein. Der Schweißstrom hat seinen Höchstwert, wenn Primär- und Sekundärwicklung ineinandergeschoben sind.

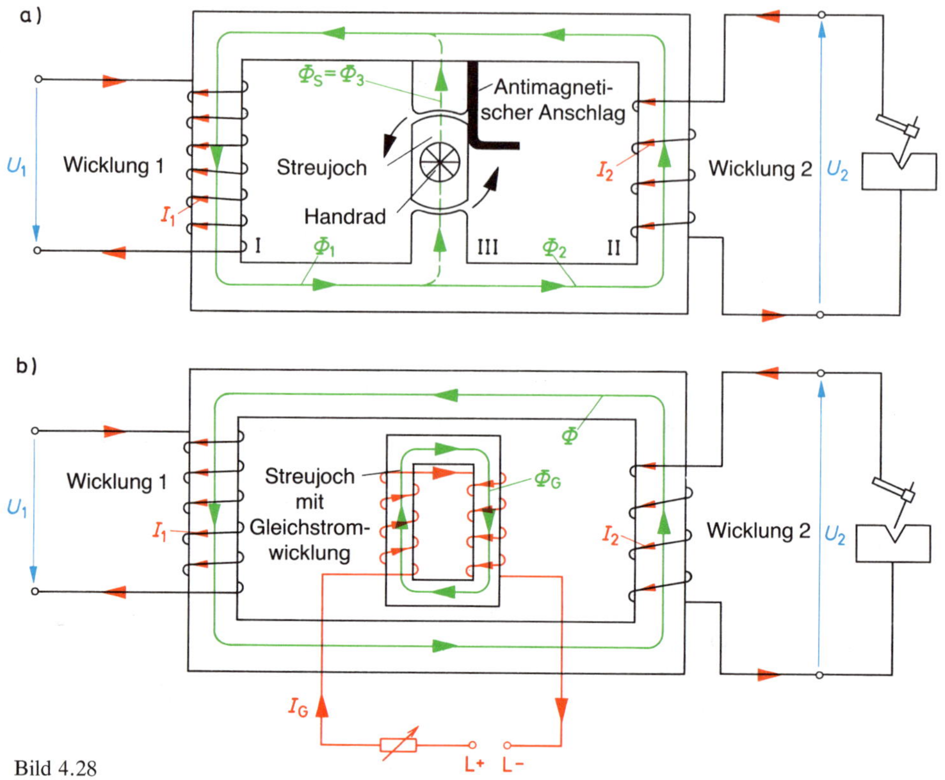

Bild 4.28
a) Streufeldtransformator mit verstellbarem Streujoch
b) Streufeldtransformator mit Beeinflussung durch Steuergleichstrom

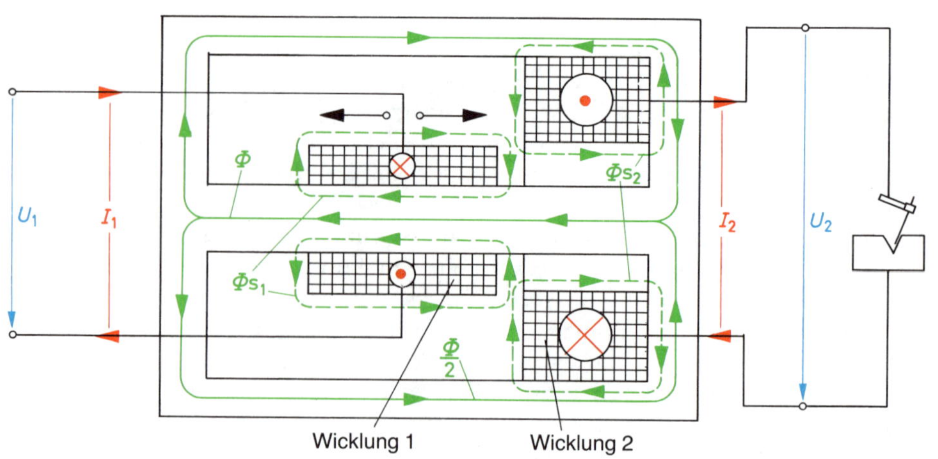

Bild 4.29 Streufeldtransformator mit verschiebbarem Spulensystem

Bild 4.30 *U-I*-Kennlinie des Schweißtransformators

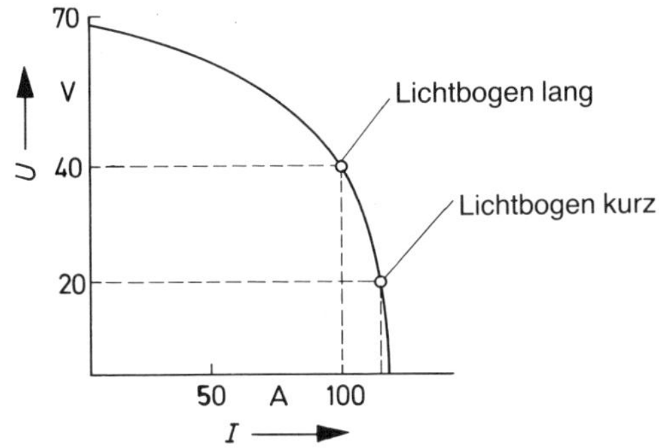

Als nachteilig bei den Schweißtransformatoren erweist sich (infolge Drossel- bzw. Streufeldwirkung) der schlechte Leistungsfaktor cos φ. Es wird deshalb von den EVU eine Kompensation der Blindleistung gefordert.

Eine weitere grundsätzliche Forderung ist möglichst gute Konstanz des Schweißstromes bei Änderung der Lichtbogenlänge. Der Schweißtransformator soll deshalb eine steile Betriebskennlinie haben (Bild 4.30).

Streufeldtransformatoren (Sondertransformatoren) sowie Transformatoren mit veränderbarer Drossel sind unempfindlich gegen sekundäre Kurzschlüsse und sind deshalb als Schweiß- und Zündtransformatoren besonders geeignet.

4.6 Kleintransformatoren

4.6.1 Grundsätzlicher Aufbau

Eisenkerne von Kleintransformatoren sind nach DIN 41302 genormt. Nach ihrer Form unterscheidet man (Bild 4.31):

a) U-I-Schnitt,
b) E-I-Schnitt,
c) M-Schnitt,
d) L-Schnitt.

Diese Blechschnittformen entsprechen im großen und ganzen denen der Großtransformatoren (Tabelle 4.3).

Der Zusammenhalt der Blechlamellen erfolgt durch Schrauben bzw. Niete. Wird von einem Kern besonders kleine Streuung und Verlustleistung gefordert, wählt man den Schnittbandkern (Bild 4.32). Er wird aus Fe-Ni-Band gewickelt, mit Kunststoff verklebt, aufgetrennt, Trennfugen geschliffen, Spulen aufgeschoben und Kernhälften durch Metallbänder zusammengehalten.

Kleintransformatoren	Großtransformatoren
U-I-Schnitt	Kernbauform E-Transformatoren
E-I-Schnitt	Kernbauform D-Transformatoren
M-Schnitt	Mantelbauform

Tabelle 4.3
Vergleich der Blechschnitte von Klein- und Großtransformatoren

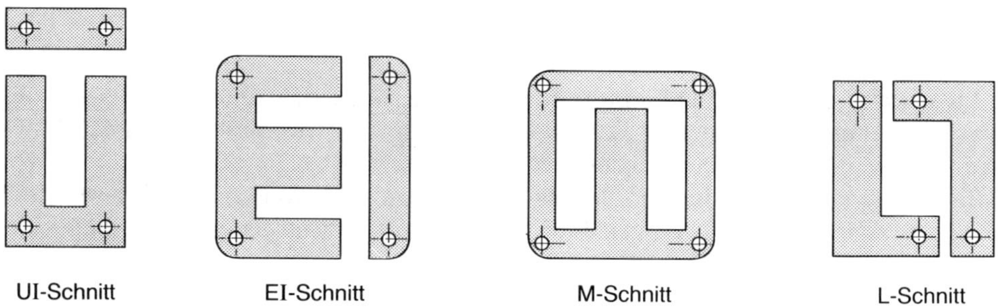

Bild 4.31 Blechschnitte für Kleintransformatoren

Die Spulenkörper zum Tragen der Wicklung sind ebenfalls nach DIN 41303 genormt. Sie können aus gespritztem thermoplastischen Kunststoff bzw. aus zusammengesetzten Preßspan- oder Hartpapierstücken bestehen. Als Wicklungsunterlage auf dem Spulenkörper dient Polyesterfolie.

Als Wickelmaterial wird Kupferrunddraht mit Einfach- oder Zweifachlackierung verwendet. Je nach Anforderung an die Isolation enthält jede oder jede fünfte Drahtlage eine Zwischenisolierung. Für die Isolation zwischen Ober- und Unterspannungswicklung verwendet man mehrere Lagen Polyesterfolie. Je nach Größe der wärmeabstrahlenden Oberfläche wird die Stromdichte zwischen $1\,\mathrm{A\,mm^{-2}}$ und $6\,\mathrm{A\,mm^{-2}}$ gewählt.

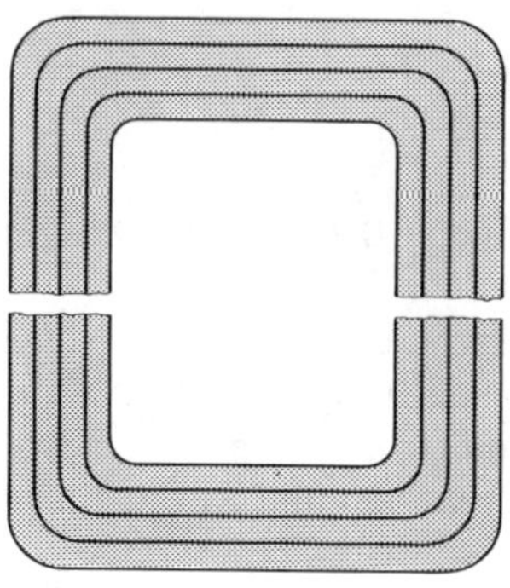

Bild 4.32
Schnittbandkern

4.6.2 Wirkungsweise

Der energetische Ablauf ist bei den Kleintransformatoren der gleiche wie in Abschnitt 4.2 beschrieben.

4.6.3 Grundsätzliches zur Einteilung nach VDE

Die Bestimmungen für Kleintransformatoren sind festgelegt in VDE 0550 und 0551.

Nach VDE 0550 sind grundsätzlich zu unterscheiden Transformatoren mit nichtgeerdeter, aber auch geerdeter Sekundärwicklung und mit elektrisch getrennten, aber auch nicht getrennten Wicklungen. Die wichtigsten Transformatoren nach VDE 0550 sind:

a) Trenntransformatoren
b) Steuertransformatoren
c) Netzanschlußtransformatoren
d) Haushalts-Spartransformatoren
e) Zündtransformatoren

Transformatoren dieser Gruppe dürfen ferner nach *bisherigen* Angaben folgende Werte nicht überschreiten:

a) Nenn-(Ausgangs-)Leistung 16 kVA
b) Nenn-Eingangsspannung 1000 V
c) Nennfrequenz 500 Hz

Die Ausgangsspannungen von Netzanschlußtransformatoren können 1000 V und von Zündtransformatoren müssen 1000 V überschreiten. Gegenüber den Großtransformatoren nach VDE 0532 sind bei den Transformatoren nach VDE 0550 stets die Spannungen unter ohmscher Last als Nennspannungen (nicht die Leerlaufspannungen U_0 als Nennspannungen) festgelegt. Eine Ausnahme bildet nur der Zündtransformator.

Die Bestimmungen nach VDE 0550 behalten weiterhin für die unter b) bis e) genannten Kleintransformatoren auf absehbare Zeit ihre Gültigkeit. Für den Trenntransformator ist folgende Änderung vorgesehen:

Trenntransformatoren (Bestimmungen für Trenntransformatoren zum jetzigen Zeitpunkt unter VDE 0550 festgelegt) und Sicherheitstransformatoren (Bestimmungen für Sicherheitstransformatoren zum jetzigen Zeitpunkt unter VDE 0551 festgelegt) sollen unter «Bestimmungen für Sicherheitstransformatoren» unter DIN 57555/VDE 0551 zusammengefaßt werden. Für den Trenntransformator sind folgende Anforderungen vorgesehen:

1. a) Nenn-Eingangsspannungen und Nennfrequenzen bleiben wie bisher (1000 V bzw. 500 Hz).
   b) Leerlauf- und Nenn-Ausgangsspannungen für ortsfeste Ein- und Dreiphasentransformatoren bis 1000 V, für ortsveränderliche Einphasen-Transformatoren bis 250 V.
   Diese Werte gelten ausschließlich für Gerätebestimmung nach der vorgesehenen

Norm DIN 57551/VDE 0551. Für Errichtungsbestimmungen nach VDE 0100 betragen die Ausgangsspannungen bis 500 V.

2. Die Nenn-Ausgangsleistung bis
   a) 25 kVA für einphasige Transformatoren
   b) 40 kVA für dreiphasige Transformatoren.

Trenntransformatoren werden vorwiegend verwandt zur Versorgung von tragbaren Elektrowerkzeugen, Rasenmähern, Rasierapparaten (20 VA bis 50 VA).

Nach VDE 0551 hat man stets nichtgeerdete Sekundärwicklungen sowie stets elektrisch getrennte Wicklungen (Sicherheitstransformatoren). Als wichtigste Transformatoren sind hier zu nennen:

a) Spielzeugtransformatoren,
b) Klingeltransformatoren,
c) Handleuchtentransformatoren,
d) Auftautransformatoren,
e) Lötpistolentransformatoren,
f) medizinische Transformatoren,
g) Transformatoren für Heizdecken und Heizkissen,
h) Transformatoren für Haar- und Hautbehandlungen.

Transformatoren dieser Gruppe dürfen ferner nach bisherigen Angaben nicht überschreiten:

a) Nenn-(Ausgangs-)Leistung 10 kVA,
b) Nenn-Eingangsspannung 500 V,
c) Nenn-Ausgangsspannung 42 V,
d) Nennfrequenz 500 Hz.

Wie bei den Transformatoren nach VDE 0550 sind auch hier die Nenn-Ausgangsspannungen als Lastspannungen mit Nenn-Ausgangsströmen beim Leistungsfaktor $\cos \varphi = 1$ festgelegt.

Weitere einschlägige Bestimmungen zu den Kleintransformatoren siehe Band «Elektro-Installationstechnik».

Für die unter VDE 0551 festgelegten Sicherheitstransformatoren sind folgende Anforderungen vorgesehen:

1. a) Nenn-Eingangsspannungen bis 1000 V,
   b) Nenn-Ausgangsschutzspannungen bleiben bis 42 V, Leerlaufspannung bis 50 V,
   c) Nennfrequenz bleibt erhalten.
2. Nenn-Ausgangsleistungen:
   a) 10 kVA für einphasige Transformatoren,
   b) 16 kVA für dreiphasige Transformatoren.

Hier sind im wesentlichen in Neubearbeitung bzw. in Vorbereitung: Spielzeugtransformator, Klingeltransformator, Handlampentransformator, medizinischer Transformator.

4.7 Spartransformatoren (Autotransformatoren)

Bei normalen Transformatoren sind die Primärseiten von den Sekundärseiten galvanisch getrennt. Die zugeführte elektrische Energie wird hier in magnetische und diese wiederum in elektrische umgeformt. Während also beim normalen Transformator die Übertragung der Leistung rein *induktiv* erfolgt, ist sie beim Spartransformator teils *induktiv,* teils *direkt.* Beim Einphasen- wie beim Drehstrom-Spartransformator kann die Umformung von der Oberspannungsseite zur Unterspannungsseite bzw. umgekehrt erfolgen.

Primär- und Sekundärseite bilden eine Wicklung. Die *Parallelwicklung* ist die Unterspannungsseite und gleichzeitig ein Teil der Oberspannungsseite. Der restliche zur Oberspannungsseite gehörende Wicklungsteil heißt *Reihenwicklung* (Bild 4.33). Der Spartransformator ist also praktisch ein *induktiver Spannungsteiler,* an dem man unterschiedliche Spannungen abgreifen kann.

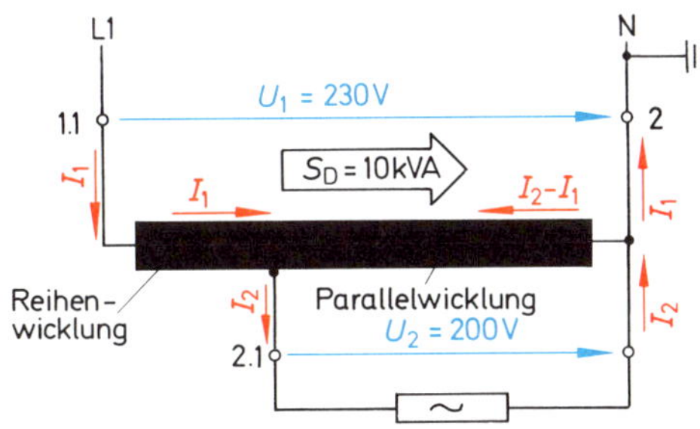

Bild 4.33 Elektrische Verhältnisse des Spartransformators im normalen Betrieb. Schaltgruppe Ia0

Im Verhältnis zum Transformator mit getrennten Wicklungen benötigt man bei einem Spartransformator mit gleicher Leistungsübertragung stets weniger Materialaufwand. Besonders große Materialersparnis ergibt sich bei möglichst geringem Spannungsunterschied zwischen Oberseite und Unterseite, wie nachfolgendes Beispiel zeigt.

Beispiel

Ein Spartransformator hat eine Durchgangsleistung $S_D = 10\,\text{kVA}$. Seine Oberspannung beträgt $U_1 = 230\,\text{V}$, seine Unterspannung $U_2 = 200\,\text{V}$. Wie groß wird seine Bauleistung S_B? (Bild 4.33).

Lösung

Unter Durchgangsleistung wird die gesamte direkt und induktiv übertragene Leistung verstanden. Die rein induktiv übertragene Leistung heißt Bauleistung, nach welcher der Transformator bemessen ist. Die Bauleistung wird aus folgender Beziehung ermittelt

$$\text{Bauleistung} = \frac{\text{Oberspannung} - \text{Unterspannung}}{\text{Oberspannung}} \cdot \text{Durchgangsleistung}$$

$$S_B = \frac{U_1 - U_2}{U_1} \cdot S_D$$

$$S_B = \frac{230\,V - 200\,V}{230\,V} \cdot 10\,kVA = \underline{\underline{1{,}3\,kVA}}$$

Praktische Schlußfolgerung
Von der Durchgangsleistung $S_D = 10\,kVA$ werden nur 1,3 kVA induktiv, also transformatorisch, 8,7 kVA dagegen direkt übertragen. Der Materialaufwand des Spartransformators erstreckt sich nur auf 1,3 kVA.

Nachteile
Trotz seiner Vorteile bezüglich Materialaufwand gegenüber dem Transformator mit getrennten Wicklungen wird der Spartransformator meist als Stell-Zusatztransformator verwandt. Die Ursache ist in der galvanischen Verbindung von Primär- und Sekundärseite zu suchen. Bei der gewünschten Spannungsumformung, z. B. für Spielzeug, könnte zwischen der unteren Spannungsseite und einem mit Erde in Verbindung stehenden Rohr die volle Netzspannung herrschen (Bild 4.34a). Bei Unterbrechung der Parallelwicklung kann an der Unterseite fast die volle Netzspannung auftreten (Bild 4.34b).

Spannungsteilermaschinen aller Art sind zum Umformen von Netz- in Schutzkleinspannung verboten.

Zu den Spannungsteilermaschinen gehören außer dem Spartransformator der Drehtransformator (Abschnitt 5.11) sowie der Einankerumformer (Abschnitt 9.3.2).

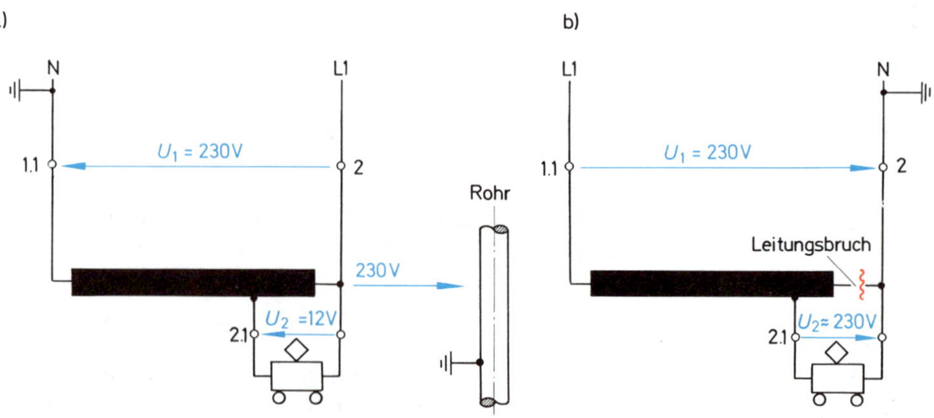

Bild 4.34 Elektrische Verhältnisse an der Unterspannungsseite des Spartransformators bei Fehlschaltung bzw. Unterbrechung
a) volle Netzspannung gegen Erde
b) volle Netzspannung an «Kleinspannungsseite»

5 Asynchronmaschinen für Dreiphasenwechselstrom (Drehstrom)

Es sind für die Praxis die wichtigsten und am häufigsten eingesetzten Maschinen.

5.1 Drehfeld (Umlaufendes Magnetfeld)

Grundlegende Voraussetzung für die Funktion der Asynchronmaschinen für Drehstrom (Generatoren und Motoren) ist das umlaufende Magnetfeld. Da Asynchronmaschinen stromwenderlos sind, spricht man auch von Drehfeldmaschinen ohne Stromwender. Zur gleichen Maschinengruppe werden die Synchronmaschinen gezählt (Kapitel 7).

Bei dreiphasig verkettetem Wechselstrom hat das entstehende Drehfeld während des Umlaufes unveränderte Größe und wird deshalb als *symmetrisch* oder *kreisförmig* bezeichnet (Bild 5.1). Die Drehzahl des *synchron* umlaufenden Magnetfeldes richtet sich nach der Polpaarzahl der Maschinen und der Frequenz der angelegten Netzspannung

$$n_0 = \frac{60 \cdot f}{p}$$

n_0 Umdrehungen in min^{-1}
f Frequenz in s^{-1}
p Polpaare

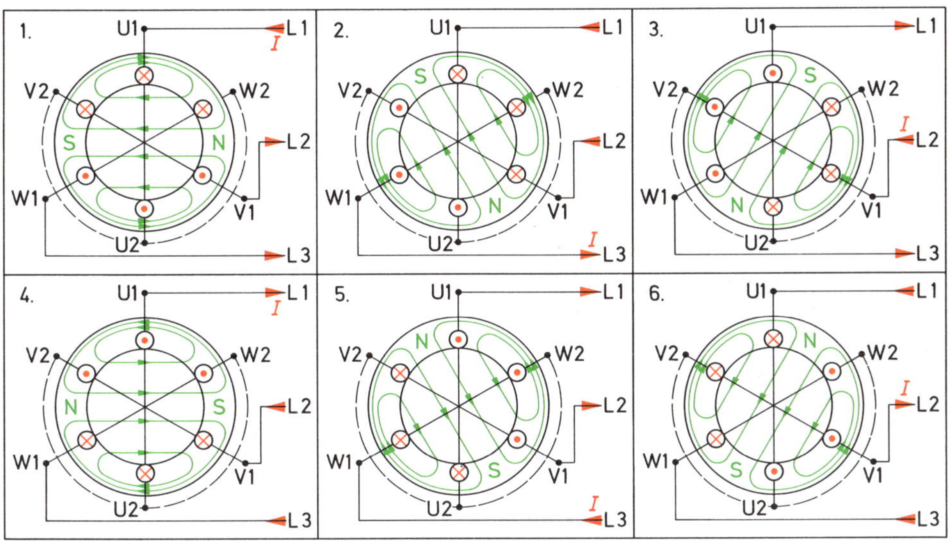

Bild 5.1 Darstellungen zum symmetrischen (kreisförmigen) Drehfeld

Wie unter Transformatoren Abschnitt 4.2.2 beschrieben, wird auch hier das Magnetfeld Φ vom Magnetisierungsstrom I_μ und damit der Leerlaufdurchflutung Θ_μ verursacht (Bild 4.11a).

In den Abschnitten 5.2 bis 5.10 werden die Asynchronmotoren behandelt. Hierfür gilt:

In einem Asynchronmotor für Drehstrom wird ein symmetrisches Drehfeld erzeugt, wenn seine Dreiphasenwicklung vom Drehstrom durchflossen wird.

Bei einem Asynchronmotor weist der rotierende Teil (Läufer, Rotor) gegenüber dem Drehfeld einen *Schlupf* auf (*asynchron* – nicht im Tritt befindlich). Das Drehfeld schneidet die Läuferleiter und induziert in ihnen Spannungen. Der Asynchronmotor heißt deshalb auch *Induktionsmotor*.

Asynchronmotoren für Drehstrom können mit Schleifring- oder Kurzschlußläufern ausgerüstet sein.

5.2 Schleifringläufermotor

5.2.1 Aufbau

Der *Ständer* oder *Stator* ist zur Vermeidung von Wirbelströmen aus genuteten Ständerblechen aufgebaut, in welchen, möglichst gleichmäßig verteilt, die dreisträngige Wicklung untergebracht ist (Bild 5.2). Das Ständerblech besitzt aber keine ausgeprägten Pole wie z. B. die Gleichstrommaschine. Die gewünschte Polzahl wird durch entsprechenden

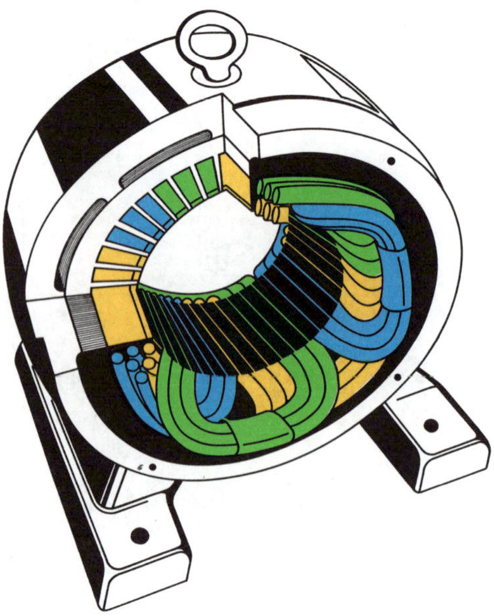

Bild 5.2 Ständer eines Asynchronmotors mit vierpoliger Drehstromwicklung

Wickelschritt erreicht. Anfang und Ende jedes Stranges werden gewöhnlich zum Anschlußbrett geführt, weshalb diese Wicklung als *offen* bezeichnet wird.

Die gewünschte Verkettung in Stern- oder Dreieckschaltung (Y- oder △-Schaltung) erfolgt am Anschlußbrett.

Der *Läufer* oder *Rotor* besitzt ebenfalls eine in Nuten gebettete Wicklung, die mit ihrer Polzahl auf die Polzahl des Ständers abgestimmt ist. Die Wicklung ist gewöhnlich dreisträngig, meist in Y-Schaltung (Bild 5.3), seltener in △-Schaltung ausgeführt. Die Verschaltung erfolgt hier direkt im Läufer, so daß über die Schleifringe nur die Wicklungsanfänge K, L, M herausgeführt sind. Die Läuferwicklung kann auch zweisträngig sein (Abschnitt 5.2.3).

Soll der Schleifringläufermotor nach dem Anlauf als Kurzschlußläufermotor weiterarbeiten, werden durch Bürstenabhebevorrichtung (Bild 5.4) die Schleifringe kurzgeschlossen und die Kohlebürsten abgehoben.

Bild 5.3
Schleifringläufer mit sechspoliger Drehstromwicklung
Werkbild: Garbe-Lahmeyer

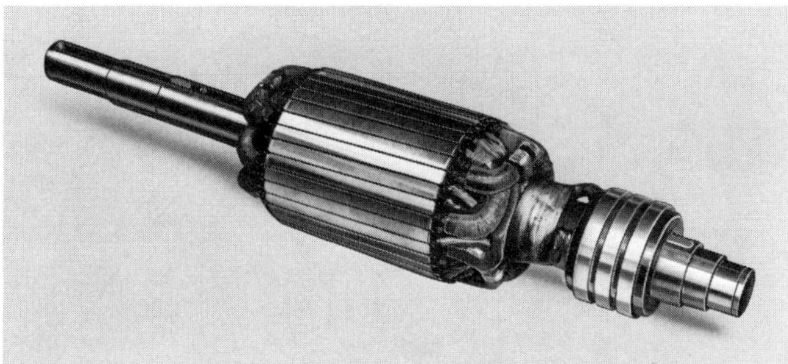

Bild 5.4
Schematische Darstellung einer Bürstenabhebevorrichtung

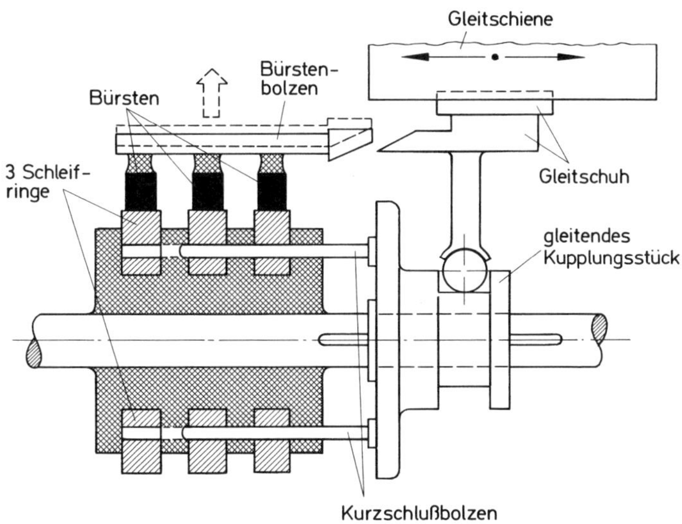

5.2.2 Wirkungsweise

5.2.2.1 Anlauf

In der am Drehstromnetz liegenden Ständerwicklung wird das Drehfeld erzeugt. Dieses schneidet die Ständerleiter und induziert die primäre Urspannung U_{01}. Deshalb auch die Bezeichnung *Primäranker* für den Ständer. Ferner durchsetzen die magnetischen Feldlinien den Luftspalt und induzieren im Rotor die sekundäre Urspannung U_{02}. Der Rotor trägt deshalb auch die Bezeichnung *Sekundäranker*.

Da im Einschaltaugenblick der Läufer steht, hat das umlaufende Magnetfeld seine größte Schnittgeschwindigkeit. Der Motor verhält sich in dem Moment wie ein kurzge-

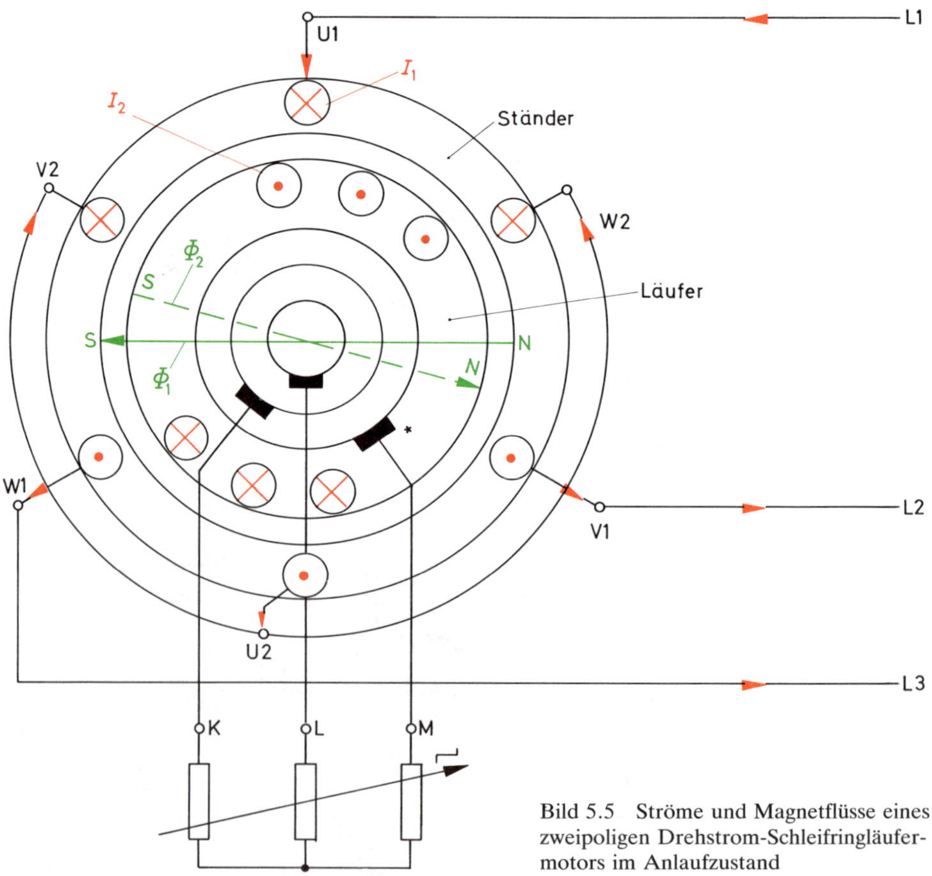

Bild 5.5 Ströme und Magnetflüsse eines zweipoligen Drehstrom-Schleifringläufermotors im Anlaufzustand

* Die Norm DIN 42401, Blatt 2, sagt nichts (im Gegensatz zu DIN 42401, Blatt 3) über einen Wegfall der Kohlebürsten hier aus. Sie sind deshalb in diesem Buch für alle Wechselstrommaschinen gezeichnet.

schlossener Transformator mit hoher Kurzschlußspannung U_k. Die induzierte Urspannung U_{02} treibt den Läuferstrom I_2. Hätte der Läufer nur ohmschen Widerstand, lägen Urspannung U_{02} und Strom I_2 in Phase. Im Einschaltmoment entspricht die Größe der Läuferfrequenz der Netzfrequenz ($f_1 = f_2$). Der induktive Läuferwiderstand $X_{L2} = 2 \cdot \pi \cdot f_2 \cdot L_2$ hat somit seinen höchsten Wert. Wäre der ohmsche Widerstandsanteil im Läufer Null, würde der Strom I_2 der Urspannung U_{02} um 90° nacheilen: Der Motor würde nicht anlaufen.

Zur Erzielung eines günstigen Anzugsmomentes muß der ohmsche Anteil des Läuferwiderstandes möglichst hoch sein.

Um das zu erreichen, wird ein Läuferanlasser mit der Läuferwicklung in Reihe geschaltet (Bild 5.5).

5.2.2.2 Betrieb, Betriebsverhalten

Aus dem Stillstand (Schlupf s = 100%) erfolgt der Hochlauf in den belasteten Motorzustand (Schlupf etwa 3 bis 6%). Mit der Abnahme des Schlupfes verringert sich die Schnittgeschwindigkeit des Drehfeldes.

Damit tritt eine Verminderung der Läuferspannung, der Läuferfrequenz und des induktiven Läuferwiderstandes ein.

> *Die Läuferspannung und die Läuferfrequenz ändern sich linear mit dem Schlupf.*

Im Betrieb ist – wegen des geringen induktiven Widerstandes – ohmscher Widerstand im Läuferkreis vorherrschend. Läuferspannung und Läuferstrom liegen fast in Phase.

Ein stromdurchflossener Leiter erhält im Magnetfeld einen Bewegungsantrieb. Somit wird auf die Seiten einer drehbar gelagerten Spule ein *Kräftepaar* ausgeübt, welches ein Drehmoment M bewirkt. Dafür sind zwei Voraussetzungen zu erfüllen:

a) Die Flüsse Φ_1 und Φ_2 müssen Komponenten haben, die in Phase liegen. Denn nur gleichzeitig auftretende Felder können eine Kraftwirkung ausüben (Bild 5.6).
b) Die magnetischen Achsen von Φ_1 und Φ_2 müssen möglichst um 90° räumlich verschoben sein; denn nur eine Kraft, die senkrecht zum Hebelarm steht (Analogie: Kraft-Hebelarm-Gesetz), bewirkt ein Drehmoment (Bild 5.7).

Die Gegenüberstellung des Gleichstrom- und Drehstrommotors in Bild 5.7 soll die Übereinstimmung der elektrischen und magnetischen Abläufe zeigen.

Bild 5.7 läßt auf einfache Weise den Rechtslauf durch Anwendung der *Motorenregel (Linke-Hand-Regel)* erkennen. Der Drehrichtungsverlauf läßt sich ebenfalls mit Hilfe der Polaritäten im Ständer und Läufer beweisen. Bekanntlich ziehen sich ungleichnamige Pole an, gleichnamige stoßen sich ab.

Nach dem Lenzschen Gesetz müßte der Läufer so lange beschleunigt werden, bis die Urspannung U_{02} = 0 V wird. Dieser Fall würde bei synchronem Lauf eintreten. Die Läuferverlustleistung wäre dann ebenfalls null, und die Rotorverluste könnten nicht

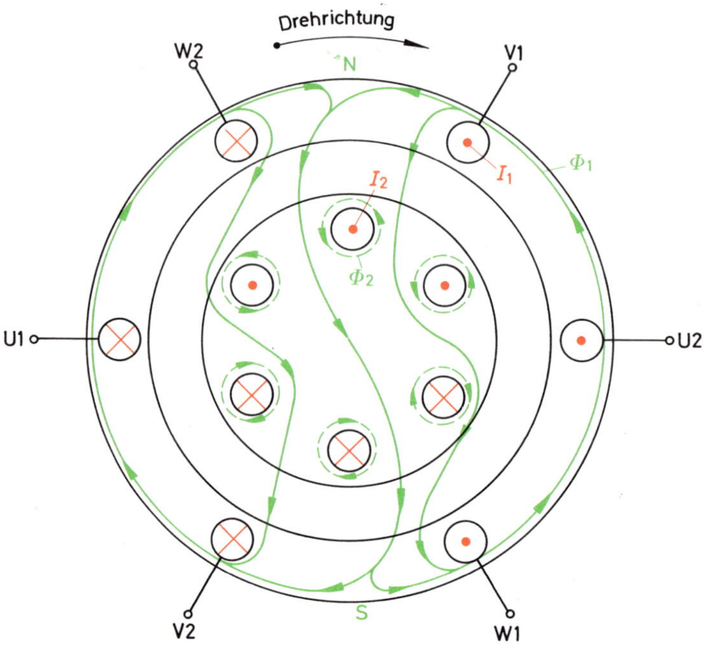

Bild 5.6
Verkettung der Flüsse Φ_1 und Φ_2 zur Drehmomentenbildung

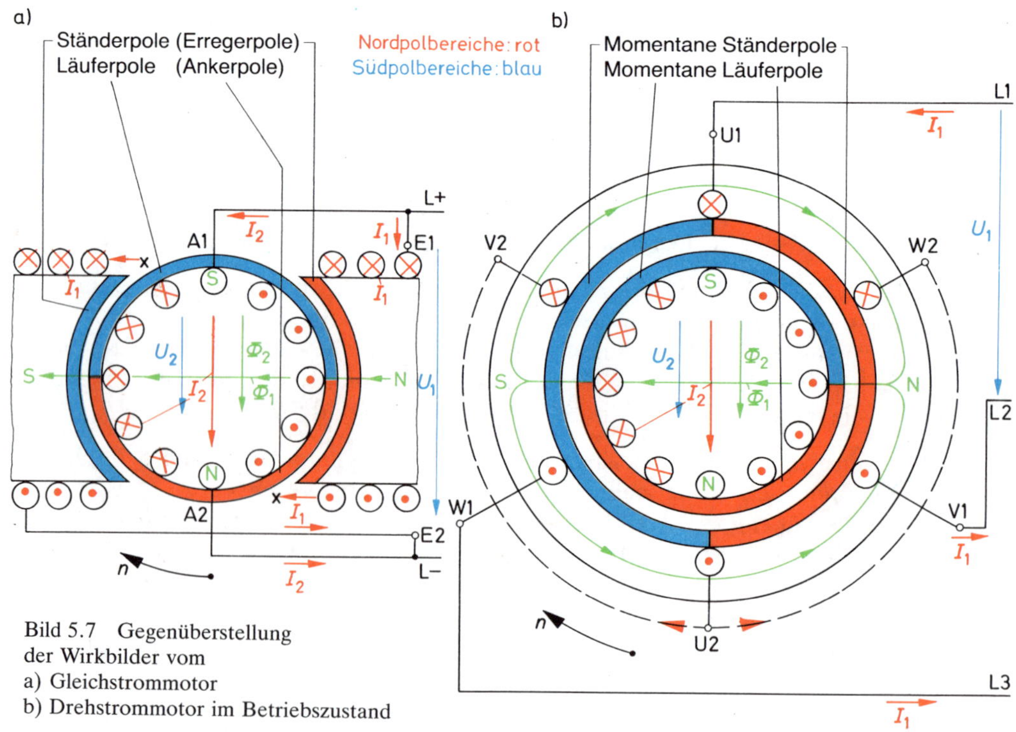

Bild 5.7 Gegenüberstellung der Wirkbilder vom
a) Gleichstrommotor
b) Drehstrommotor im Betriebszustand

gedeckt werden; also muß der Rotor schlüpfen. Der Schlupf wird *positiv* gezählt, wenn der Läufer dem Drehfeld nacheilt. Da der Asynchronmotor die synchrone Drehzahl nie erreichen kann, ist ein Durchgehen im Leerlauf unmöglich.

Der Asynchronmotor zeigt in seiner Arbeitsweise Nebenschlußverhalten.

5.2.2.3 Drehmomente

Die Drehmomentverhältnisse sind nach VDE 0530 definiert (Bild 5.8).

a) Das *Anzugsmoment* M_A ist das im Stillstand hervorgerufene Drehmoment. Beim Schleifringläufermotor mit Läufervorwiderstand liegt es relativ hoch, der Motor zieht gut an.

b) Das *Sattelmoment* M_S ist das kleinste an der Welle eines Motors auftretende Moment zwischen Anzugs- und Kippmoment (Abschnitt 5.3.2.2). Es tritt beim Schleifringläufermotor nicht in Erscheinung.

c) Das *Kippmoment* M_K ist das höchste Moment, das der Motor zwischen Sattel- und Nennmoment ausüben kann. Es liegt etwa bei 1,6 bis 2,5fachem Nennmoment.

d) Das *Nennmoment* M_N tritt im normalen Betriebsfalle auf. Mit der auf dem Leistungsschild angegebenen Leistungsabgabe P_N und der Nenndrehzahl n_N ergibt sich das Nennmoment M_N zu

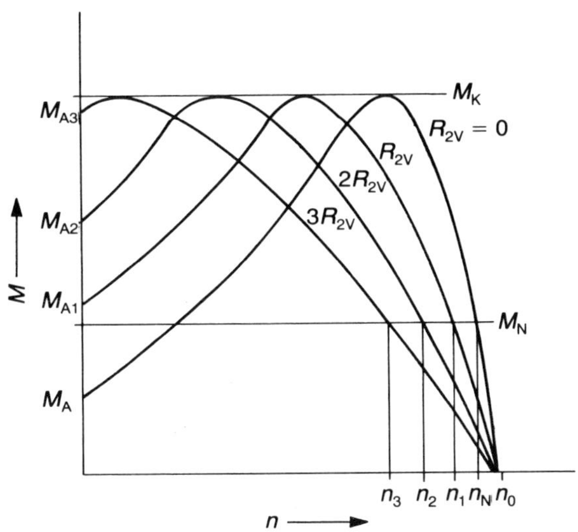

Bild 5.8
Drehmomentenkennlinien eines Schleifringläufermotors mit 3stufigem Läufervorwiderstand

R_{2V} Läufervorwiderstand
M_K Kippmoment
M_A Anzugsmoment
M_N Nennmoment

$$M_N = \frac{P_N \cdot 9550}{n_N}$$

M_N Nennmoment in Nm
P_N Abgabeleistung in kW
n_N Nenndrehzahl in min^{-1}

Bei synchroner Drehzahl n_0 (Schlupf $s = 0\%$) wäre das Drehmoment M gleich null (Bild 5.8). Der Asynchronmotor muß also stets schlüpfen.

5.2.3 Leistungsschild

Neben den üblichen Ständerangaben der Asynchronmaschinen über Spannungen, Ströme, Leistungen, Frequenz, Leistungsfaktor $\cos\varphi$ sowie Angaben über Drehzahlen, Isolationsklasse und Schutzart findet man beim Schleifringläufermotor weitere Hinweise über Läuferschaltung, Läuferspannung und Läuferstrom (Bild 5.10).

a) Die *Läuferschaltung* ist gewöhnlich in Stern ausgeführt. Bei $\triangle$-Schaltung – unter gleichen Wicklungsbedingungen wie bei Y-Schaltung – wird die Läuferspannung geringer, der Läuferstrom höher. Die Zweiphasenschaltung (L-Schaltung) wird dann zur Anwendung kommen, wenn bei geforderter Polzahl eine dreiphasige Wicklung in symmetrischer Anordnung nicht unterzubringen ist (Bild 5.9). Eine unsymmetrische Anordnung (Bruch- oder Teilhochwicklung) hat oftmals schlechtes Anlauf- und auch Laufverhalten zur Folge.

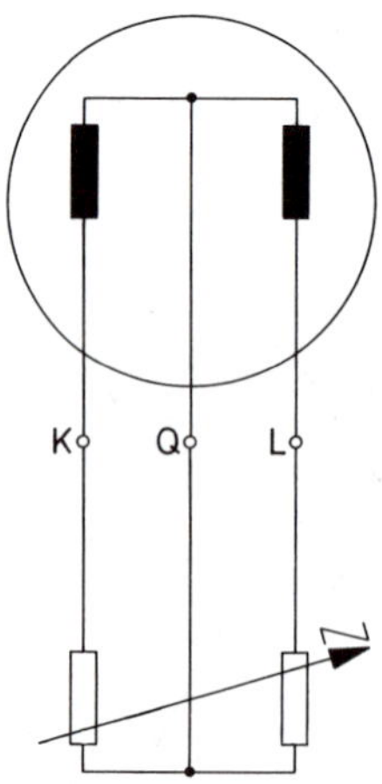

Bild 5.9
Zweiphasige Läuferschaltung eines Schleifringläufermotors

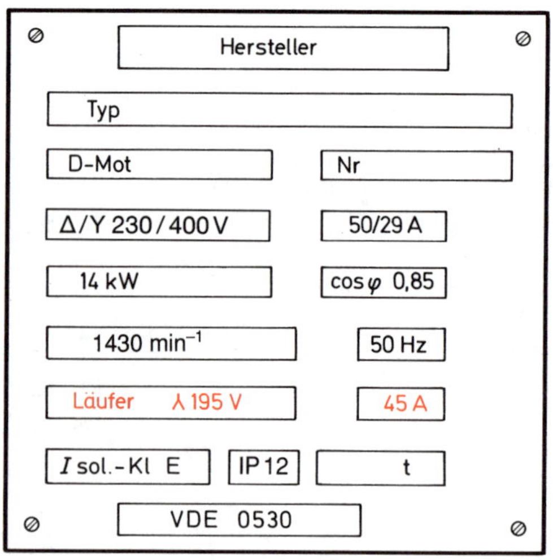

Bild 5.10 Leistungsschild eines Schleifringläufermotors

b) Die *Läuferspannung* ist laut VDE 0530 die im Stillstand des Läufers zwischen zwei Schleifringen bei geöffnetem Läuferkreis gemessene Spannung für Y- und △-Schaltung. Für die L-Schaltung bezieht sich die Spannungsangabe auf den Strang. Die Spannungswerte im Läufer liegen meist unter denen des Ständers. Gewöhnlich betragen die Läuferspannungen ¼ bis ½ der Ständerspannungen. Sie liegen selbst bei Hochspannungsmotoren selten über 1000 V.

c) Der *Läuferstrom* von Asynchronmaschinen mit dreiphasigem Sekundärkreis ist der an den Schleifringen im Nennbetrieb gemessene Strom. Beim Zweiphasenläufer beziehen sich die Stromangaben auf den Strang.

5.3 Kurzschlußläufermotor

5.3.1 Aufbau

Der Ständeraufbau ist mit dem des Schleifringläufermotors identisch.

Die Läufernuten erhalten jeweils nur einen Leiter (Stab), wobei alle Leiter an den Stirnseiten des Läuferkörpers über Ringe kurzgeschlossen werden.

Die Läuferwicklung wird deshalb als *Kurzschlußwicklung*, aber auch als *Käfigwicklung* bezeichnet.

Bild 5.11 zeigt einen größeren z. T. im Schnitt dargestellten Kurzschlußläufermotor mit eingebauten Kühlern und Abdeckhaube, Bauform D 5, Schutzart IP 44. Die Herstellungsweise der Käfigwicklung ist einfach. Die Stäbe werden ohne Isolation in die geschlossenen Nuten eingeschoben und mit den Stirnringen verlötet bzw. verschweißt. Geschlossene Nuten sind in betrieblicher Hinsicht offenen bzw. halboffenen Nuten überlegen. Bei den heute üblichen Bauformen wird die Käfigwicklung oft aus Aluminium im Druckgußverfahren mitsamt Stirnringen und Lüftungsflügeln hergestellt.

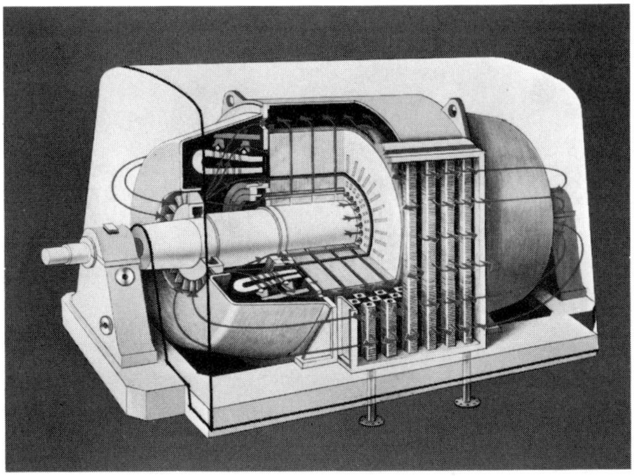

Bild 5.11 Drehstrommotor mit eingebautem Kühler und Abdeckhaube
Werkbild: Siemens

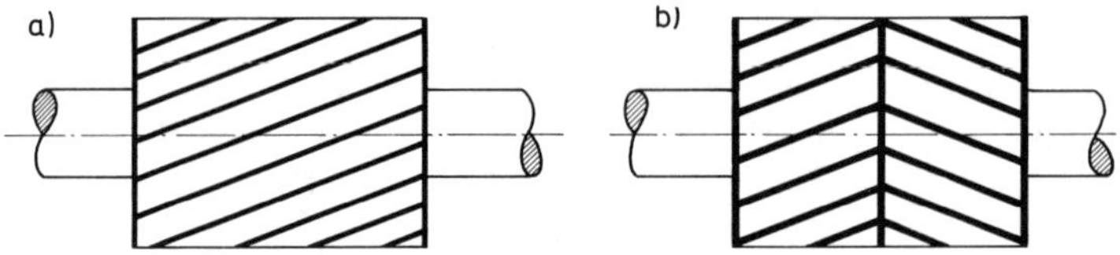

Bild 5.12
Ausführungen von Kurzschlußläuferwicklungen
a) Einfach geschränkte Läuferstäbe
b) Doppelt geschränkte Läuferstäbe (Staffelläufer)

Zur Erreichung günstigerer Anlaufbedingungen verschränkt bzw. staffelt man die Läuferstäbe (Bild 5.12). Die Ausbildung des Sattelmomentes (Abschnitt 5.3.2.2) wie auch magnetische Wirbelungen, Rüttelkräfte, Geräusche und Bremsungen werden damit vermindert.

Für gute Anlaufbedingungen sind neben *Anordnung* der Käfigwicklung im Läufereisen auch *Anzahl* und *Form* der Läuferstäbe von Wichtigkeit.

a) Beim *Rundstabläufer* liegt die Käfigwicklung wenig tief im Läufereisen (Bild 5.13a). Mit dieser Anordnung werden günstige Betriebsbedingungen, aber kein guter Anlauf erreicht.
b) Beim *Streunutläufer* liegt die Käfigwicklung tiefer im Läufereisen (Bild 5.13b). Der Anlaufstrom verringert sich mit wachsendem Verhältnis $h:d$.
c) Der *Doppelkäfigläufer (Doppelstabläufer, Doppelnutläufer)* besitzt einen Anlaufkäfig (Hilfskäfig) und einen Hauptkäfig (Laufkäfig, Betriebskäfig). Der Stabquerschnitt des im Läufereisen liegenden Hauptkäfigs entspricht etwa 3- bis 10mal dem des Anlaufkäfigs (Bild 5.13c).
Der Anlaufkäfig ist vielfach aus Bronze bzw. Widerstandsmaterial hergestellt.
d) Der *Hochstabläufer (Tiefnutläufer)* besitzt hohe und schmale, tief ins Läufereisen gehende Käfigstäbe (Bild 5.13d).
e) Der *Keilstabläufer (Trapezläufer)* ist dem Hochstabläufer ähnlich, besitzt aber am Nutengrund erweiterten Wicklungsquerschnitt. Seine Wirkungsweise kann als Kompromiß zwischen der des Tiefnutläufers (Hochstabläufers) und Doppelkäfigläufers angesehen werden (Bild 5.13e).

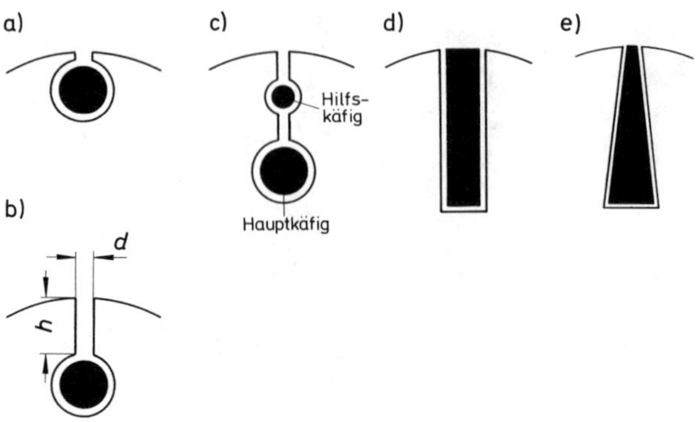

Bild 5.13 Formen bzw. Anordnungen der Kurzschlußläuferstäbe
a) Rundstabläufer
b) Streunutläufer
c) Doppelkäfigläufer
d) Tiefnutläufer
e) Keilstabläufer

Streunutläufer, Doppelkäfigläufer, Hochstabläufer, Keilstabläufer faßt man unter dem gemeinsamen Begriff *Stromverdrängungsläufer* zusammen.

Bei den Stromverdrängungsläufern liegt die Käfigwicklung bzw. ein Teil der Käfigwicklung tief im Läufereisen.

5.3.2 Wirkungsweise

5.3.2.1 Anlauf

Der Schleifringläufermotor zeigte gute Anlaufeigenschaften. Die Ursache war der hohe ohmsche Widerstand des Läuferkreises (Abschnitt 5.2.2.1). Bei einem normalen Rundstabläufer liegen die Verhältnisse wesentlich ungünstiger: Der ohmsche Widerstand des Läuferkreises ist sehr gering und der induktive relativ hoch. Dadurch sind Läuferstrom (Sekundärstrom) I_2 und Läuferfeld (Sekundärfeld) Φ_2 dem Ständerstrom (Primärstrom) I_1 und dem Ständerfeld (Primärfeld, Drehfeld) Φ_1 fast 180° entgegengerichtet. Analog dem kurzgeschlossenen Schleifringläufermotor verhält sich auch der Rundstabläufer beim Einschalten wie ein Transformator mit kurzgeschlossener Sekundärwicklung. Durch die sehr ungünstige Phasenlage des Stromes I_2 zur Urspannung U_{02} (bedingt durch den geringen ohmschen Widerstandsanteil) ist das Anzugsmoment wesentlich kleiner als das Kippmoment und außerdem die Stromaufnahme aus dem Netz wesentlich ungünstiger.

Rundstabläufer nehmen im Anlauf den etwa 8- bis 10fachen Nennstrom auf.

Wird die Rundstabläuferwicklung tief ins Eisen gelegt, kann sich ein kräftiges Streufeld Φ_s bilden (Bild 5.14a). Das schwellende Streufeld verursacht beim Anlauf eine hohe, dem Strom I_2 entgegenwirkende Urspannung U'_{02} (hoher induktiver Widerstand). Die Urspannung U'_{02} verringert *scheinbar* den Leiterquerschnitt, was einer ohmschen Widerstandserhöhung gleichkommt. Der Läuferstrom bleibt in normalen Grenzen. Die Anlaufeigenschaften werden, trotz geringerer Stromaufnahme I_1 aus dem Netz, verbessert.

Gute Anlaufeigenschaften werden mit allen Stromverdrängungsläufern erreicht. Bild 5.14b zeigt die etwaige Stromverteilung in einem Tiefnutläufer beim Anlauf. Die Widerstandserhöhung wächst linear mit der Nuttiefe.

Eine günstige Streufeldausbildung im Läufer ruft erhöhten ohmschen Widerstandsanteil und damit bessere Anlaufeigenschaften hervor.

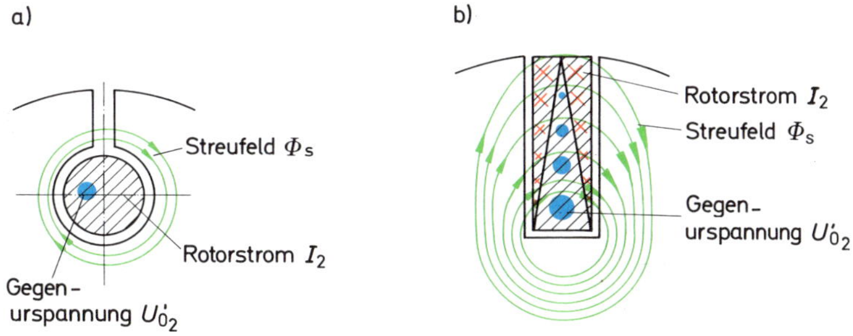

Bild 5.14
Anlaufverhältnisse bei Stromverdrängungsläufern
a) Streunutläufer
b) Tiefnutläufer (Hochstabläufer)

5.3.2.2 Hochlauf

Im Gegensatz zur Drehmomentbildung eines Schleifringläufermotors (Abschnitt 5.2.2.3) ist beim Rundstabläufermotor wegen des geringen ohmschen Widerstandes der Käfigwicklung das Anzugsmoment wesentlich kleiner (Bild 5.15). Auch kann bei z. B. 1/7 der synchronen Drehzahl eine Einbuchtung der Kennlinie (Sattel) vorliegen, verursacht durch Oberwellen.

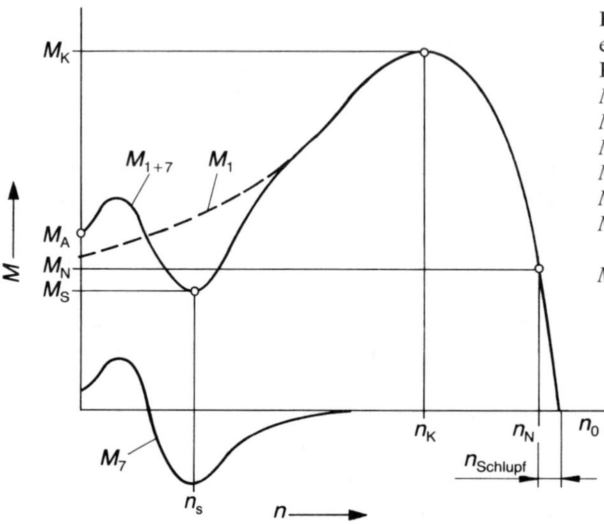

Bild 5.15 Drehmomentkennlinie eines Kurzschlußläufermotors mit Rundstabläufer

M_K	Kippmoment
M_A	Anzugsmoment
M_N	Nennmoment
M_S	Sattelmoment
M_1	Grundfelddrehmoment
M_7	Drehmoment der 7. Oberwelle
M_{1+7}	resultierendes Drehmoment

Obwohl bei Drehfeldmaschinen für die Feldverteilung die reine Sinuskurve am günstigsten ist, lassen sich Verzerrungen nicht ganz vermeiden. Außer der Grundwelle (reine Sinusform) entstehen noch Oberwellen. Sie werden verursacht durch magnetische Streuungen, bedingt durch Wicklungsverteilungen, Nuten, Zähne. Drehfeldoberwellen treten gewöhnlich in ungerader Ordnungszahl (Harmonische) in Erscheinung, können aber auch in gerader Ordnungszahl auftreten. Grundfeld und Oberfelder werden vom gleichen Strom mit der gleichen Frequenz erzeugt. Die Umlaufgeschwindigkeit der Oberfelder muß deshalb kleiner sein als die des Grundfeldes. Bei Drehstrommaschinen bilden die

1.7.13.19. Harmonische ein mitläufiges Drehfeld
3.9.15. Harmonische kein Drehfeld
5.11.17. Harmonische ein gegenläufiges Drehfeld.

Liegt z. B. bei einem 4poligen 50-Hz-Kurzschlußläufermotor eine Oberwelle mit der 7. Harmonischen vor, ist deren synchrone Drehzahl ca. $n_0 = 1500\,\text{min}^{-1} : 7 = 215\,\text{min}^{-1}$ (Bild 5.15). Unter Nennlast kann dieser Motor nicht hochlaufen, er bleibt im Sattel «hängen».

Bei dieser niedrigen Drehzahl («Schleichdrehzahl») nimmt die Ständerwicklung ein Vielfaches ihres Nennstromes auf, sie würde thermisch zerstört werden.

Durch Auswahl bestimmter Verhältnisse von Ständer- zu Läufernutzahlen, Schränkung der Läuferstäbe (Bild 5.12) und gesehnte Ständerwicklungen lassen sich Oberwellen und damit Einsattelungen der Drehmomentkennlinien weitestgehend vermeiden.

5.3.2.3 Betrieb, Betriebsverhalten

Es gelten hier im allgemeinen die gleichen Bedingungen wie beim Schleifringläufermotor (Abschnitt 5.2.2.2). Das *Flußschaubild* gibt über die Leistungsverteilung Aufschluß (Bild 5.16).

a) Die benötigte *Blindleistung* Q beträgt im Mittel 30 bis 60% (hängt von der Motorgröße und Drehzahl ab) der Scheinleistung S. Die Blindleistung hat einmal das zur Drehmomentenbildung notwendige Magnetfeld zu erstellen. Außerdem hat sie die Streufelder aufzubauen, also jene Magnetfelder, die nicht über den Luftspalt gehen, sich also nicht wie das Nutzfeld zum Drehmoment M verketten.
b) Die *Ständerverluste* treten als Verluste in der Kupferwicklung P_{VCu} und als Verluste im Eisen (Wirbelstrom- und Hysteresisverluste) P_{VFe} auf.

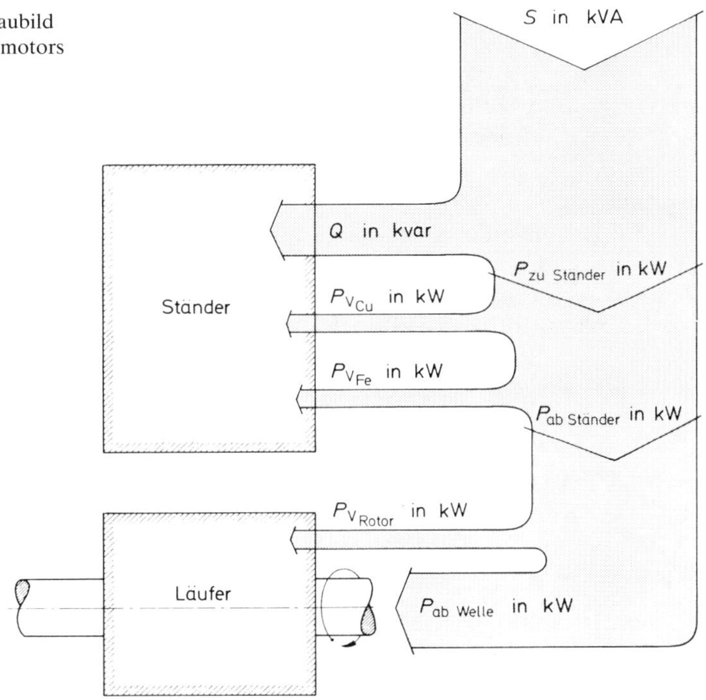

Bild 5.16 Leistungsflußschaubild eines Drehstrom-Asynchronmotors

c) Die *Rotorverluste* sind dem Schlupf s prozentual gleich. Beträgt also der Rotorschlupf 4%, sind 4% der übertragenen Ständerleistung $P_{\text{ab Ständer}}$ Rotorverluste. In der Praxis wird aber auch oft der prozentuale Anteil der Rotorverluste von der Nennleistung (Wellenleistung, Nutzleistung) des Motors hergeleitet.
d) Die an der Welle abgegebene *Nutzleistung* P_{ab} wird auf dem Leistungsschild angegeben.

Die Änderung des Belastungszustandes zwischen Leerlauf und Vollast wirkt sich in erster Linie nur auf die Wirkleistung aus. Die Blindleistungsänderung ist dagegen geringfügig, d. h., schon im Leerlauf entnehmen Asynchronmotoren dem Netz erhebliche Blindleistung. Die Folge ist ein schlechter Leistungsfaktor $\cos\varphi$ (Bild 5.17).

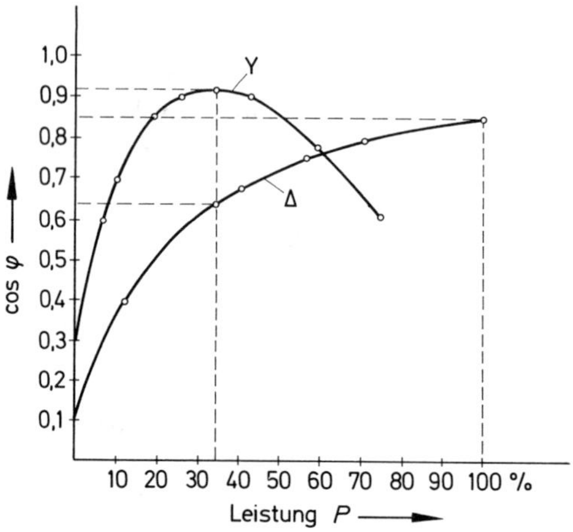

Bild 5.17 Leistungsfaktor für Stern- und Dreieckschaltung bei gleicher Netzspannung

Beispiel

Ein Kurzschlußläufermotor möge mit 33% Nennlast in $\triangle$-Schaltung arbeiten. Die Spannung sei $U_{Str} = 400\,\text{V}$, der Leistungsfaktor $\cos\varphi = 0{,}63$. Wird der Motor in diesem Zustand auf Stern (Y) umgeschaltet, wird $U_{Str} = 230\,\text{V}$. Damit geht der Strangstrom auf das $1/\sqrt{3}$fache zurück, und die Blindleistung fällt auf

$$\frac{1}{\sqrt{3}} \cdot \frac{1}{\sqrt{3}} = \frac{1}{3} \text{ ihres Ursprungswertes.}$$

Der Wert des Leistungsfaktors $\cos\varphi$ steigt auf 0,92 (Bild 5.17). *Die Blindleistung ändert sich quadratisch mit der Spannung.* Jeder Asynchronmotor benötigt Wirk- und Blindleistung. Die Wirkleistung muß unbedingt vom Kraftwerk bezogen werden, die Blindleistung kann an Ort und Stelle mit Hilfe von Synchronmotoren bzw. Kondensatoren erzeugt werden.

a) Der *Synchronmotor* kann durch Änderung seiner Polraderregung Blindleistung ins Netz schicken bzw. Blindleistung dem Netz entnehmen. Somit kann jeder gewünschte Leistungsfaktor $\cos\varphi$ hergestellt werden (Abschnitt 7.4.3).

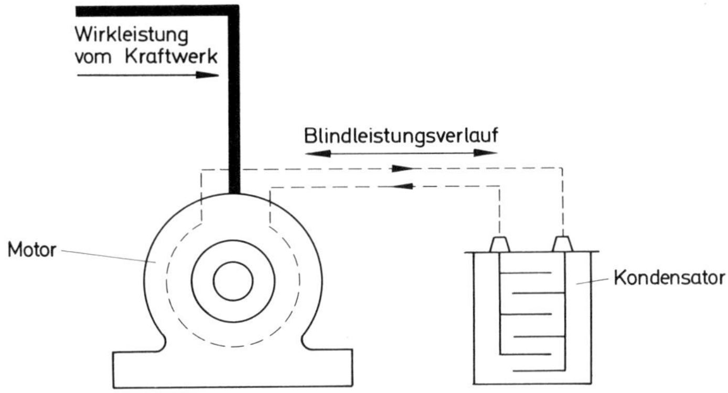

Bild 5.18 Schematische Darstellung der Einzelkompensation eines Drehstrommotors

b) Die Parallelschaltung von Kondensatoren mit der Ständerwicklung ergibt einen Schwingkreis und damit eine *Blindleistungsquelle.*
Einzelkompensationen, bei denen die Kondensatoren unmittelbar mit den Maschinenanschlüssen verbunden werden, sind dann wirtschaftlich, wenn nur eine Maschine bzw. wenige Maschinen gleichzeitig in Betrieb sind (Bild 5.18).
Gruppen- bzw. Zentralkompensationen sind für den Betrieb mehrerer Maschinen günstiger. Es empfiehlt sich, mit Hilfe automatischer Steuergeräte, Kondensatoren entsprechend der Belastungshöhe zu- bzw. abzuschalten.

Bei Überkompensierungen (zuviel Kapazität) können Schäden, vor allem an Glühlampen, durch Überspannungen auftreten. Man kompensiert gewöhnlich nicht über den Leistungsfaktor $\cos\varphi = 0{,}95$ induktiv. Bei Unterkompensierungen ergeben sich durch mangelhafte Blindleistungsentlastungen erhöhte Leitungsquerschnitte sowie tarifliche Nachteile. Tabelle 5.1 zeigt zur Blindlastdeckung einiger Motoren die zugehörigen Kondensatorleistungen.

Tabelle 5.1
Kondensatoranpassungen zur Blindleistungsdeckung

Motornennleistung in kW	Kondensatorleistung in kvar
4,0 bis 4,9	2
5,0 bis 5,9	2,5
6,0 bis 7,9	3
8,0 bis 10,9	4
11,0 bis 13,9	5
14,0 bis 17,9	6
18,0 bis 21,9	8
22,0 bis 29,9	10
ab 30	rd. 35% Motornennleistung

Ein hoher Leistungsfaktor $\cos\varphi$ bedeutet gute Ausnutzung elektrischer Anlagen, Entlastung der Leitungen von Blindleistung, Verringerung der Verluste sowie Einsparung von Material.

5.4 Asynchronlinearmotor

Der Linearmotor ist ein neues Antriebselement sowohl für die Mechanisierung und Automatisierung im innerbetrieblichen Transport wie auch für neue Antriebssysteme im Personen- und Güterbeförderungswesen, im Kranbetrieb und in anderen Industriezweigen.

Vergleichbar zu den bekannten rotierenden elektrischen Maschinen, läßt sich der Linearmotor als Synchronlinearmotor und Asynchronlinearmotor herstellen. Von den beiden genannten Arten kommt dem Asynchronlinearmotor die größere Bedeutung zu.

5.4.1 Aufbau

Denkt man sich das Ständereisenpaket eines konventionellen Asynchronmotors unter einer Presse zusammengedrückt (Bild 5.19a), erhält man ein flaches doppelseitiges Eisenpaket (Bild 5.19b). Die Einzelbleche der Ständerpakethälften sind wie ein Kamm geschlitzt (Doppel-Induktorkamm). In den Nuten wird die Ständerwicklung (Primärwicklung) untergebracht (Bild 5.19c). Zwischen den Ständerhälften liegt die ebenfalls gestreckt Läuferschiene. Diese sogenannte Reaktionsschiene (Bild 5.19c) ist aus Kupfer oder Aluminium hergestellt. Die Ständerpaketausführung kann aber auch einseitig sein (Einfach-Induktorkamm). Allerdings werden dann – gegenüber dem Doppel-Induktorkamm – die elektrischen und mechanischen Bedingungen ungünstiger. Um einen magnetischen Zug zwischen Einfach-Induktorkamm und Reaktionsschiene zu verhindern, steht dem einseitigen Ständerblechpaket ein lamelliertes Eisenpaket gegenüber. Dazwischen wird die Reaktionsschiene geführt.

Der asynchrone Linearmotor stellt also gegenüber dem konventionellen Asynchronmotor ein *offenes* Antriebssystem dar. Bild 5.19d zeigt eine Möglichkeit der praktischen doppelseitigen Ständerausführung (Doppel-Induktorkamm) für Schnellbahnantriebe. Bei Einschienenbahnen übernimmt gewöhnlich der Tragkörper gleichzeitig die Rolle der Reaktionsschiene.

5.4.2 Wirkungsweise

Durch die gestreckte Ständerausführung erhält man eine flache Magnetisierungsebene. Das magnetische Drehfeld wird zu einem *Wanderfeld (Schubfeld)*; daher auch die Bezeichnung «Wanderfeldmotor». Wird vom Wanderfeld ein flacher, ebener Leiter (Reaktionsschiene) geschnitten, werden dort Wirbelströme erzeugt. Das Wanderfeld und das Magnetfeld der Wirbelströme stehen nach dem Hebelgesetz senkrecht aufeinander, so daß es zur Kraftbildung (Drehmomentbildung) kommt.

Denkt man sich bei einem normalen Drehstrom-Asynchronmotor den Läufer feststehend und den Ständer drehend, jedoch die elektrische Energie dem rotierenden Ständer zugeführt, ist die Drehfeldrichtung im Ständer der mechanischen Bewegungsrichtung entgegengesetzt.

Der gleiche praktische Fall liegt beim asynchronen Linearmotor vor: Das Wanderfeld ist der mechanischen Vorwärtsbewegung entgegengerichtet.

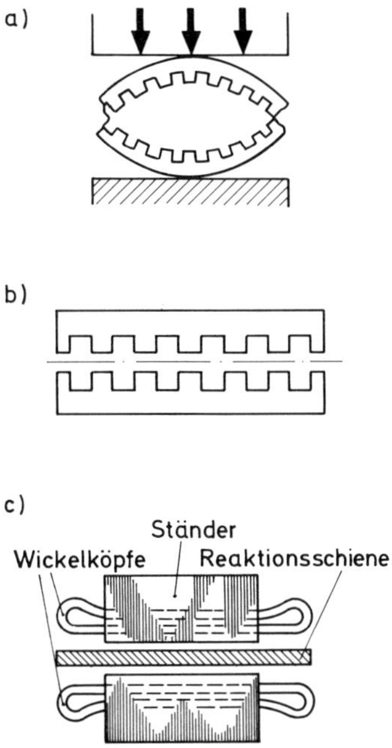

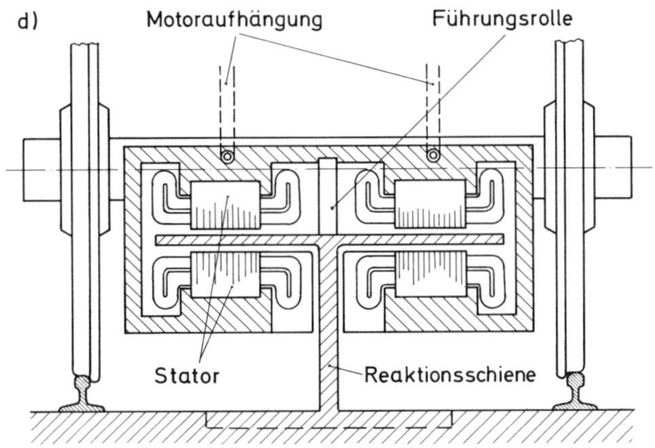

Bild 5.19 Asynchroner Linearmotor
a) Schematische Entstehung des Ständereisens vom Linearmotor aus einem konventionellen Asynchronmotor
b) Doppelständereisen des Linearmotors
c) Doppelständeranordnung mit Reaktionsschiene des Linearmotors
d) Praktische Ausführung des Doppelständer-Linearmotors für Schnellbahnantriebe

5.4.3 Vor- und Nachteile gegenüber konventionellen, rotierenden Asynchronmotoren

Vorteile

a) Es sind keine Zwischenschaltungen von Getrieben oder sonstigen Mechanismen notwendig, womit sich ein Verlust- und Verschleißfortfall für mechanische Übertragungsglieder ergibt.
b) Die konstruktive Gestaltung des Primär- und Sekundärteiles ist relativ einfach.
c) Trotz größerer momentaner lokaler Erwärmung im Sekundärteil tritt rasch wieder Abkühlung ein.
d) Bremsvorgänge sind durch Übersynchronismus, Gegenstrombremsung sowie Gleichstrombremsung (Abschnitt 5.6) gut möglich.
e) Bahntriebwagen sind – infolge des mechanisch mit ihnen nicht verbundenen Sekundärteiles (Reaktionsschiene) – massemäßig wesentlich entlastet.
f) Bei Vorhandensein von Luft- bzw. Magnetkissen (Abschnitt 5.4.4) ist die Zugkraft unabhängig von der Haftreibung und der Neigung der Strecke.

Nachteile

a) Durch die Bauweise des offenen Antriebssystems muß der Linearmotor regelrecht seiner Aufgabenstellung angepaßt werden, um bisherige hydraulische oder pneumatische linear bewegte Maschinen durch rein elektrischen Antrieb erfolgreich abzulösen.

b) Wirkungsgrad, Leistungsfaktor sowie Schubkraft sind hier – wegen des größeren Luftspaltes und wegen des gestreckten Primärteiles – gegenüber konventionellen Motoren schlechter.
c) Anfahrt bzw. sonstige Geschwindigkeitsveränderungen erfordern veränderbare Frequenz (Abschnitt 5.7.2), veränderbare Spannungsgröße und eventuell auch Polumschaltung (Abschnitt 5.7.3).
d) Die Spurführung von Fahrzeugen muß als Einflußfaktor auf den Luftspalt des Linearmotors zwischen dem Primär- und Sekundärteil durch Führungsrollen ausgeglichen werden.
e) Der gestreckte Sekundärteil verteuert wegen des hohen Materialaufwandes die Anlage wesentlich.
f) Bei Schnellbahnen bilden Weichen und Kreuzungen von Schienen ein besonders schwieriges Problem.

5.4.4 Magnetschwebebahn

Etwa 80% der Verkehrsleistung in der Personen- und Güterbeförderung werden heute elektrisch erbracht, der Rest durch Dieselfahrzeuge. Die letzte Dampflok der Bundesbahn fuhr 1977.

Heute wird für den Bahnbetrieb in zwei Richtungen gearbeitet, und zwar an
der klassischen Rad-Schiene-Technik
und
der berührungsfreien Fahrtechnik.

Der klassischen Rad-Schiene-Technik sind mit zunehmender Geschwindigkeit, infolge zwangsläufig höheren Verschleißes und Unterhaltungsaufwandes, Grenzen gesetzt. Also kann zur Bewältigung höherer Geschwindigkeiten als Bindeglied zwischen konventionellem Fahren und Fliegen nur das Schweben («magnetisches Rad») in Frage kommen.

Zur Lösung der technischen Ausführung des «magnetischen Rades» bieten sich zwei Möglichkeiten an, und zwar das elektrodynamische Schweben und das elektromagnetische Schweben. Beiden Verfahren liegen einfache physikalische Prinzipien zugrunde (Bild 5.20a und b).

5.4.4.1 Elektrodynamisches Schweben (EDS)

Beim EDS-System kommen starke supraleitende Elektromagnete zur Anwendung, die – sobald das Fahrzeug in Bewegung ist – in der Reaktionsschiene große Ströme und somit starke abstoßende Reaktionskräfte an den Schwebestellen bewirken. Auf diese Weise werden die Fahrzeuge getragen und spurgeführt (Bild 5.20a). Die supraleitenden Spulensysteme werden durch flüssiges Helium fast bis zum absoluten Nullpunkt (ca. 4 Kelvin) abgekühlt. Bei diesen Temperaturen hat das bevorzugte Niob-Titan-Material keinen meßbaren ohmschen Widerstand mehr. Eingeleitete elektrische Ströme fließen in dieser stark unterkühlten und dann kurzgeschlossenen Spule ohne weitere Energiezufuhr von außen in voller Höhe sehr lange weiter.

Bild 5.20
Schematische Darstellungen zur Magnetschwebebahn
a) Elektrodynamisches System (EDS)
b) Elektromagnetisches System (EMS)

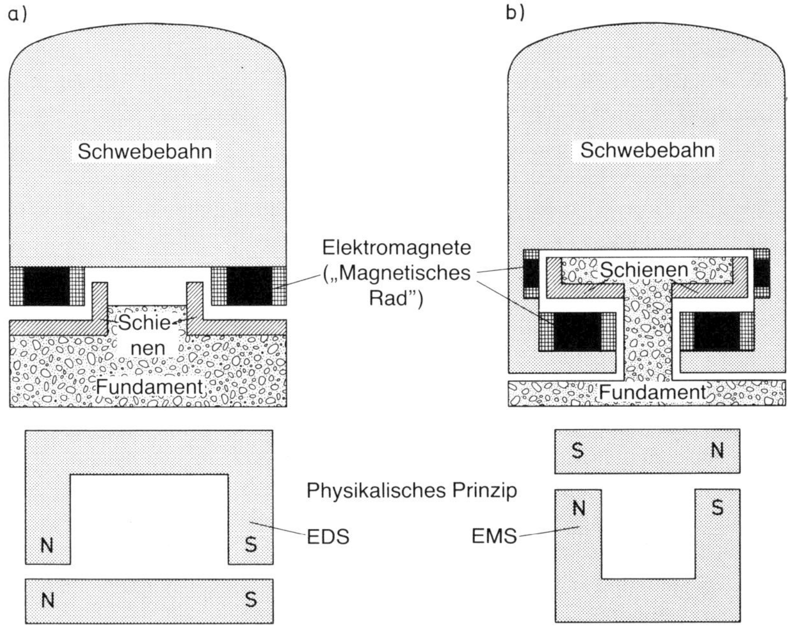

Die nach dem EDS-System arbeitenden Fahrzeuge haben zum Anfahren («Starten») und Stillsetzen («Landen») eigene Laufwerke, da erst bei bestimmter Geschwindigkeit der Schwebeeffekt wirksam wird. Auch dienen die Laufwerke für den Notfall.

5.4.4.2 Elektromagnetisches Schweben (EMS)

Beim EDS-System waren *abstoßende* Reaktionskräfte zwischen Schiene und Elektromagnet wirksam, beim EMS-Prinzip hat man es mit *anziehenden* Reaktionskräften zum Tragen der Fahrzeuge zu tun (Bild 5.20b). Steuer- und Regelsysteme sorgen für die richtige magnetische Feldstärke und Wahrung des Schwebeabstandes. Wenn die Bordmagnete eingeschaltet sind, schwebt – im Gegensatz zur EDS-Anlage – sogar das Fahrzeug im Stillstand. Bei abgeschalteten Magneten ruht das Fahrzeug auf gefedertem Gleitsystem. Im Störungsfalle kommt das Fahrzeug ebenfalls durch das Gleitsystem sicher zum Stehen.

5.5 Anlaßverfahren der Drehstrom-Asynchronmotoren

Die Inbetriebnahme eines jeden Drehstrom-Asynchronmotors ist mit erhöhter Stromaufnahme verbunden. Um sie auf ein Minimum zu reduzieren, wird im allgemeinen beim Kurzschlußläufermotor die Spannung an den Ständersträngen vermindert und beim Schleifringläufermotor der ohmsche Widerstand im Läuferkreis erhöht. Beim Kurzschlußläufermotor erfolgt also der Anlaßvorgang über den Ständerkreis, beim Schleifringläufermotor vorwiegend über den Läuferkreis.

5.5.1 Kurzschlußläufermotoren

Es steht eine Vielfalt von Möglichkeiten zur Verfügung.

a) Das *direkte Anlassen* kommt wegen des sehr hohen Einschaltstromes nur für kleine Leistungen in öffentlichen Netzen zur Anwendung.

b) Das *Stern-Dreieck-Anlaßverfahren* ist die häufigste Anlaßmethode. Durch die Y-Schaltung beträgt die Strangspannung das 0,58fache ($1/\sqrt{3}$ fache) gegenüber der △-Schaltung. Theoretisch fällt damit der Strom gegenüber dem direkten Anlassen auf ⅓. Mit dem Strom wird auch das Anlaufmoment M_A herabgesetzt. Bild 5.21 zeigt, daß Y-Anlauf nur mit Teillast möglich ist.

Damit beim Umschalten von Stern auf Dreieck infolge Unterbrechung der Rush*-Strom (Stoßstrom) nicht zu hoch wird, führt man den Stern-Dreieck-Schalter in Sprungschaltbauweise aus. Für kleinere Leistungen kommt der Walzenschalter (Bild 5.22a), für größere Leistungen der Nockenschalter (Bild 5.22b) zur Anwendung.

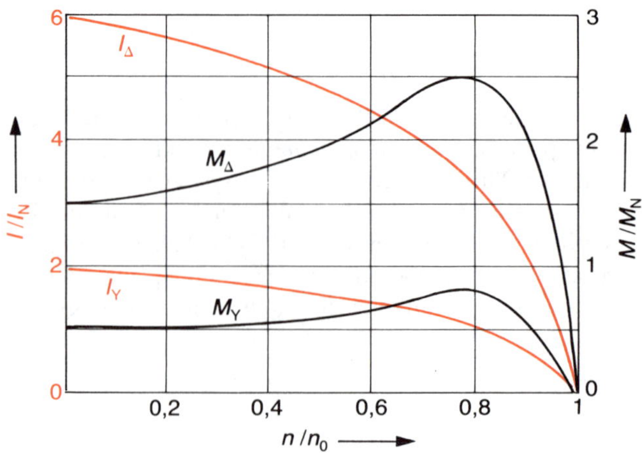

Bild 5.21 Drehmoment- und Stromkennlinien eines Kurzschlußläufermotors bei Y- und △-Schaltung

---

* rush (engl.) = Ansturm, Andrang, Sturz.

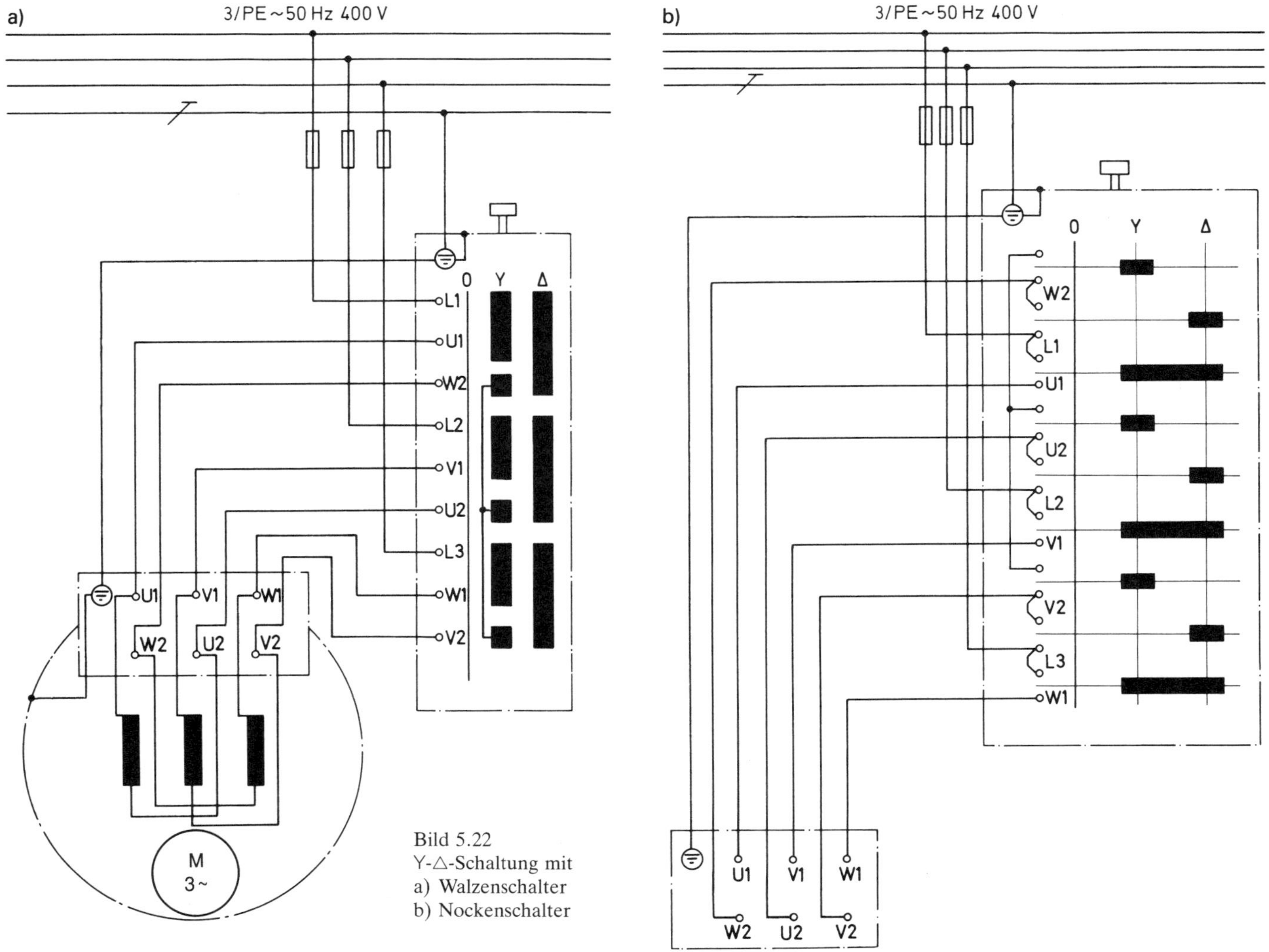

Bild 5.22
Y-△-Schaltung mit
a) Walzenschalter
b) Nockenschalter

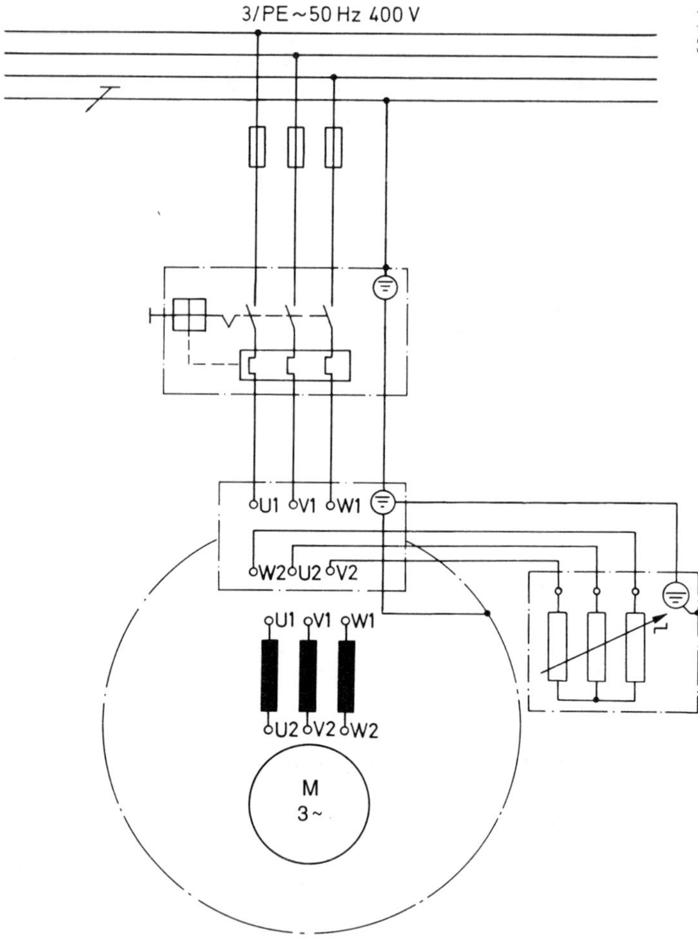

Bild 5.23
Sternpunktanlasserschaltung

c) Das *Anlassen mit Ständeranlasser* entspricht der allgemeinen Inbetriebsetzung der Gleichstrommotoren (Abschnitt 3.1.2). Die Herabsetzung der Ständerspannung bringt ein quadratisches Abfallen des Drehmomentes mit sich. Die Anlaßwiderstände können vor der Ständerwicklung bzw. bei Sternschaltung im geöffneten Sternpunkt liegen (Bild 5.23)*.

Ständeranlasser finden dort Anwendung, wo möglichst stoßfreier Anlauf verlangt wird. Es können Fest- oder Flüssigkeitsanlasser verwendet werden.

---

* Der besseren Übersicht wegen sind in den allpoligen Schaltbildern 5.23 bis 7.14 die Verbindungen vom Anschlußbrett zu den Strängen weggelassen.

d) Das *Anlassen mit Kusaschaltung* (Kurzschluß-Sanftanlauf) kommt ebenfalls für besonders stoßfreies, weiches Anlaufen in Frage (Bild 5.24). Durch den Dämpferwiderstand (Kusawiderstand) lassen sich die Anlaufbedingungen weitgehend beeinflussen. An den Anschlüssen herrscht Spannungsunsymmetrie, die mit abnehmender Stromstärke geringer wird. Beim Anlassen kann man sich den Motor durch zwei Motoren auf einer Welle ersetzt denken, von denen der eine ein mitlaufendes, der andere ein inverslaufendes Drehfeld besitzt. Der gegendrehend gedachte Motor wirkt dabei als Bremse. Das Anlassen mit Kusaschaltung bewirkt die Begrenzung des Anzugsmomentes, aber nicht die des Einschaltstromes!

Bild 5.24 Kusaschaltung

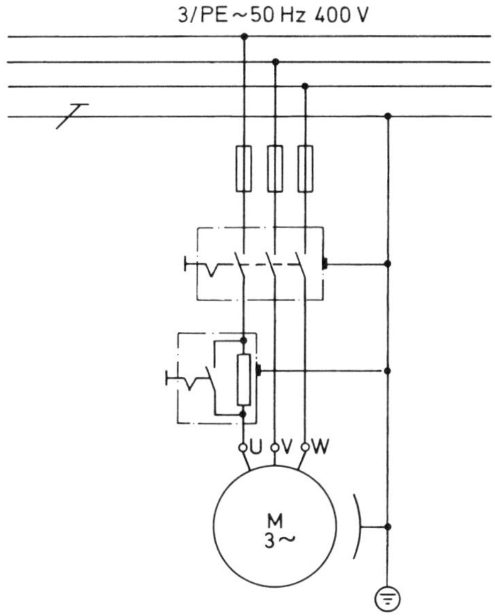

e) Das *Anlassen mit Transformator* ist im Prinzip das gleiche Verfahren wie mit Anlaßwiderständen. Es fallen hier die Erwärmungsverluste weg. Je nach Wahl läßt sich das Anlassen stufig bzw. stufenlos (stetig) durchführen. Die entstehenden Spannungs-, Strom- und Drehmomentbedingungen sind die gleichen wie beim Anlassen mit Stern-Dreieck-Schalter bzw. Ständeranlasser. Anlaßtransformatoren sind meist als Spartransformatoren (Abschnitt 4.7) ausgeführt (Bild 5.25), sie werden aber auch in V-Schaltungsbauweise hergestellt. Wegen der hohen Anschaffungskosten kommt dieses Anlaßverfahren gewöhnlich nur in seltenen Fällen zur Anwendung.

f) Das *Anlassen mit Magnetpulverkupplung* wird bei schwierigen Anlaufverhältnissen angewandt. Bei Direkteinschaltung erfolgt der Kupplungsvorgang nach dem Hochlauf des Motors, bei Stern-Dreieck-Schaltung nach dem Umschalten auf Dreieck. Auf diese Weise können Maschinen mit großer Leistung durch sanftes «magnetisches Kuppeln» stoßfrei in Betrieb gesetzt werden. Die Übertragung des Drehmomentes

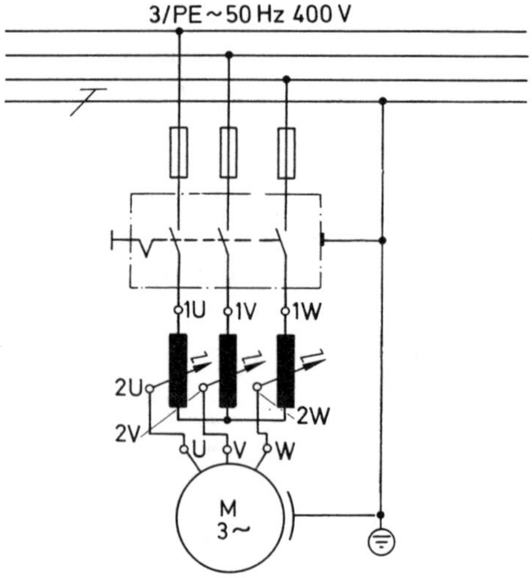

Bild 5.25 Anlaßtransformatorenschaltung (Transformator in Sparschaltung)

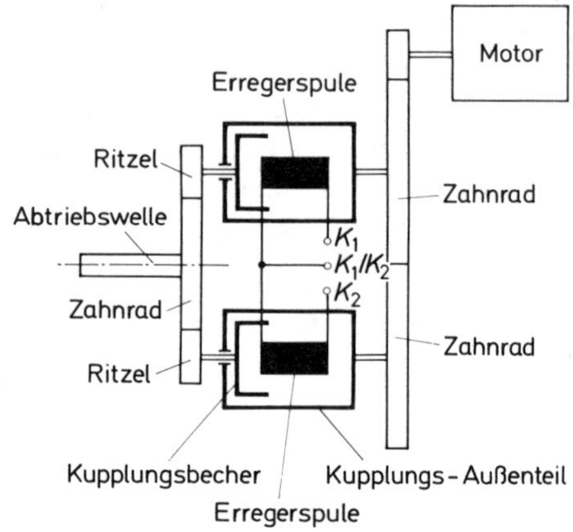

Bild 5.26 Schematische Darstellung einer Doppelsteuer-Magnetpulverkupplung
Werkbild: AEG-Telefunken

erfolgt nach dem Anlauf schlupffrei. Wird das höchstzulässige Drehmoment überschritten, setzt ein Schlüpfen der Kupplung ein.
Die Wirkungsweise der Doppelsteuer-Magnetpulverkupplung (Bild 5.26) ist folgende:
Die beiden gegenläufigen Zahnräder sind starr mit ihrem jeweiligen Kupplungsaußenteil verbunden, die Ritzel starr mit ihrem entsprechenden Kupplungsbecher. Wird (angenommen) die Erregerspule K_1 mit Gleichstrom über Schleifringe versorgt, stellt das Spezialeisenpulver zwischen Kupplungsaußenteil und Kupplungsbecher eine «starre» Verbindung (magnetischen Kraftschluß) her. Das obere Ritzel bildet nun mit der Antriebswelle den mechanischen Kraftschluß. Das untere Kupplungssystem läuft leer mit. Soll die Antriebswelle umgekehrt laufen, muß Erregerspule K_2 mit Gleichstrom versorgt werden. Die Drehrichtung des Antriebsmotors ändert sich nicht.

g) Das *Anlassen mit Anwurfmotor* findet bei sehr großen Leistungen Anwendung. Ein kleiner Schleifringläufermotor oder Gleichstrommotor fährt einen großen Kurzschlußläufermotor leer hoch und wird bei der synchronen Drehzahl des angeworfenen Motors abgeschaltet. Der große Kurzschlußläufermotor wird in diesem Augenblick an das Netz gelegt und fällt in den Asynchronismus zurück. Auf diese Weise tritt kein hoher Einschaltstrom auf.

Spannungsverminderung im Ständerkreis setzt hohe Anlaufströme herab; gewünschte Drehzahlsteuerungen bei festgelegtem Drehmoment sind auf diese Weise nicht für jeden Fall zu erreichen.

5.5.2 Schleifringläufermotoren

Die Anlaufbedingungen der Asynchronmotoren werden wesentlich verbessert, sobald Veränderungen im Läuferkreis mit Hilfe von Läuferanlassern erfolgen. Nach dem Hochlauf werden bei großen Motorenleistungen mittels Bürstenabhebevorrichtung (Bild 5.4) die Schleifringe kurzgeschlossen und die Bürsten abgehoben. Der Schleifringläufermotor läuft dann als Kurzschlußläufermotor weiter.

a) Der *stufenlose Anlaßvorgang* wird mit einem normalen Läuferanlasser (Anlasser mit Querschnittsauslegung für kurzzeitigen Betrieb) vorgenommen (Bild 5.27). Selbsttätiger stufenloser Anlaßvorgang wird mit dem Flüssigkeitsdampfanlasser erreicht. Bei diesem Anlasser bildet die Flüssigkeit (Elektrolyt) den Widerstand. Da der Elektrolyt ein *Heißleiter* ist, vermindert sich dessen Widerstandswert stufenlos bei Erwärmung. Durch einen weiteren Heißleiter oder ein Relais im Steuerkreis kann ein Schaltschütz in Tätigkeit gesetzt werden, wodurch der Läuferkreis automatisch kurzgeschlossen wird (Bild 5.28).
b) Der *stufige Anlaßvorgang* erfolgt über Schützsteuerkreise. In bestimmten Verzögerungsintervallen wird der Läuferanlasser gruppenweise abgeschaltet.

> Erhöhung des ohmschen Widerstandes im Läuferkreis hat geringe Stromaufnahme aus dem Netz und Anlauf mit hohem Drehmoment zur Folge.

5.5.3 Allgemeine Bestimmungen über Anlassen von Asynchronmotoren

In öffentlichen Netzen dürfen keine beliebigen Stromerhöhungen bei Anlaßvorgängen auftreten, da die Spannungsfälle ihre zulässigen Grenzen überschreiten würden. Maßgebend für die anzuschließenden Leistungen sind die örtlichen EVU-Bestimmungen, die sich weitgehend nach den aufgestellten Musterbedingungen richten.

Nach den technischen Anschlußbedingungen für den Anschluß von Motoren an das Niederspannungsnetz hat seit dem 1. Mai 1982 die Vereinigung Deutscher Elektrizitätswerke e.V. (VDEW) folgende allgemeine Bedingungen festgelegt:

Anschluß von Motoren

a) Durch den Anlauf von Motoren dürfen keine störenden Spannungsabsenkungen im Netz verursacht werden. Diese Bedingung ist im allgemeinen erfüllt, wenn bei Wechselstrommotoren die Nennleistung 1,4 kW oder bei Drehstrommotoren der Anzugstrom 60 A nicht überschritten wird; ist der Anzugsstrom nicht bekannt, so ist dafür das Achtfache des Nennstromes anzusetzen.
   Die angegebenen Werte gelten für den Betrieb von Einzelmotoren. Werden diese Werte bei gleichzeitigem Anlauf von mehreren Motoren überschritten, so sind die zu treffenden Maßnahmen mit dem EVU zu vereinbaren.
b) Vor der Planung des Anschlusses größerer Motoren und solcher Motoren, die Netzstörungen durch besonders schweren Anlauf, häufiges Einschalten oder schwan-

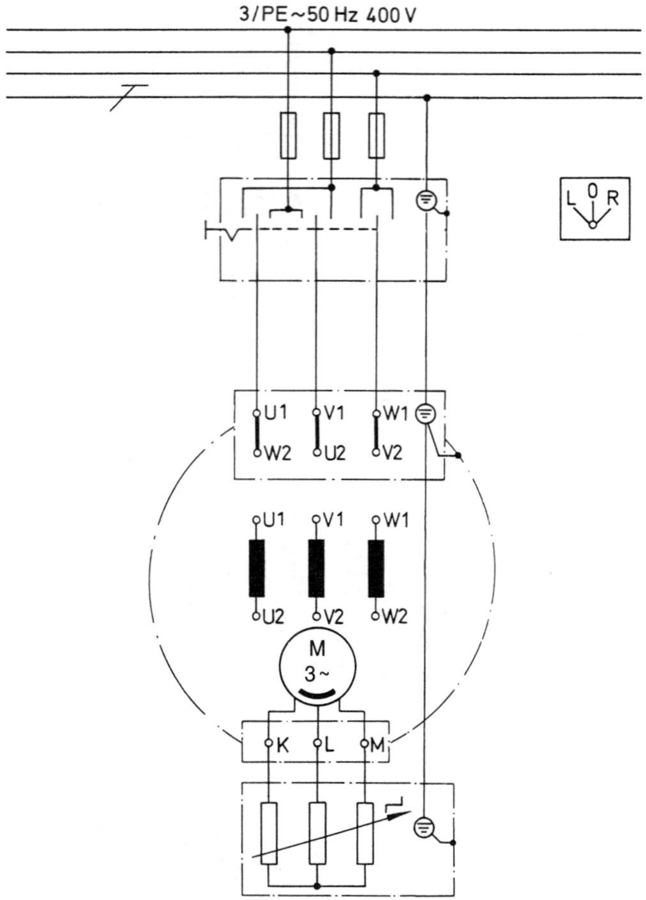

Bild 5.27 Schleifringläufermotor mit Läuferanlasser, Hebelwendeschalter und Bürstenabhebevorrichtung

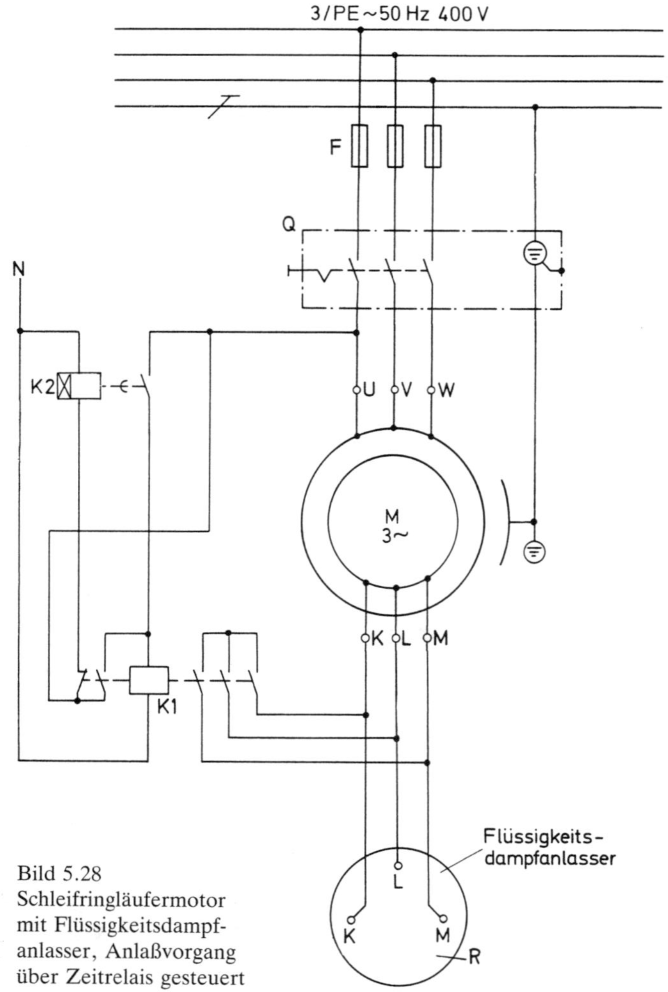

Bild 5.28 Schleifringläufermotor mit Flüssigkeitsdampfanlasser, Anlaßvorgang über Zeitrelais gesteuert

kende Stromaufnahme (z. B. Sägegatter, Aufzugmotoren) verursachen können, sind die zutreffenden Maßnahmen mit dem örtlichen EVU zu vereinbaren. Größere Werkstätten bzw. Industriebetriebe werden von einer eigenen Transformatorenstation versorgt.

5.6 Elektrische Bremsungen von Drehstrom-Asynchronmotoren

Bei der elektrischen Bremsung wird die in den bewegten Massen enthaltene kinetische Energie

$$W_{kin} = \frac{m \cdot v^2}{2} = \frac{J \cdot \omega^2}{2}$$

W_{kin} Kinetische Energie in Nm
m Bewegte Masse in kg
v Geschwindigkeit in $m \cdot s^{-1}$
J Trägheitsmoment in kgm^2
ω Winkelgeschwindigkeit in s^{-1}

in elektrische Energie umgewandelt. Der Motor geht in den Generatorzustand über. Die elektrische Energie wird entweder vom Netz oder von Widerständen aufgenommen. Bei Gleichstrommotoren kann diese Art der Bremsung ohne nennenswerte zusätzliche Aufwendungen erfolgen (Abschnitt 3.3).

Beim Drehstrom-Asynchronmotor ist die Netzabbremsung anwendbar, wenn der Motor *übersynchron* läuft. Durch die Läufervoreilung zum Drehfeld entsteht ein *negativer* Schlupf: Der Motor wird zum Asynchrongenerator (Abschnitt 5.12.2). Ein Stillstand wird natürlich auf diese Weise nicht erreicht und muß in geforderten Fällen durch Trennung vom Netz und mechanisches Bremsen erfolgen. Eine Abbremsung auf ohmsche Widerstände entfällt hier prinzipiell. Die in der Praxis eingebürgerten Bremsmethoden für Drehstrom-Asynchronmotoren sind Gegenstrom- und Gleichstrombremsung.

5.6.1 Gegenstrombremsung

Wenn bei auslaufenden Drehstrommotoren zwei Ständeranschlüsse vertauscht werden, kehrt sich die Drehfeldrichtung um. Die Bremswirkung tritt infolge konstanten Bremsmomentes rasch ein. Der Durchlauf bei Drehzahl n gleich null muß durch einen Bremswächter überwacht werden, da sonst der Motor in entgegengesetzter Richtung hochläuft. Bei inverser Drehfeldrichtung tritt eine Erhöhung der Läuferspannung, des Läuferstromes und der Läuferfrequenz ein. Die Wärmeverluste in der Läuferwicklung und im Läufereisen nehmen zu. Bei Schleifringläufermotoren wird außerdem die Läuferwicklungsisolation erhöht beansprucht.

5.6.2 Gleichstrombremsung

Die Ständerwicklung wird vom Drehstromnetz abgeschaltet und an eine Gleichstromhilfsquelle gelegt. Die Größe der Gleichspannung für die Auslaufbremsung richtet sich nach der Nennspannung und der Motornennleistung. Bei 400 V Nennspannung beträgt z. B. für einen 50-kW-Motor die Gleichspannung ≈ 10 V, für einen 5-kW-Motor ≈ 40 V und für einen 0,5-kW-Motor schon ≈ 110 V. Der Bremsstrom kommt etwa auf das 2,5fache des Nennstromes. Es kommen als Schaltmöglichkeiten die offene Stern-, die geschlossene Stern- und die Dreieckschaltung zur Anwendung (Bild 5.29).

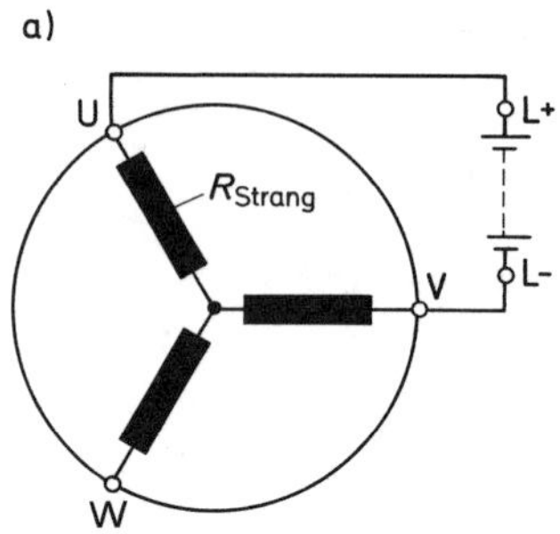

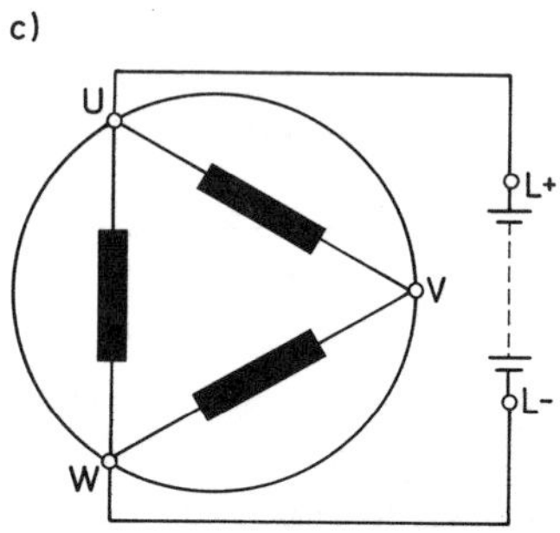

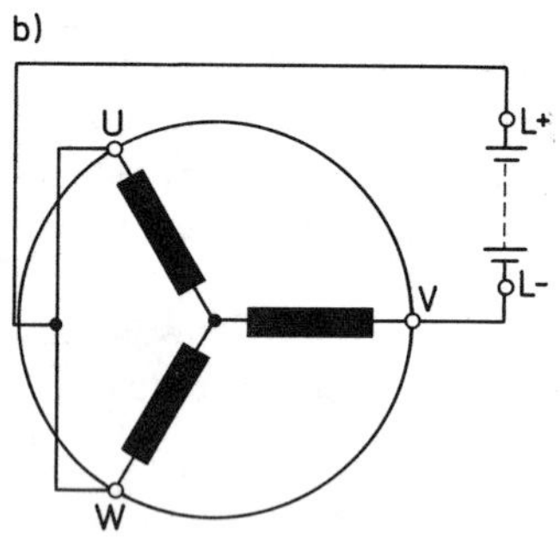

Bild 5.29 Schaltungen für Gleichstrombremsungen
a) $\Sigma R \doteq 2 \cdot R_{\text{Strang}}$ (Offene Y-Schaltung)
b) $\Sigma R = \frac{3}{2} \cdot R_{\text{Strang}}$ (Geschlossene Y-Schaltung)
c) $\Sigma R = \frac{2}{3} \cdot R_{\text{Strang}}$ (△-Schaltung)

Sobald der Ständer an der Gleichspannungsquelle liegt, baut sich ein magnetisches Gleichfeld auf. Rotiert der Läufer in diesem Feld, wird nach der Generatorregel eine Spannung induziert, die einen Strom zum Fließen bringt, dessen Magnetfeld mit dem Erregerfeld ein Gegendrehmoment (Bremsmoment) erzeugt. Ein entgegengesetztes Hochlaufen des Motors kann nicht erfolgen. Drehstrommotoren mit hoher Bremsschalthäufigkeit müssen wegen überhöhter Erwärmung zusätzlich belüftet werden.

5.7 Drehzahlsteuerungen von Drehstrom-Asynchronmotoren

Drehzahlsteuerungen von Drehstrom-Asynchronmotoren sind durch Veränderungen im Läuferkreis bzw. im Ständerkreis möglich. Veränderungen im Läuferkreis kommen fast ausschließlich beim Schleifringläufermotor durch Schlupfbeeinflussung vor.

Im Ständerkreis beeinflußt die Frequenz bzw. die Polpaarzahl die Drehzahl nach der Beziehung

$$n_0 = \frac{60 \cdot f}{p}$$

5.7.1 Drehzahlsteuerung durch Beeinflussung des Schlupfes

Schlupfsteuerung unter Nennlast ist nur beim Schleifringläufermotor möglich. Wird während des Betriebes Widerstand des Stellanlassers (Anlasser mit Querschnittauslegung für Dauerbetrieb) zugeschaltet, muß sich bei konstantem Drehmoment die Urspannung U_{02} im Läufer erhöhen. Das kann aber nur durch erhöhte Schnittgeschwindigkeit des Drehfeldes erreicht werden: der Motor muß langsamer laufen (Bild 5.8).

Die Widerstände im Rotorkreis stehen bei konstantem Drehmoment im gleichen Verhältnis zu den Schlupfdrehzahlen.

Beispiel

Ein vierpoliger Schleifringläufermotor, Frequenz $f = 50\,\text{Hz}$, Drehzahl $n_{1\,\text{Betrieb}} = 1450\,\text{min}^{-1}$ hat einen Rotorwiderstand $R_{\text{Rotor}} = 0{,}5\,\Omega$. Es werden 2,5 Ω Läuferanlasserwiderstand (R_{Anl}) zugeschaltet. Wie groß wird die neue Betriebsdrehzahl $n_{2\,\text{Betrieb}}$?

Lösung

Im normalen Betrieb beträgt die Schlupfdrehzahl

$$n_{1\,\text{Schlupf}} = 1500\,\text{min}^{-1} - 1450\,\text{min}^{-1} = \underline{\underline{50\,\text{min}^{-1}}}$$

Die neue Schlupfdrehzahl wird

$$n_{2\,\text{Schlupf}} = \frac{n_{1\,\text{Schlupf}} \cdot (R_{\text{Anl}} + R_{\text{Rotor}})}{R_{\text{Rotor}}} = \frac{50\,\text{min}^{-1} \cdot (2{,}5\,\Omega + 0{,}5\,\Omega)}{0{,}5\,\Omega} = \underline{\underline{300\,\text{min}^{-1}}}$$

Die neue Betriebsdrehzahl wird dann

$$n_{2\,\text{Betrieb}} = 1500\,\text{min}^{-1} - 300\,\text{min}^{-1} = \underline{\underline{1200\,\text{min}^{-1}}}$$

Der Drehzahlrückgang bei konstantem Drehmoment M bedeutet Leistungsverminderung und somit Verschlechterung des Wirkungsgrades η. Entsprechend der Größe des zugeschalteten Stellanlasserwiderstandes wird ein Teil der Leistung in Wärme umgesetzt.

Beispiel

Ein vierpoliger Schleifringläufermotor, Frequenz $f = 50\,\mathrm{Hz}$, Leistung $P_1 = 5\,\mathrm{kW}$, Drehzahl $n_{1\,\mathrm{Betrieb}} = 1450\,\mathrm{min}^{-1}$ arbeitet mit einem Wirkungsgrad $\eta_1 = 0{,}85$. Wie groß werden Leistung P_2 und Wirkungsgrad η_2 bei der Drehzahl $n_{2\,\mathrm{Betrieb}} = 1200\,\mathrm{min}^{-1}$? Drehmoment M ist konstant.

Lösung

$$P_2 = \frac{n_{2\,\mathrm{Betrieb}} \cdot P_1}{n_{1\,\mathrm{Betrieb}}} = \frac{1200\,\mathrm{min}^{-1} \cdot 5\,\mathrm{kW}}{1450\,\mathrm{min}^{-1}} = \underline{\underline{4{,}14\,\mathrm{kW}}}$$

Das heißt: $P_\mathrm{v} = P_1 - P_2 = 5\,\mathrm{kW} - 4{,}14\,\mathrm{kW} = 0{,}86\,\mathrm{kW}$ werden in Wärme umgewandelt. Somit wird der prozentuale Verlust

$$\frac{P_\mathrm{v} \cdot 100\%}{P_1} = \frac{0{,}86\,\mathrm{kW} \cdot 100\%}{5\,\mathrm{kW}} = \underline{\underline{17{,}2\%}}$$

Damit wird der neue Wirkungsgrad

$$\eta_2 = \frac{P_2 \cdot \eta_1}{P_1} = \frac{4{,}14\,\mathrm{kW} \cdot 0{,}85}{5\,\mathrm{kW}} = \underline{\underline{0{,}705}}$$

Diese Art der Drehzahländerung ist vergleichbar mit der Drehzahlsteuerung durch Stellanlasser bei Gleichstrommotoren. Die entstehenden Verluste können bei Motoren kleiner Leistungen bzw. bei kurzer Steuerzeit in Kauf genommen werden. Der normale Drehzahlsteuerbereich liegt bei etwa 1,5:1.

Die Drehzahlsteuerung mit Läuferanlasser (Stellanlasser) ist wegen der hohen Verluste bei größeren Leistungen unwirtschaftlich.

Günstiger liegen die Verhältnisse dann, wenn die angetriebene Maschine eine angenäherte quadratische Drehmoment-Drehzahl-Kennlinie hat (z. B. Lüfter). Die auftretenden Verluste werden hier gering, so daß sich eine Aufstellung teurer Steuermaschinensätze nicht lohnt.

5.7.2 Drehzahlsteuerung durch Änderung der Frequenz

An normalen Drehstromnetzen mit der Frequenz $f = 50\,\mathrm{Hz}$ ist eine Steigerung der Drehzahl für Asynchronmotoren über $n = 3000\,\mathrm{min}^{-1}$ nicht möglich. Eine Drehzahlerhöhung über $3000\,\mathrm{min}^{-1}$ ist nur durch Frequenzsteigerung zu erreichen. Die Spannung mit der geforderten Frequenz muß in besonderen Maschinen (Frequenzumformer) hergestellt werden (Abschnitt 9.2) oder mit Wechselrichtern.

Wird ein Motor mit der Netzspannung $U = 400\,\mathrm{V}$ und der Netzfrequenz $f = 50\,\mathrm{Hz}$ an ein Netz mit $f = 100\,\mathrm{Hz}$ gelegt, steigt die Drehzahl auf das Doppelte. Außerdem wächst der induktive Widerstand $X_\mathrm{L} = 2 \cdot \pi \cdot f \cdot L$ auf das Doppelte. Steigert man die Spannung U ebenfalls auf das Doppelte ($U = 800\,\mathrm{V}$), bleibt die Stromstärke I praktisch konstant, denn es gilt die Beziehung

$$I = \frac{U}{\sqrt{R^2 + X_L^2}}$$

U	Spannung	in V
I	Stromstärke	in A
R	ohmscher Widerstand	in Ω
X_L	induktiver Widerstand	in Ω

Der ohmsche Widerstand R ist hierbei vernachlässigbar klein. Theoretisch müßte sich sogar die Leistung verdoppeln. Frequenzsteigerungen bringen aber ein lineares Wachsen der Hysteresisverluste (Ummagnetisierungsverluste) und ein quadratisches Wachsen der Wirbelstromverluste im Ständereisen mit sich. Dadurch entstehen beachtliche Erwärmungen. Aus diesem Grunde sind Frequenzsteigerungen für normale 50-Hz-Motoren begrenzt.

Würde der gleiche Motor an ein Netz mit der Frequenz $f = 16\frac{2}{3}$ Hz gelegt, gehen die Drehzahl und der induktive Widerstand auf ein Drittel ihrer Ursprungsgröße zurück. Beließe man die Ursprungsspannung $U = 400$ V, würde der Strom theoretisch auf das Dreifache wachsen. Die Ständerwicklung würde in diesem Fall verbrennen. Soll der Strom in normalen Grenzen bleiben, muß die Spannung ebenfalls auf ein Drittel reduziert werden. Spannungsrückgang bei ursprünglicher Stromstärke bedeutet auch Leistungsrückgang (hier auf ein Drittel).

In der praktischen Anwendung verändert man – um eine zu hohe Eisenerwärmung zu umgehen – die Spannung nicht linear mit der Frequenz. Liegt z. B. die Netzspannung von $U = 400$ V vor und soll der gleiche Motor für 50 Hz und 100 Hz betrieben werden, wickelt man den Motor für 230/400 V und schaltet ihn für 50 Hz in Stern und für 100 Hz in Dreieck.

Wird die Frequenz höher, eignen sich 50-Hz-Motoren nicht mehr. Es müssen für höhere Frequenzen (150 bis 400 Hz) eigens hergestellte Motoren zur Anwendung kommen. Elektrische Werkzeugmaschinen können vorteilhaft mit solchen Sondermotoren bestückt werden, da sie gegenüber gleichwertigen Universalmotoren leichter und wartungsfreier sind.

5.7.3 Drehzahlsteuerung durch Änderung der Polpaarzahlen

Diese Drehzahländerungsmöglichkeit ist bei Drehstrom-Asynchronmotoren vorherrschend. Mit polumschaltbaren Motoren sind, entsprechend der Bedingung

$$n_0 = \frac{60 \cdot f}{p},$$

am 50-Hz-Netz nur Drehzahlen unter $n = 3000\,\text{min}^{-1}$ möglich. Die Polzahländerungen können erfolgen durch

a) Umschaltungen zwischen getrennten Ständerwicklungen,
b) Umschaltungen der Spulengruppen einer Ständerwicklung.

Da bei Polumschaltungen der Schleifringläufermotoren die Läuferpolzahlen den Ständerpolzahlen möglichst angepaßt sein müssen, kommen vorwiegend Motoren mit Käfigläufer zur Anwendung.

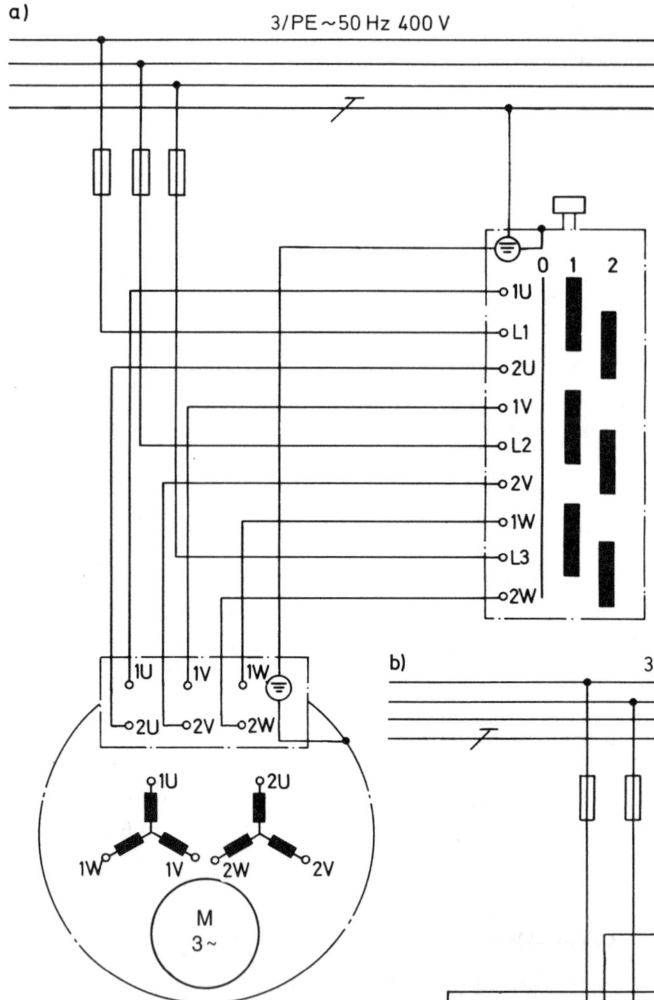

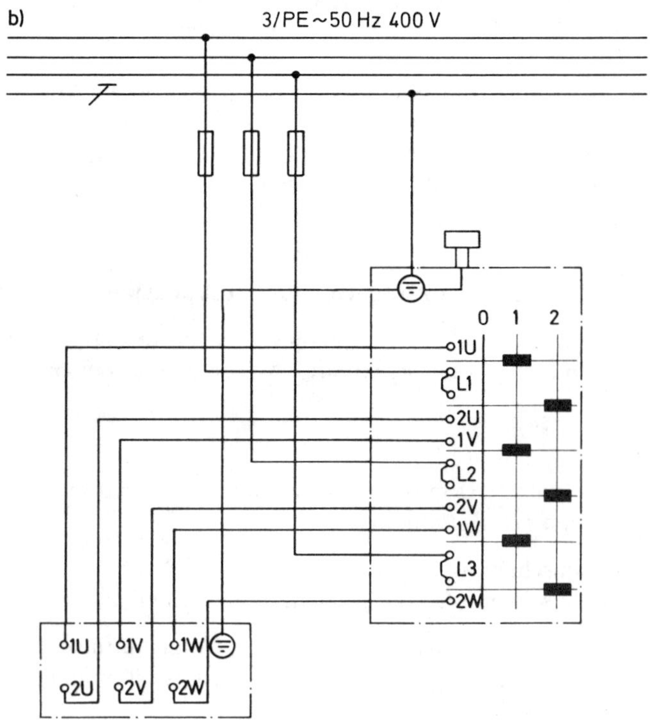

Bild 5.30
Polumschaltbarer Motor mit getrennten Ständer-wicklungen mit
a) Walzen-Polumschalter
b) Nocken-Polumschalter

Käfigläufer eignen sich für jede Polpaarzahl.

Polumschaltbare Motoren sind am Leistungsschild an der doppelten oder mehrfachen Drehzahlangabe, Leistungsangabe, Stromangabe und «cos-φ»-Angabe zu erkennen. Da man bei der Umschaltung der Spulengruppen einer Ständerwicklung verschiedene Ausführungsmöglichkeiten haben kann, wird noch die Schaltart angegeben. Ein weiteres typisches Merkmal ist die nach DIN 42401 genormte Anschlußbezeichnung. Die vor die Anschlußbuchstaben gestellten Ziffern 1 oder 2 usw. richten sich nach Höhe der Drehzahl, wobei Ziffer 1 zur niedrigsten Drehzahl gehört (Bilder 5.30, 5.31, 5.32).

5.7.3.1 Polumschaltungen mit getrennten Ständerwicklungen

Diese Polumschaltungsmöglichkeit erfolgte bisher vorwiegend bei gebrochenen Drehzahlverhältnissen (3:4; 2:16 usw.). Für die Ständerwicklungen wird Sternschaltung bevorzugt (Bild 5.30a). Wie bei der Stern-Dreieck-Schaltung (Bild 5.22a) verwendet man auch hier für kleinere Leistungen als Umschalter den Walzenschalter (Bild 5.30a), für größere Leistungen den Nockenschalter (Bild 5.30b).

5.7.3.2 Polumschaltungen mit Spulengruppen einer Ständerwicklung

a) Von den konventionellen Polumschaltungen mit einer Ständerwicklung und dem Drehzahlverhältnis 1:2 wurden bisher in der Praxis verwandt

□ △-YY-Schaltung (Dahlanderschaltung)

Sie ist noch heute die am häufigsten angewandte Polumschaltung. Für die kleine Drehzahl (große Polzahl) hat bei dieser Polumschaltung die Ständerwicklung Dreieckschaltung, für die große Drehzahl (kleine Polzahl) Doppelsternschaltung. Die Leistungsverhältnisse betragen 1:1,36, die Drehmomentverhältnisse 1:0,68. Der Polumschalter hat mit dem Y-△-Schalter große Ähnlichkeit und wird ebenfalls in Walzen- bzw. Nockenbauform ausgeführt (Bild 5.31). Beim Wicklungsanschluß am Anschlußbrett ist die Buchstabenfolge zu beachten (Bild 5.31). Die richtige Reihenfolge der Anschlüsse vom Polumschalter zum Anschlußbrett muß ebenfalls beachtet werden.

Die Y-△-YY-Schaltung ist eine Kombination aus Y-△-Schaltung und △-YY-Schaltung. Mit dieser Schaltung wird der hohe Einschaltstrom umgangen. Der Motor läuft weich in Y-Schaltung an und wird auf △ umgeschaltet (Bild 5.32). Außerdem kann der Motor bei kleiner Drehzahl und niedriger Last (unter 33% Vollast) zwecks Verbesserung des Leistungsfaktors cos φ in Y-Schaltung betrieben werden (Abschnitt 5.3.2.3 bzw. Bild 5.17).

□ Y-YY-Schaltung

Motoren dieser Polumschaltung werden bevorzugt zum Antrieb von Arbeitsmaschinen mit Schleuderwirkung, z. B. Lüfter, Gebläse, Kreiselpumpen, Rührwerke usw., eingesetzt, da diese Arbeitsmaschinen mit der Änderung der Drehzahl ein

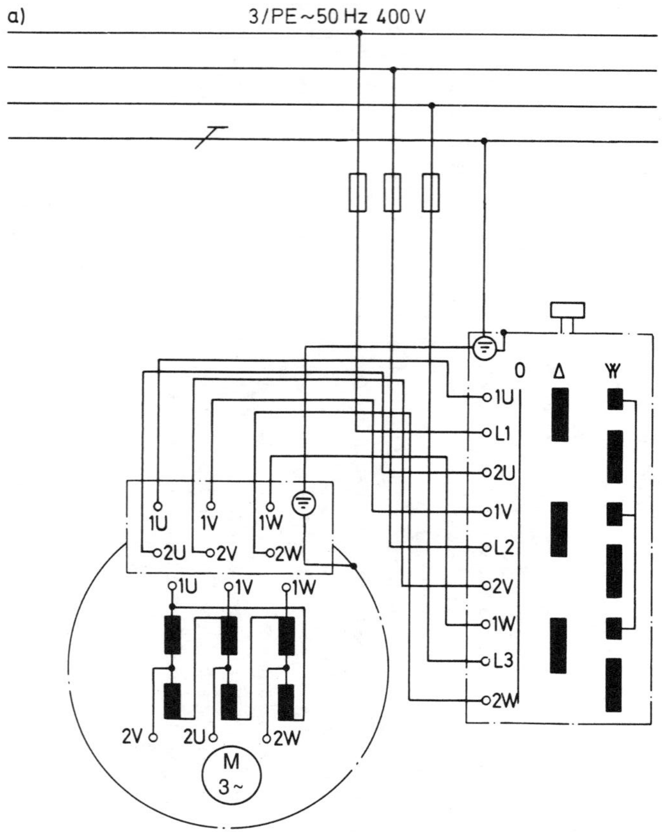

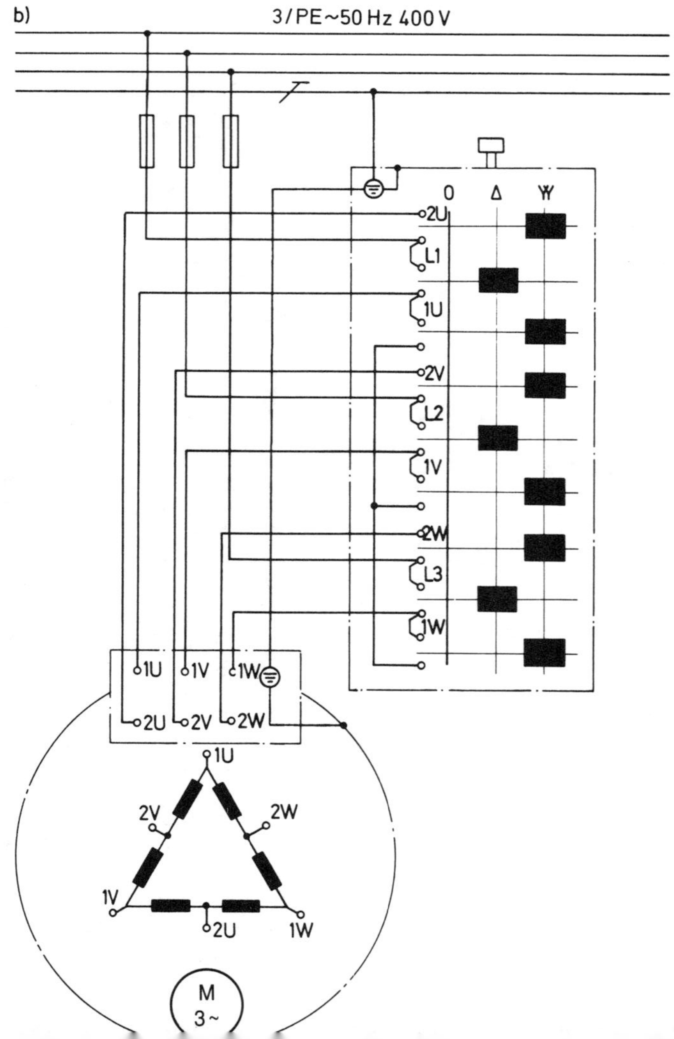

Bild 5.31 Polumschaltbarer Motor mit angezapfter Ständerwicklung (Dahlanderschaltung) mit
a) Walzen-Polumschalter
b) Nocken-Polumschalter

Bild 5.32 Polumschaltbarer Motor in Dahlanderschaltung mit Y-△-Anlauf*

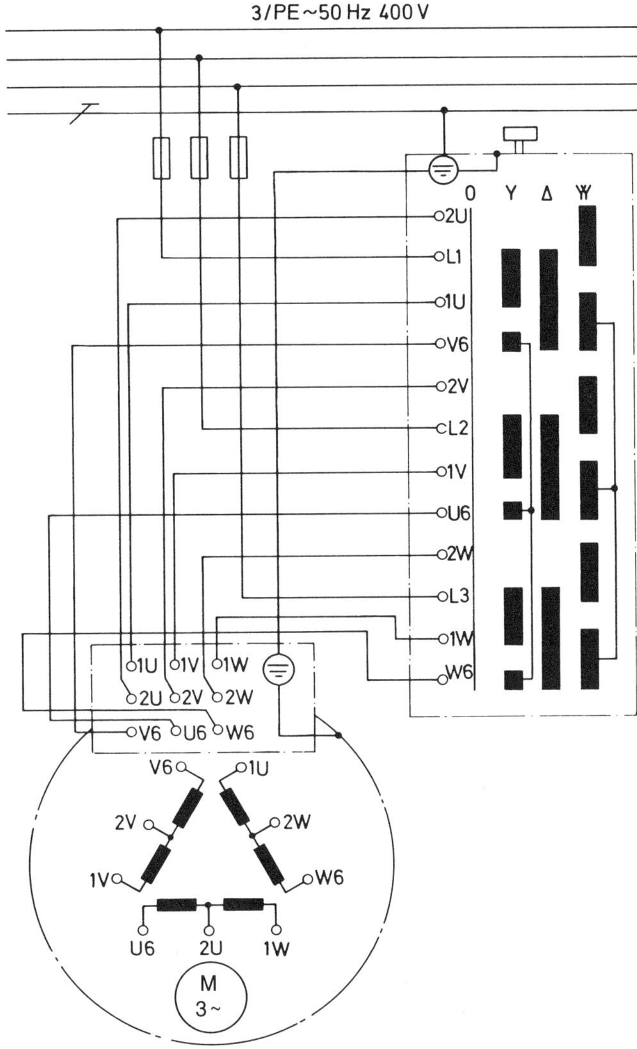

* Die Anschlußbezeichnungen sind der Norm DIN 42401 Teil 20, Bild 8, entnommen.

kubisches (3. Potenz) Leistungsverhältnis und ein quadratisches (2. Potenz) Drehmomentenverhältnis aufweisen. Drehstrommotoren mit Y-YY-Polumschaltung haben ein Leistungsverhältnis 1:4 und ein Drehmomentenverhältnis 1:2.

Weniger zur Anwendung kommen die

- □ Y-Y-Schaltung mit Umkehrung.
  Hier werden die Leistungsverhältnisse 1:1 sowie die Drehmomentenverhältnisse 1:0,5.
- □ Y-△-Schaltung mit Umkehrung.
  Hier werden die Leistungsverhältnisse 1:3 und die Drehmomentenverhältnisse 1:1,5.

Bei den genannten Polumschaltungen werden durch Reihen- bzw. Gegenreihen- sowie Parallelschaltungen einzelner Spulengruppen die Polzahlen der Ständerwicklungen stets im geraden Verhältnis (1:2) verändert, was noch relativ leicht ausführbar ist. Gebrochene Drehzahlverhältnisse (z. B. 2:3; 3:4; 1:16 usw.) waren bisher auf diese Weise nur mit großem Aufwand der Polumschalter und mit vielen Wicklungsanzapfungen zu erreichen. Diese Schwierigkeiten werden beseitigt durch

b) *Polamplitudenmodulationswicklungen (PAM-Wicklungen)*

Prof. Rawcliffe veröffentlichte vor einiger Zeit Patente über Polamplitudenmodulations-Motoren (PAM-Motoren). Durch neuartige Umgruppierungsschaltungen können zwei gebrochene Drehzahlgrößen im Verhältnis wie z. B. 4:1 oder 4:3 oder 4:5 oder 4:6 usw. – wie bei der bekannten Dahlanderschaltung – mit 6 Anschlußklemmen ausgeführt werden. Die Dahlanderschaltung mit dem geradlinigen Verhältnis 4:2 kann als einfachste PAM-Schaltung angesehen werden.

Mit einer 4polpaarigen Grundwicklung lassen sich also bei $f = 50\,s^{-1}$ erreichen

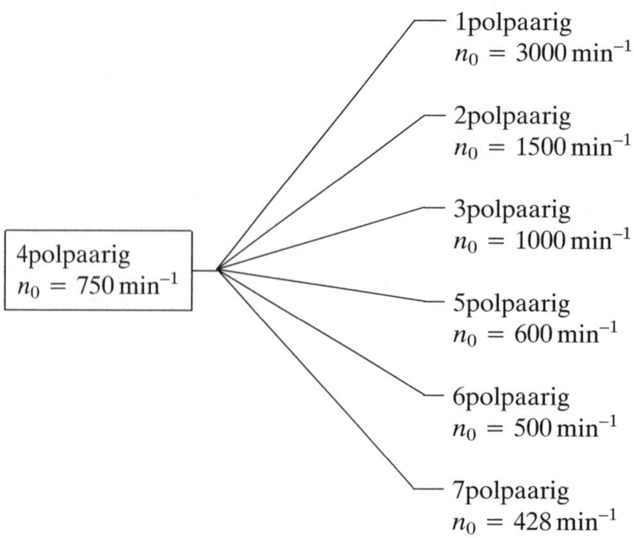

Vorteile der PAM-Motoren gegenüber polumschaltbaren Motoren mit getrennten Wicklungen

a) Kleinere Bauweise, weniger Wickelmaterial, preisgünstiger.
b) Wirksamer Cu-Querschnitt in der Nut praktisch doppelt so hoch.
c) Besserer Wirkungsgrad η und Leistungsfaktor $\cos\varphi$ vor allem bei höheren Polzahlen.
d) Häufigere stündliche Drehzahlumschaltungen möglich.
e) Günstigere Stromdichten.
f) Gute Beschleunigungseigenschaften großer Schwungmassen.
g) Wesentliche Verbesserung der Verhältnisse Leistung/Gewicht/Größe.
   Lt. Angabe Jahrbuch 80 für Elektromaschinenbau und Elektronik hat ein 6/4poliger Motor von gleicher Größe und Gewicht
   PAM-Motor = 5,7 kW
   Motor mit getrennten Wicklungen = 4,3 kW

Als *Nachteil* wäre der schlechtere Wicklungsfaktor ξ zu nennen. Mit polumschaltbaren Motoren können nur stufige Drehzahlverhältnisse erreicht werden. Sie werden vor allem zum Antrieb von Hebezeugen und Werkzeugmaschinen benutzt.

Polzahländerungen lassen keine stetigen Drehzahlveränderungen, sondern nur entsprechend der Polpaarzahlen ganzzahlige Drehzahlstufen zu.

5.8 Spannungsumschaltungen von Drehstrom-Asynchronmotoren

Als spannungsumschaltbare Motoren eignen sich sowohl Kurzschluß- wie auch Schleifringläufermotoren. Bau- bzw. Montagefirmen, Wanderunternehmen, wie Zirkusse und Karussellbetriebe, auch Wanderdreschmaschinen für ländliche Bezirke, die beim Wechseln ihres Standortes auf örtlich verschiedene Anschlußspannungen treffen, sind meist mit spannungsumschaltbaren Motoren ausgerüstet.

a) Motoren mit *zwei Ständerspannungen* überwiegen und kommen in Netzen 230/133 V bzw. 400/230 V zur Anwendung. Man bedient sich einfach der Stern-Dreieck-Umschaltung oder der Umklemmung am Anschlußbrett.
b) Motoren mit *drei Ständerspannungen* werden verschieden ausgeführt. Wie bei der Dahlanderschaltung können die Stränge in Halbstränge unterteilt und für 500 V in Dreieck (△), 400 V in Doppelstern (YY) und 230 V in Doppeldreieck (△△) an das Netz gelegt werden (Bild 5.33). Für die Doppelsternschaltung kann bis 440-V-Dreiphasenspannung und für die Doppeldreieckschaltung bis 250-V-Dreiphasenspannung angelegt werden. Durch entsprechende Bemessung erfolgt die Ständerwicklungsauslegung so, daß sich – trotz nicht genau passender Spannung – immer noch günstige Betriebseigenschaften ergeben.

Die Ständerwicklung kann auch neben der normalen Ausführung eine Zusatzwicklung besitzen. Bei 500 V Spannung liegt die Ständer- mit der Zusatzwicklung in Stern, bei 400 V Spannung ohne Zusatzwicklung in Stern und bei 230 V Spannung in Dreieck. Mit einem entsprechenden Schalter können die jeweiligen Umschaltungen erreicht werden (Bild 5.34).

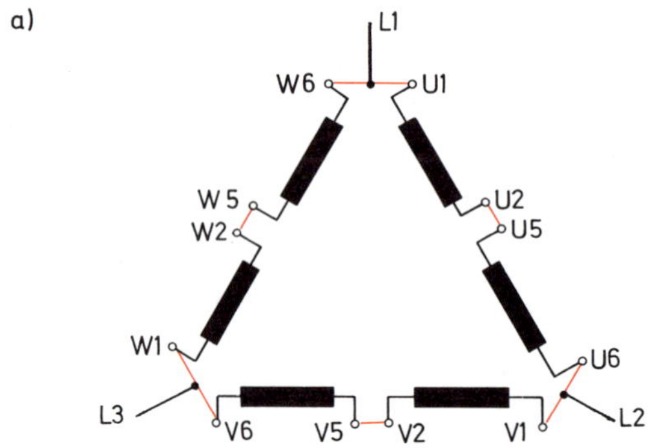

Bild 5.33 Ständerwicklung eines spannungsumschaltbaren Motors
a) 500 V △
b) 400 V YY
c) 230 V △△

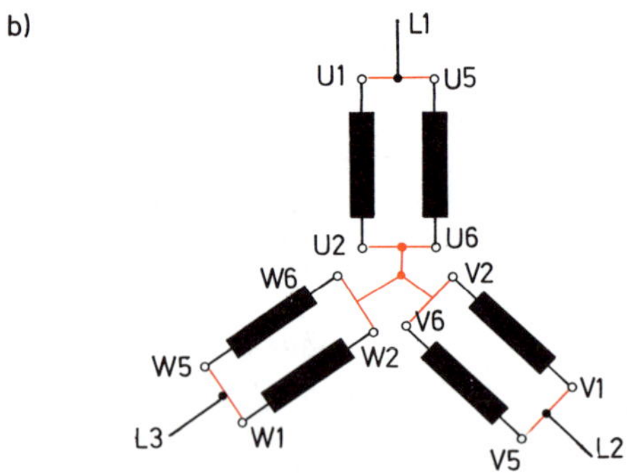

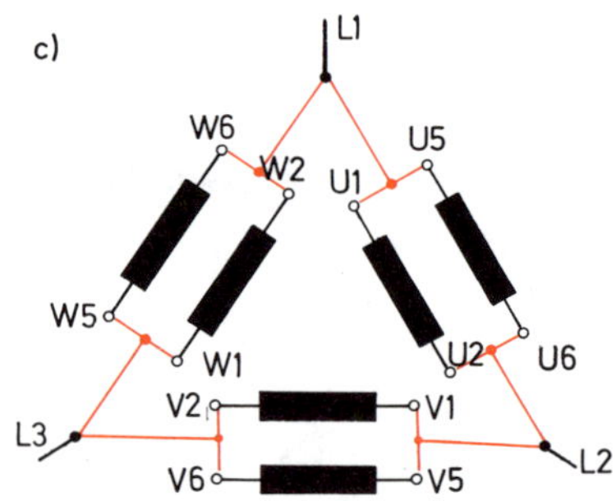

Bild 5.34
Spannungsumschaltbarer Motor mit Zusatzwicklung und verriegelbarem Spannungsumschalter

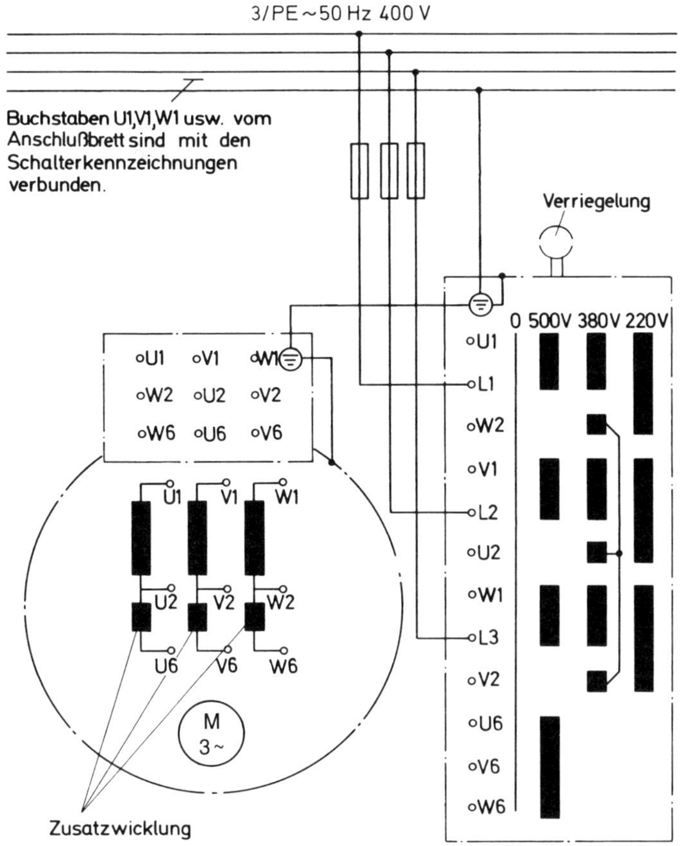

5.9 Betriebliche und praktische Gegenüberstellungen von Kurzschlußläufermotoren und Schleifringläufermotoren

5.9.1 Vorteile des Kurzschlußläufermotors gegenüber dem Schleifringläufermotor

a) Einfache Bauweise, geringe Herstellungskosten, störungsfrei, einfache Wartung.
b) Im Betrieb liegen der Leistungsfaktor $\cos\varphi$ und der Wirkungsgrad η etwa 1 bis 2% höher. Die Stirnringe der Kurzschlußläuferwicklung liegen eng am Blechpaket des Läufers, wodurch die Wicklungsstreuung gering wird. Deshalb hat der Kurzschlußläufermotor weniger Blindleistungsaufnahme und auch weniger Wärmeverluste als der Schleifringläufermotor.
c) Praktische Verwendung für alle polumschaltbaren Motoren (Abschnit 5.7.3).
d) Verwendung in explosionsgefährdeten Räumen.

5.9.2 Vorteile des Schleifringläufermotors gegenüber dem Kurzschlußläufermotor

a) Wesentlich günstigere Anlaufbedingungen (Abschnitt 5.5.2) und Verwendung zur Drehzahlsteuerung mittels Schlupfveränderung (Abschnitt 5.7.1).
b) Verwendbar als elektrische Welle (Abschnitt 5.10).
c) Verwendbar als Drehtransformator (Abschnitt 5.11).
d) Verwendbar als asynchroner Frequenzumformer (Abschnitt 9.2.1).

5.10 Elektrische Welle

Klapp-, Hub-, Verladebrücken, Hebebühnen, Supportantriebe für lange Wellendrehmaschinen müssen gewöhnlich von mehreren Motoren angetrieben bzw. betätigt werden. Dazu ist unbedingt ein *Gleichlauf* der Motoren erforderlich. Um das zu erreichen, kann man ihre Läufer durch eine starre Welle *(mechanische Welle)* bzw. durch Getriebe verbinden.

Ist die Ausführung einer mechanischen Welle schwierig bzw. unmöglich, kann die Verbindung von Läufer zu Läufer elektrisch hergestellt werden *(elektrische Welle)*.

Als elektrische Welle kommen vorwiegend Schleifringläufermotoren zur Anwendung.

5.10.1 Aufbau und Schaltungsweise

Ständer- wie auch Läuferwicklungen der Schleifringläufermotoren müssen untereinander parallel verbunden sein. Im Läuferkreis sitzt der gemeinsame Anlasser. Man kann sich das System aus zwei getrennten Schleifringläufermotoren aufgebaut denken, deren Anlasser zur Deckung gebracht worden sind (Bild 5.35).

Haben die Schleifringläufermotoren verschiedene Drehzahlkennlinien, treten Pendelungen und Schwebungen auf: ein geordneter Betrieb ist nicht möglich. Sollen weiterhin größere Drehzahlbereiche bestrichen werden, genügt die in Bild 5.35 dargestellte einfache elektrische Welle nicht mehr. Zwecks Erzielung einer größeren Stabilität für größere Steuerbereiche wird jede Wellenmaschine mit einem weiteren Antriebsmotor starr gekuppelt.

5.10.2 Wirkungsweise der einfachen Wellenschaltung

Das Drehfeld beider Ständerwicklungen erzeugt in den Läufern Schlupfspannungen, die sich durch Gegenwirkung das Gleichgewicht halten. Erfährt einer der Läufer eine kleine Winkeländerung gegenüber dem anderen Läufer, entstehen Differenzspannungen, wodurch das elektrische Gleichgewicht gestört wird. Es fließt im Läufersystem ein Ausgleichsstrom, welcher bestrebt ist, die Läufer in die symmetrische Stellung zurückzuführen.

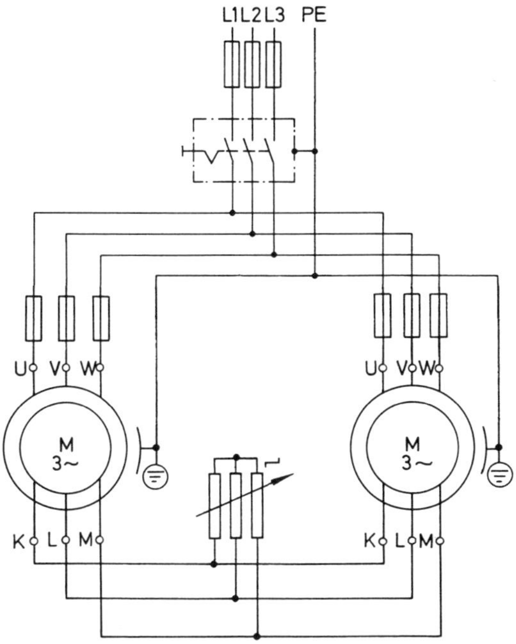

Bild 5.35
Einfache elektrische Welle

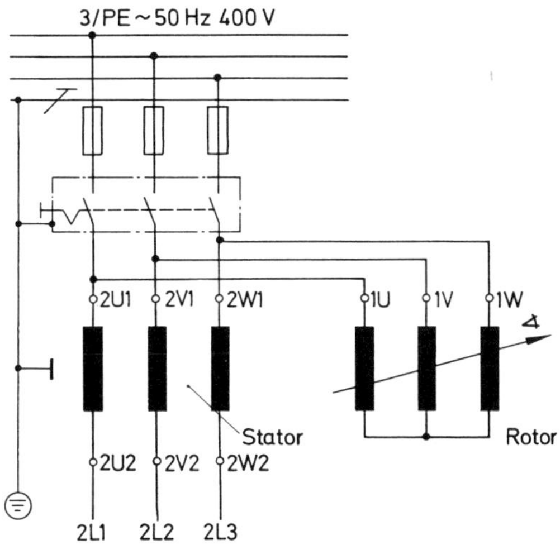

Bild 5.36 Drehtransformator mit Rotor als Primärseite

Das Gleichlaufprinzip ist nur dann sicher wirksam, wenn in den Läufern hinreichend große Spannungen erzeugt werden, d. h. der Dauerschlupf größere Werte aufweist. Aus diesem Grunde erfolgt der Einbau des unvermeidlichen Anlassers, der stets zu einem gewissen Teil eingeschaltet bleiben muß. Wird von einem Wellenmotor die inverse (entgegengesetzte) Drehrichtung gefordert, müssen von diesem Motor läufer- und ständerseitig zwei gleiche Stränge vertauscht werden.

5.11 Drehtransformator (Asynchronmotor als Stelltransformator)

Grundsätzlich kann jeder normale Schleifringläufermotor bei geöffnetem Läuferkreis als Transformator arbeiten. Die erzeugte Sekundärspannung (Läuferstillstandsspannung) ist dann konstant. Soll die abgegriffene Spannung jedoch in möglichst weiten Grenzen verstellbar sein, muß der Schleifringläufermotor als Stelltransformator *(Drehtransformator)* hergerichtet werden.

5.11.1 Aufbau

Bei Drehtransformatoren wird mittels Schnecken- oder Spindeltrieb der Läufer festgebremst; seine Verstellung kann von Hand oder durch einen Stellmotor erfolgen. Ständer und Läufer liegen an der Netzspannung (Grundspannung) U_1. Als Primärseite wird meist der in Stern oder Dreieck geschaltete Läufer gewählt, da in diesem Falle für den Rotor nur drei Schleifringe benötigt werden. An der geöffneten Ständerwicklung (Sekundärseite) wird die veränderte Spannung abgegriffen (Bild 5.36). Bei der Wahl des Rotors als Sekundärseite würden sechs Schleifringe benötigt.

5.11.2 Wirkungsweise

Wird an die geöffnete Ständerwicklung die Gruppenspannung U_1 gelegt und wäre kein Rotoranschluß vorhanden, ergäbe sich am Statorausgang wiederum die Grundspannung U_1. Die angeschlossene verkettete Rotorwicklung (Primärseite) erzeugt ein Drehfeld, das in der Ständerwicklung (Sekundärseite) eine *Zusatzspannung* U_Z induziert. Besitzen Läufer- und Ständerwicklung die gleichen Windungszahlen, wird die Größe der Zusatzspannung U_Z gleich der Größe der Grundspannung U_1. Die gesteuerte Ausgangsspannung U_2 kann also in den extremsten Fällen

$$U_2 = U_1 + U_Z = 2 \cdot U_1 \text{ bzw.}$$
$$U_2 = U_1 - U_Z = 0 \quad \text{werden.}$$

Der Spannungswert der induzierten Zusatzspannung U_Z ist in jedem Falle gleich groß. Durch die Läuferverdrehung wird die *Phasenlage* der Zusatz- zur Grundspannung verändert, was eine Veränderung der Ausgangsspannung U_2 mit sich bringt (Bild 5.37).

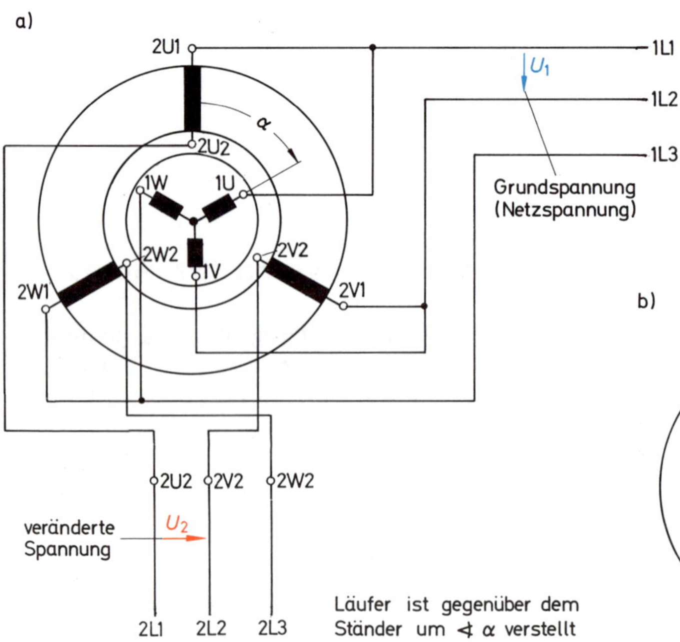

Bild 5.37
Spannungsbedingungen im Drehtransformator durch Läuferverdrehung
a) schematische Darstellung
b) Zeigerbild
Bemerkung: Zwecks besserer Unterscheidung sind die Spannungen verschiedenfarbig dargestellt

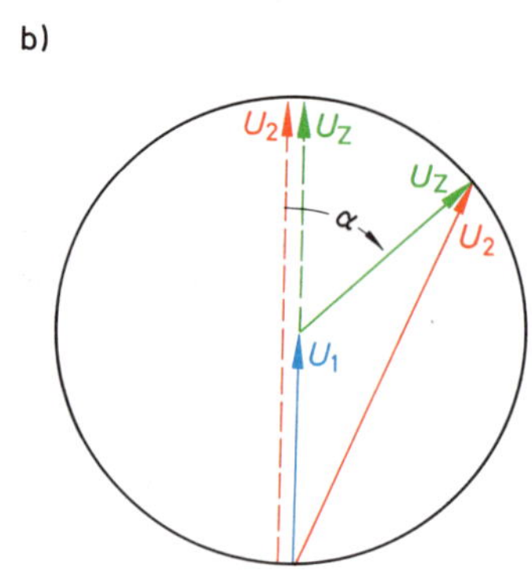

Infolge des Luftspaltes ist die Kurzschlußspannung u_k im Drehtransformator hoch (etwa 25 bis 30% der Zusatzspannung). Im belasteten Zustand wird deshalb die Ausgangsspannung sich stärker verändern als bei einem normalen Transformator.

Wegen der galvanischen Verbindung von Primär- und Sekundärseite ist der Drehtransformator eine Spannungsteilermaschine und darf als Schutzumformer nicht benutzt werden (Abschnitt 4.7 bzw. 9.3.2).

5.12 Asynchrongeneratoren

Von Gleichstrom- und Synchronmaschinen ist bekannt, daß sie als Motoren und Generatoren benutzt werden können. Grundsätzlich ist auch jeder Asynchronmotor in der Lage, generatorisch zu arbeiten, wenn ein mechanischer Antrieb und eine magnetische Erregung vorhanden sind.

5.12.1 Schaltung

Drehstrom-Asynchronmaschinen sind nicht in der Lage, sich selbst zu erregen. Es ist den Maschinen deshalb auch nicht allein möglich, auf ein mit ohmschen bzw. induktiven Widerständen belastetes Netz generatorisch zu arbeiten, weil von diesen Widerständen nicht der erforderliche Magnetisierungsstrom (induktiver Strom) bezogen werden kann. Die Erregungen können erfolgen durch

a) Anschluß an ein von Synchrongeneratoren versorgtes Netz (netzerregter oder fremderregter Asynchrongenerator),
b) Parallelschaltung von Kondensatoren zur Ständerwicklung (kondensatorerregter oder selbsterregter Asynchrongenerator – Bild 5.38).

5.12.2 Wirkungsweise

a) Der *netzerregte Asynchrongenerator* entnimmt zum Magnetfeldaufbau dem Versorgungsnetz die notwendige Blindleistung. Wird der Läufer übersynchron angetrieben (negativer Schlupf), entsteht in ihm die Urspannung $-U_{0_2}$. Der Läuferstrom $-I_2$ ruft das Läuferfeld $-\Phi_2$ hervor, welches bei negativem Schlupf der mechanischen Drehrichtung entgegenläuft. Dieses hat generatorischen Charakter zur Folge. Mit steigender übersynchroner Drehzahl wird die ins Netz gelieferte Wirkleistung erhöht. Die Netzfrequenz wird von den angeschlossenen Synchrongeneratoren bestimmt.
b) Der *kondensatorerregte Asynchrongenerator* arbeitet unabhängig von einer Blindleistungsversorgung aus dem Netz. Die Parallelschaltung von Kondensatoren und Ständerwicklung bildet einen Schwingkreis, mit dessen Hilfe der Magnetfluß im Ständerkreis aufgebaut wird. Bei richtiger Kondensatorbemessung wird die gewünschte Urspannung erzeugt. Zur Spannungskonstanthaltung muß die Drehzahl

zwischen Leerlauf und Vollast um etwa 10 bis 15% veränderlich sein. Die entstehenden Frequenzschwankungen sind dabei praktisch ohne Bedeutung. Für größere Leistungen fallen die Kondensatorkosten stark ins Gewicht.
Asynchrongeneratoren kommen vorwiegend als Zusatz- bzw. Hilfsgeneratoren in Betracht.

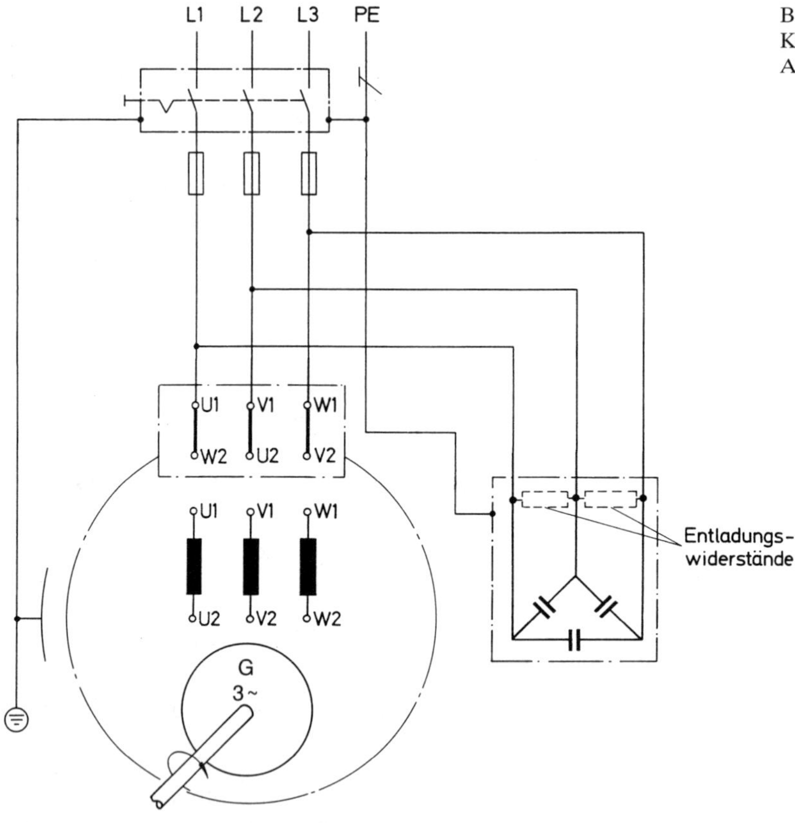

Bild 5.38
Kondensatorerregter
Asynchrongenerator

6 Asynchronmaschinen für Einphasenwechselstrom

Asynchronmaschinen sind robust, billig und einfach in der Wartung. Sie werden deshalb auch für Einphasenwechselstrombetrieb bevorzugt und fast ausschließlich als Motoren verwandt.

Übersynchron angetrieben oder mit Kondensatoren erregt können Asynchronmaschinen für Einphasenwechselstrom (Einphasen-Asynchronmaschinen, Einphasen-Induktionsmaschinen) ebenso wie Asynchronmaschinen für Drehstrom als Generatoren arbeiten.

6.1 Aufbau

Einphasen-Asynchronmotoren sind gewöhnlich Kurzschlußläufermotoren, sehr selten Schleifringläufermotoren. Das Ständereisen von Drehstrom-Asynchronmotoren kann verwandt werden. Es gibt aber auch spezielle Ständereisenausführungen mit verschieden großen Nutquerschnitten, dem *Haupt-* und *Hilfsstrang* angepaßt (Bild 6.1). Zum Betrieb reicht der Hauptstrang (Betriebsstrang) U1–U2 aus. Der Hauptstrang belegt zwei Drittel der Ständernuten. Würde der Hauptstrang alle Nuten belegen, wäre die elektrische Ausnützung zu ungünstig. Bei 33% Materialmehraufwand ergäbe sich nur ein

Bild 6.1 Ständerblechschnitt eines Einphasen-Asynchronmotors

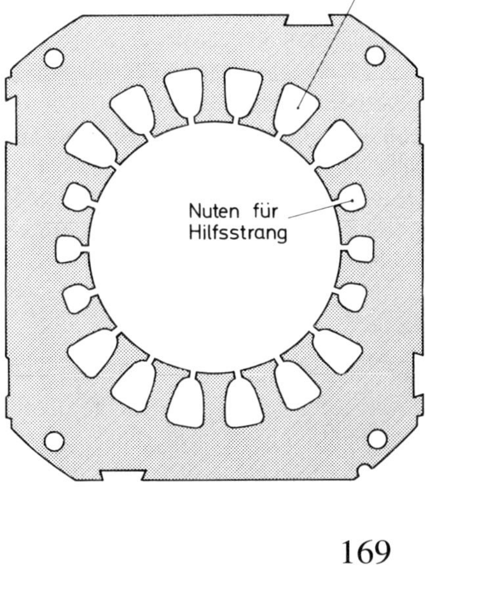

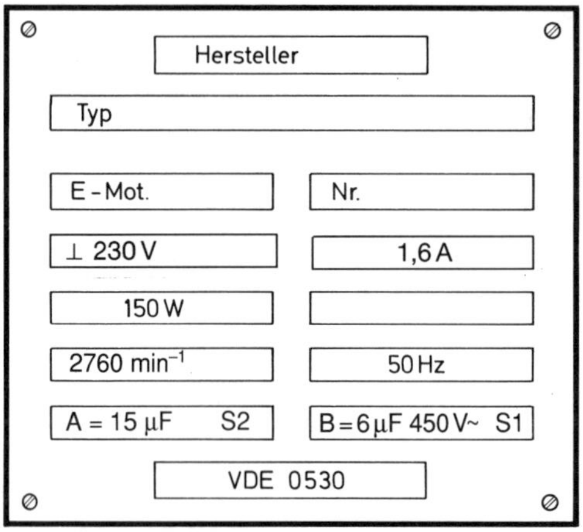

Bild 6.2 Leistungsschild eines Einphasen-Asynchronmotors

Spannungsgewinn von etwa 13 bis 14 %. Das restliche Drittel der Ständernuten wird vom Hilfsstrang (Anlaufstrang) Z1–Z2 belegt. Unter gewissen Bedingungen bleibt der Anlaufstrang während des Betriebes eingeschaltet.

Der Einphasen-Asynchronmotor ist durch Anschlußbezeichnung und meist noch durch Kondensatorangabe (Bild 6.2) leicht vom Drehstrom-Asynchronmotor zu unterscheiden.

6.2 Wirkungsweise

6.2.1 Einschaltmoment

Beim Drehstrom-Asynchronmotor ergaben die drei um 120° elektrisch versetzten Einphasen-Wechselströme ein symmetrisches (kreisförmiges) Dreiphasenfeld (Drehfeld – Bild 5.1). Ein kreisförmiges Drehfeld besitzt stets eine eindeutige Drehrichtung.

Ist beim Einphasen-Induktionsmotor nur ein Hauptstrang vorhanden, kann nur ein *Einphasenfeld* entstehen, das am Ständerumfang keine bevorzugte Drehrichtung aufweist. Man kann es sich als zwei gleiche halbgroße Drehfelder mit entgegengesetzten Drehrichtungen vorstellen (Bild 6.3). Der Läufer verharrt im Stillstand. Der Motor verhält sich wie ein Transformator mit kurzgeschlossener Sekundärseite.

6.2.2 Anlauf

Zur Inbetriebnahme der Einphasen-Asynchronmotoren muß die Überführung aus dem *transformatorischen* in den *motorischen* Zustand erfolgen. Hierzu ist eine bevorzugte Drehfeldbildung erforderlich, welche durch Läuferanwurf bzw. Anlaßglieder im Kreis des Hilfsstranges oder durch spezielle Hilfsstränge (Abschnitt 6.3) erreicht wird.

Bild 6.3
Ströme und Magnetflüsse eines Einphasen-Asynchronmotors im Einschaltmoment

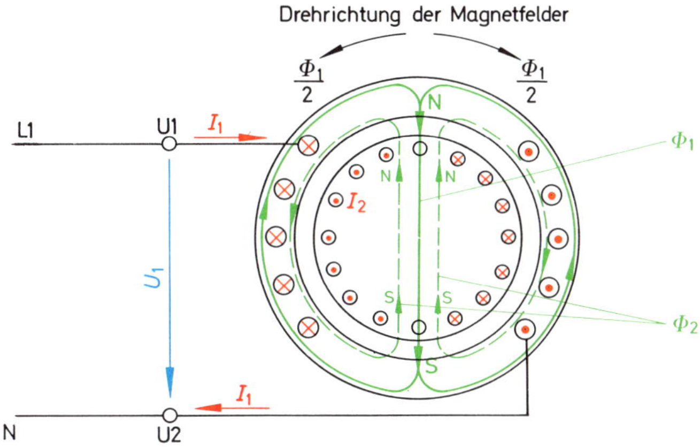

Bild 6.4
Ströme und Magnetflüsse eines Einphasen-Asynchronmotors im Betrieb

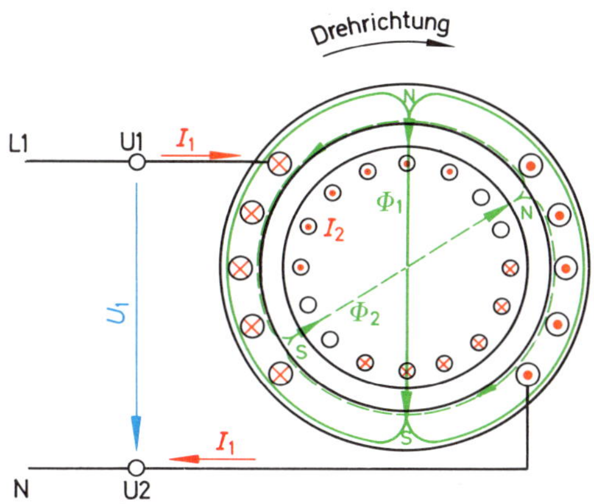

a) Der *Anwurfmotor* besitzt nur den Hauptstrang mit den Anschlüssen U 1–U 2. Wird der Motor rechts- oder linksherum angeworfen, verlagern sich die Läuferströme. Die dadurch entstehenden phasenverschobenen Magnetfelder von Ständer und Läufer bilden eine *asymmetrische (elliptische)* Drehfeldeinheit (Bild 6.4). Eine elliptische Drehfeldeinheit besitzt ungleichförmige Geschwindigkeit und ungleiche Größe.

b) Die *Anlaßdrossel* liegt mit dem Hilfsstrang in Serie. Die Induktivität der Drossel bringt eine starke Stromnacheilung mit sich. Die Verschiebung der Ströme des Hauptstranges zum Hilfsstrang ruft dann das elliptische Drehfeld hervor. Die Drossel verschlechtert durch ihre hohe Blindleistungsaufnahme den Leistungsfaktor cos φ wesentlich. Sie wird deshalb mit dem Hilfsstrang nach Hochlauf des Motors abgeschaltet (Bild 6.5).

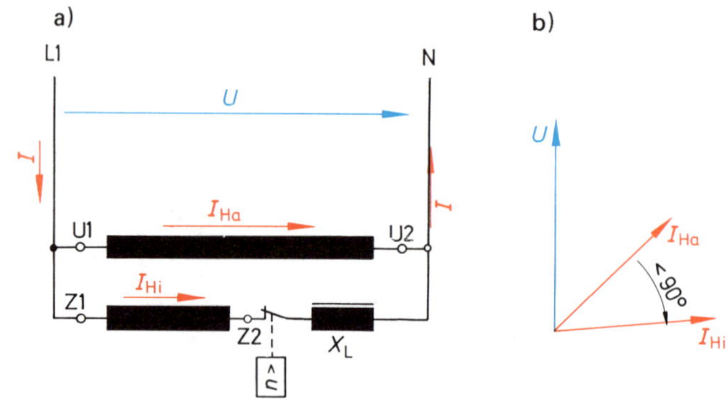

Bild 6.5
Anlaßvorgang mit Drossel
a) Schaltbild
b) Zeigerbild

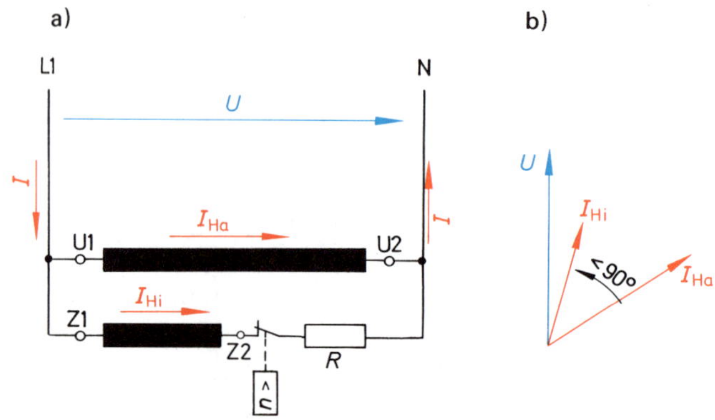

Bild 6.6
Anlaßvorgang mit ohmschem Widerstand
a) Schaltbild
b) Zeigerbild

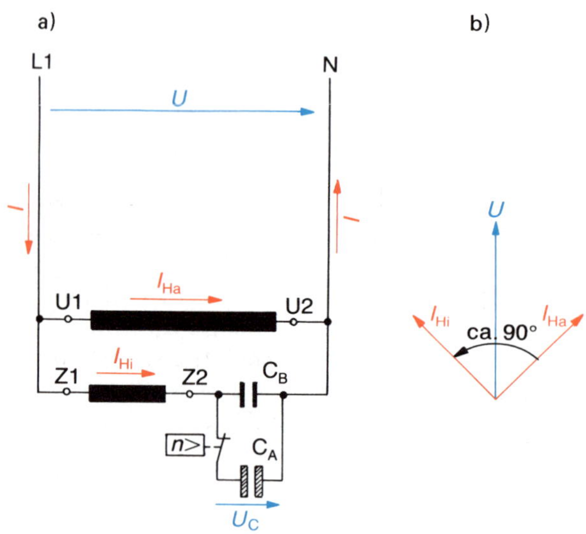

Bild 6.7
Anlaßvorgang mit Kondensatoren
a) Schaltbild
b) Zeigerbild

c) Der *ohmsche Anlaßwiderstand* hat die gleiche Schaltung wie die Anlaßdrossel. Der Widerstandswert des Anlaßgliedes beträgt etwa das 4- bis 8fache der Wicklung. Er bringt eine wesentliche Verbesserung der Phasenlage des Stromes zur Spannung im Hilfsstrang, hat aber auch eine wesentlich höhere Stromaufnahme zur Folge. Anlaßwiderstand und Hilfsstrang werden nach dem Hochlauf ebenfalls abgeschaltet (Bild 6.6).

d) Der *Betriebskondensator* in Reihenschaltung mit dem Hilfsstrang liefert die günstigsten Betriebsverhältnisse. Bei Nennlast beträgt die Phasenverschiebung zwischen den Strömen I_{Ha} und I_{Hi} annähernd 90°, so daß ein fast kreisförmiges Drehfeld erzeugt wird.

   Das Anzugsmoment beträgt 50 bis 70% des Nennmomentes, ein Hochlauf unter Nennlast ist nicht möglich.

   Der Hilfsstrang $Z1$–$Z2$ mit dem Betriebskondensator C_B bleibt während des Betriebes eingeschaltet (Bild 6.7).

e) Der *Anlaßkondensator*, dessen Kapazität etwa dreimal so groß gewählt wird wie die des Betriebskondensators, erhöht das Anzugsmoment etwa auf den Wert des Nennmomentes.

   Der parallel zum Betriebskondensator C_B liegende Anlaßkondensator C_A bewirkt eine erhöhte Stromaufnahme im Hilfsstrang und muß deshalb nach erfolgtem Hochlauf abgeschaltet werden (Bild 6.7).

Der Einphasen-Induktionsmotor mit Betriebskondensator hat höhere Leistung und besseren Leistungsfaktor cos φ als die anderen Einphasen-Induktionsmotorenschaltungen.

Die Bemessung der Kondensatoren beruht weitgehend auf empirischer (erfahrungsgemäßer) Basis. Die Kondensatorgröße richtet sich nach der Höhe des geforderten Anlaufmomentes M_A und der Kondensatorspannung U_C. Überschlägig kann man festlegen, daß für 750 W Nutzleistung etwa 1 kvar Blindleistung benötigt wird, um dem Motor ein Anzugsmoment von 50 bis 70% des Nennmomentes zu erteilen.

Mit dem Wachsen der Kapazitäten fallen etwa quadratisch die Spannungen an den Kapazitäten. Es gilt die Beziehung

$$\boxed{\frac{C_1}{C_2} \approx \left(\frac{U_2}{U_1}\right)^2}$$

Unter diesen Voraussetzungen müßten bei niedrigen Spannungen relativ große Kondensatoren verwandt werden. Um bei höheren Anlaufmomenten mit kleinerer Kapazität auszukommen, bedarf es erhöhter Kondensatorspannungen. Diese erzielt man durch größere Spannungen am Hilfsstrang. Dazu wird die Windungszahl des Hilfsstranges 1,3- bis 1,7mal größer gewählt als die des Hauptstranges. Bei diesen Windungszahlverhältnissen ergeben sich Kondensatorspannungen von 350 bis 450 V.

6.2.3 Betrieb, Betriebsverhalten

Da ein Einphasenfeld aus zwei gegenlaufenden (inverslaufenden) gleich großen Drehfeldern besteht, entstehen im Stillstand zwei gleich große gegeneinander wirkende Drehmomente (Abschnitt 6.2.1).

Dreht sich der Läufer, überwiegt das in Drehrichtung wirkende Drehmoment. Das gegenläufige (inverse) Drehfeld bleibt aber noch zu einem gewissen Teil bestehen. Dadurch ergeben sich folgende Nachteile:

a) ein Gegendrehmoment (Bremsmoment),
b) erhöhter Magnetisierungsstrom I_μ und damit schlechterer Leistungsfaktor $\cos\varphi$,
c) höhere Erwärmung und damit größere Verluste im Läufer, schlechterer Wirkungsgrad und somit geringere Belastbarkeit,
d) zusätzliche Schwingungen und Geräusche, verursacht durch 100-Hz-Pendelmomente.

Die Nachteile sind beim Anwurfmotor besonders dominant, beim Einphasenmotor mit Betriebskondensator (Kondensatormotor) nur in geringem Maße vorhanden (Abschnitt 6.2.2d).

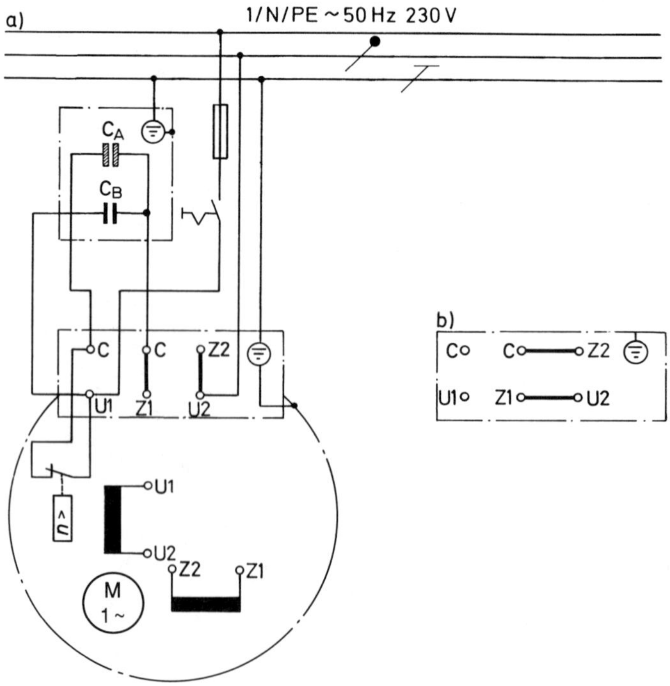

Bild 6.8
Einphasen-Asynchronmotor mit Anlauf- und Betriebskondensator
a) Rechtslauf
b) Linkslauf

6.3 Spezieller Hilfsstrang

Es sind auch Einphasenmotoren mit speziellen Hilfssträngen entwickelt worden, bei denen auf Anlaßglieder wie Kondensatoren, Drosselspulen oder ohmsche Widerstände verzichtet werden kann. Es werden folgende Ausführungen unterschieden:

a) Hilfsstrang aus verzinntem Eisendraht oder Chrom-Nickel-Draht,
b) Hilfsstrang bifilar gewickelt,
c) Hilfsstrang kurzgeschlossen.

Zu a) Bei der Herstellung des Hilfsstranges aus *verzinntem Eisendraht* bzw. *Chrom-Nickel-Draht* ist zu beachten, daß dessen Wicklungen nicht gegen Kupferwicklungen ausgetauscht werden dürfen. Der Motor könnte u. U. nicht anlaufen.

Zu b) Beim *bifilaren Hilfsstrang* werden die Spulen zu 67% in Vorwärtsrichtung, zu 33% in Rückwärtsrichtung gewickelt. Ein Teil des Blindwiderstandes und somit ein Teil des Magnetisierungsstromes werden aufgehoben. Der ohmsche Widerstandsanteil bleibt in voller Höhe erhalten. Es gelten etwa die Anlaufbedingungen wie beim ohmschen Anlaßwiderstand (Bild 6.6). Nach dem Hochlauf muß der Hilfsstrang unbedingt abgeschaltet werden, was allgemein durch ein Stromrelais geschieht (Bild 6.9). Sollte das Stromrelais nicht abschalten bzw. während des Betriebes wieder einschalten, hat ein Bimetallrelais den Hilfsstrang vor zu großer Erwärmung zu schützen (Bild 6.9).

Bild 6.9
Einphasen-Asynchronmotor mit bifilarem Hilfsstrang, Stromrelais und Bimetallrelais

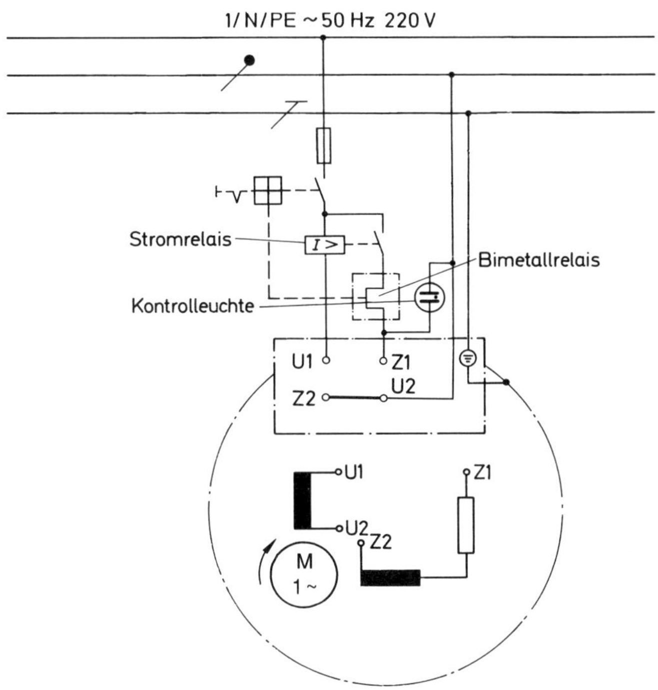

Die Betriebseigenschaften des Motors mit bifilarem Hilfsstrang liegen ungünstiger als beim Kondensatormotor. Er wird für Leistungen bis etwa 300 W gebaut und hauptsächlich als Kompressorantrieb in Kühl- und Gefriergeräten eingesetzt.

Zu c) Der *kurzgeschlossene Hilfsstrang* läßt sich als verteilte Wicklung oder als einfacher Kurzschlußring im Ständerblechpaket unterbringen. Der letztere Fall liegt bei dem in der Praxis sehr verbreiteten *Spaltpolmotor* (Abschnitt 6.4) vor.

6.4 Spaltpolmotor

6.4.1 Aufbau

Die Käfigwicklung des Läufers besteht gewöhnlich aus verschränkt angeordneten Rundstäben. Die Ständerform weicht von der konventionellen Bauweise (genutetes Ständerblechpaket) ab. Er besitzt lamellierte, ausgeprägte Pole, die durch die Spaltnut in Haupt- und Spaltpole geteilt sind (Bilder 6.10 und 6.11). Zur Erreichung einer günstigen Feldverteilung läßt man die Polschuhspitzen zusammenlaufen bzw. überlappen oder verbindet sie durch Streubleche (Bilder 6.10 und 6.11). Die Netzwicklung (Hauptstrang) U 1–U 2 liegt um die Polschäfte bzw. um das Ständerjoch, die Spaltpolwicklung (kurzgeschlossene Hilfswicklung) um den Spaltpol (Bild 6.11).

6.4.2 Wirkungsweise, Betriebsverhältnisse

Der durch den Hauptstrang U 1–U 2 fließende Strom I_1 baut das Magnetfeld Φ_1 auf. Das Feld Φ_1 durchsetzt Haupt- und Spaltpole und erzeugt nach dem Lenzschen Gesetz in der Spaltpolwicklung eine Spannung, die den nacheilenden Strom I_2 zum Fließen bringt. Dieser Strom I_2 entwickelt das nacheilende Magnetfeld Φ_2. Im Hauptpol entsteht eine «Feldlinienverdichtung», im Spaltpol eine «Feldlinienverdünnung». Auf diese Weise entsteht ein elliptisches Drehfeld, das vom Hauptpol zum Spaltpol desselben Poles wandert (Bild 6.12). *Der Läufer dreht sich stets in Richtung Hauptpol–Spaltpol desselben Poles.*

Vorteile

a) Sehr einfach im Aufbau, billig, robust, keine Wartung.
b) Selbsttätiger Anlauf mit gutem Anlaufmoment M_A (etwa 50% vom Nennmoment M_N).
c) Betrieb als Synchronmotor bei Läuferausführung mit hartmagnetischem Werkstoff. Der Motor läuft normal asynchron an und wird wie der Reluktanzmotor (Abschnitt 7.5.2) in den Synchronismus hineingezogen.

Nachteile

a) Nur für kleine Leistungen (etwa 1 bis 300 W) verwendbar, da der Wirkungsgrad η mit ca. 35 % schlecht ist.

Bild 6.10
Ständerblechschnitt eines Spaltpolmotors

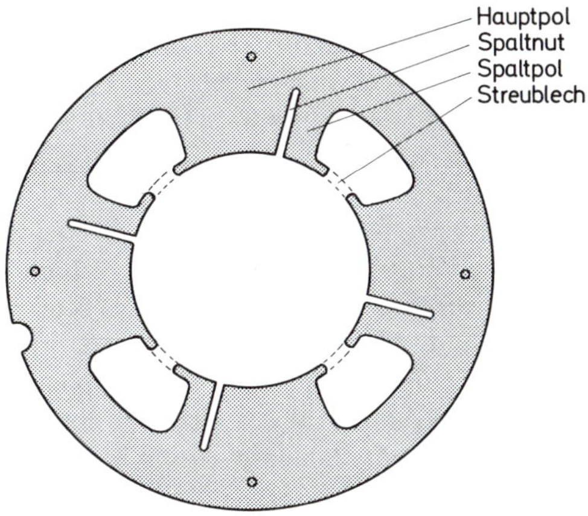

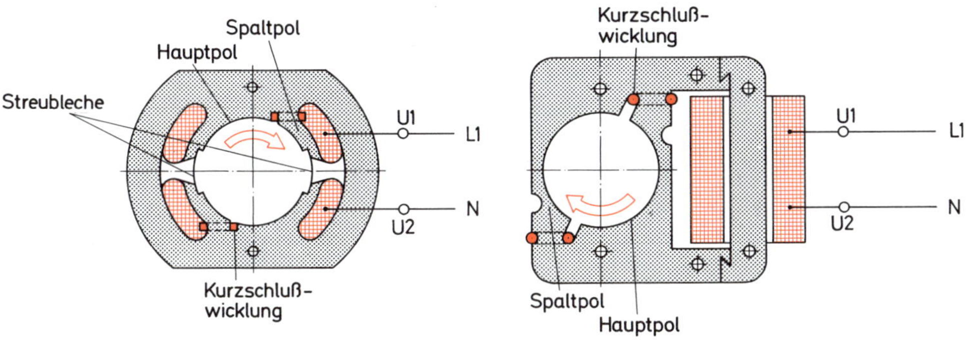

Bild 6.11 Bauausführungen von Spaltpolmotoren

Bild 6.12
Ströme und Magnetflüsse
eines Spaltpolmotors

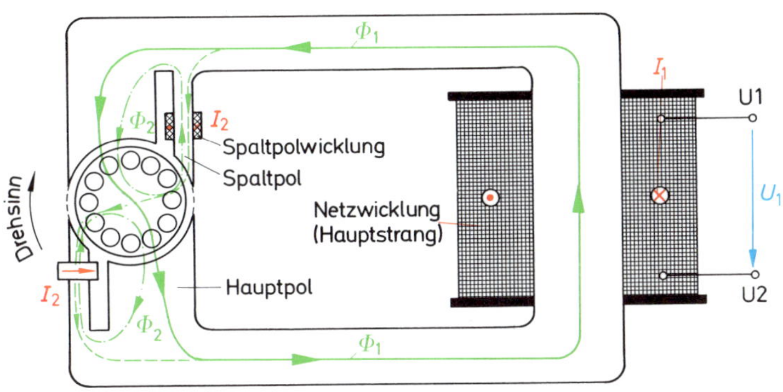

b) In Normalausführung nicht elektrisch drehrichtungsumkehrbar (reversierbar). Es muß eine zweite Spaltpolwicklung vorhanden sein, bzw. der Läufer muß durch Abnahme der Lagerschilder umgekehrt werden.

Spaltpolmotoren haben neben Universalmotoren große Bedeutung für den Antrieb von Haushaltsgeräten.

6.5 Drehstrom-Asynchronmotor am Einphasennetz

Fällt während des normalen Drehstrom-Motorenbetriebes eine Sicherung aus, liegt der Drehstrom-Asynchronmotor am Einphasennetz. Er kann mit 50% seiner ursprünglichen Leistung weiterarbeiten.

Wird der Drehstrommotor an das Einphasennetz gelegt, verhält es sich wie ein Einphasenmotor ohne Hilfsstrang: Er läuft nicht an. Erst ein Anwurf wie beim Einphasen-Anwurfmotor (Abschnitt 6.2.2a) setzt ihn (jedoch nicht immer) in Betrieb. Soll der Drehstrommotor selbsttätig anlaufen, müssen Anlaßglieder (Kondensator, Drossel, ohmscher Widerstand) wie beim Einphasenmotor verwandt werden. Ein Universalrezept für den Anlauf gibt es nicht. Es sind viele Anlaßmöglichkeiten entwickelt worden, von denen die *Steinmetzschaltung* in der Praxis am bekanntesten ist.

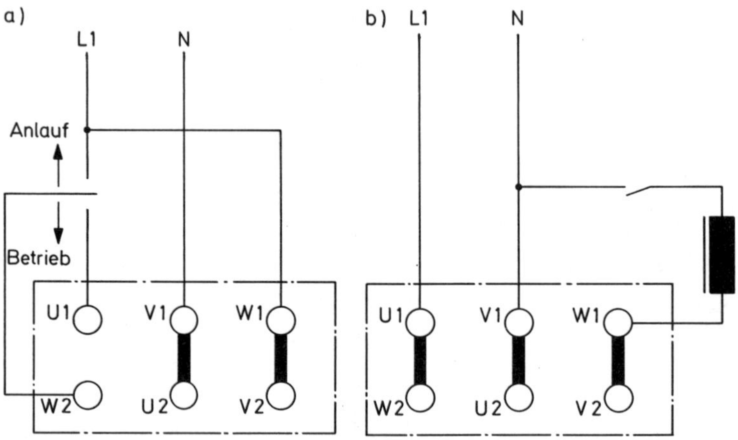

Bild 6.13
Anlaßmöglichkeiten von D-Motoren am E-Netz
a) ohne Anlaßglied
b) mit Anlaßglied

6.5.1 Steinmetzschaltung

Die Steinmetzschaltung kommt für Y- wie auch für △-Schaltung in Verbindung mit Kondensatoren zur Anwendung (Bild 6.14). Bei der Spannungsangabe 230/400 V wird der Drehstrommotor am 230-V-Einphasennetz in Dreieck, bei 133/230 V in Stern geschaltet.

In DIN 48501 sind nach praktischer Erfahrung die Größen der Betriebskondensatoren wie folgt festgelegt (Tabelle 6.1):

Mit dem Betriebskondensator wird ein Anzugsmoment M_A von etwa 50% des Nennmoments M_N erreicht. Die Leistung beträgt etwa 70% der normalen Drehstrommotorenleistung. Soll das Anzugsmoment höher liegen (ewa 100%), legt man einen Anlaßkondensator C_A mit etwa dreifacher Kapazität parallel zum Betriebskondensator. Nach erfolgtem Hochlauf muß der Anlaufkondensator C_A abgeschaltet werden (Bild 6.14).

Tabelle 6.1
Betriebskondensatoren für Steinmetzschaltung

Leistung des Drehstrommotors in W	Erforderliche Kondensatorgröße in μF bei f = 50 Hz		
	Netzspannung 115 V	Netzspannung 230 V	Netzspannung 400 V
100	28	7	2
200	52	13	4
300	80	20	7
400	104	26	9
500	132	33	11
600	160	40	13
700	184	46	15
800	212	53	18
900	236	59	20
1000	264	66	22
1100	–	73	24
1200	–	79	26
1300	–	86	29
1400	–	93	31
1500	–	99	33

Durch Umklemmen oder Umschalten des Betriebskondensators läßt sich die Drehrichtung umkehren (Bild 6.14). Wie der Einphasenmotor läßt sich auch der Steinmetzmotor bis etwa 2 kW Leistung überall am Einphasennetz verwenden.

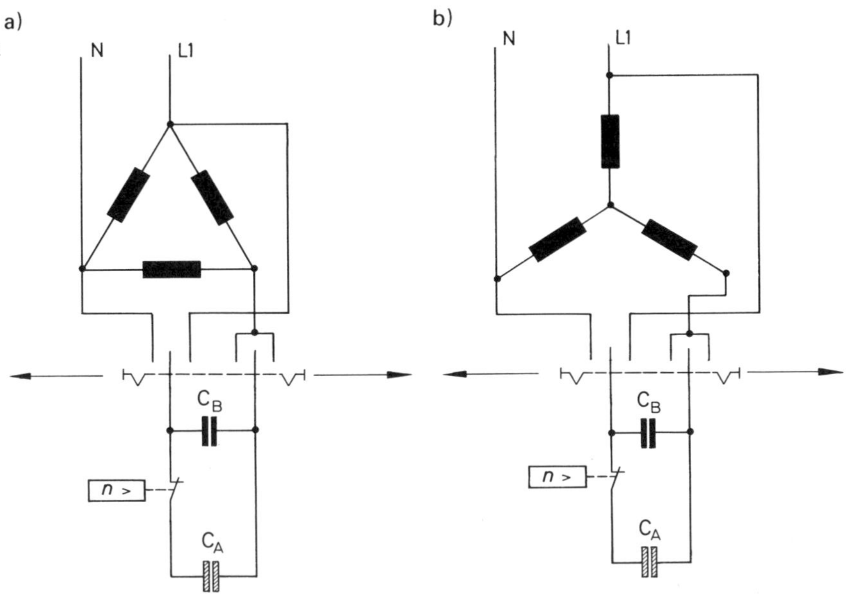

Bild 6.14
Steinmetzschaltungen
a) Motor 230/400 V am 230-V-Netz
b) Motor 133/230 V am 230-V-Netz

7 Synchronmaschinen

Synchronmaschinen sind Drehfeldmaschinen ohne Stromwender. Sie arbeiten ohne Schlupf ($s = 0\%$), d. h., Drehfelddrehzahl und Läuferdrehzahl stimmen überein.

In Synchronmaschinen wird das Drehfeld durch ein Gleichfeld eines umlaufenden Permanent- bzw. Elektromagneten erzeugt (Generatoren) * *oder wenn in eine Drehstromwicklung Drehstrom hineingeschickt wird (Motoren).*

Während Asynchronmaschinen vorwiegend zum Motorenbetrieb Verwendung finden, kommen Synchronmaschinen hauptsächlich für Generatorenbetrieb in Frage.

7.1 Aufbau

Grundsätzlich werden Außen- und Innenpolmaschinen hergestellt.

7.1.1 Außenpolmaschine

Der Ständer der Außenpolmaschine gleicht dem der Gleichstromnebenschlußmaschine ohne Wendepole (Bild 1a), der Läufer dem des Schleifringläufers (Bild 5.3). Die Spannungserzeugung erfolgt im Läufer, die elektrische Energie wird über Schleifringe zu- bzw. abgeführt. Bei höheren Spannungen bereitet die Isolation der Schleifringe Schwierigkeiten. Hohe Leistungen erfordern große Ausmaße der Schleifringe und Bürsten. Die Fliehkräfte der rotierenden Maschinenteile können beachtliche Größen erreichen. Aus diesem Grunde werden Synchron-Außenpolmaschinen nur für kleinere Leistungen gebaut. Einankerumformer – von der Wechselstromseite betrachtet – sind Synchron-Außenpolmaschinen (Abschnitt 9.3).

7.1.2 Innenpolmaschine

Der Ständer der Innenpolmaschine gleicht dem der normalen Asynchronmaschine. Das Magnetfeld wird im Läufer (Polrad) erzeugt. Entsprechend der Art der Antriebsmaschine

Dampfturbine → Schnelläufer
Wasserturbine → Langsamläufer

---

* Die obige festgelegte Drehfeldbildung für Generatoren gilt für die weitaus häufiger in der Praxis vorkommenden Innenpolmaschinen (Abschnitt 7.1.2).

wird das Polrad als

a) Vollpolläufer, auch Walzen- oder Zylinderläufer genannt, für hohe Drehzahlen bzw.
b) Schenkelpolläufer, auch Läufer mit ausgeprägten Polen genannt, für langsamere Drehzahlen ausgeführt.

Innenpolmaschinen werden heute für Leistungen über 2,6 GVA (sprich: Giga-Volt-Ampere) gebaut*.

Zu a) Der *Vollpolläufer* besitzt ein z. T. mit Parallel- bzw. Radialnuten hergerichtetes Läufereisen, in dem die Erregerwicklung untergebracht ist (Bild 7.1). Die Nuten werden durch Bronzekeile verschlossen. Vollpolläufer haben gewöhnlich Dampfturbinen als Antriebsmaschinen und werden deshalb vorwiegend zweipolig, seltener vierpolig und sehr selten sechspolig ausgeführt.

a)

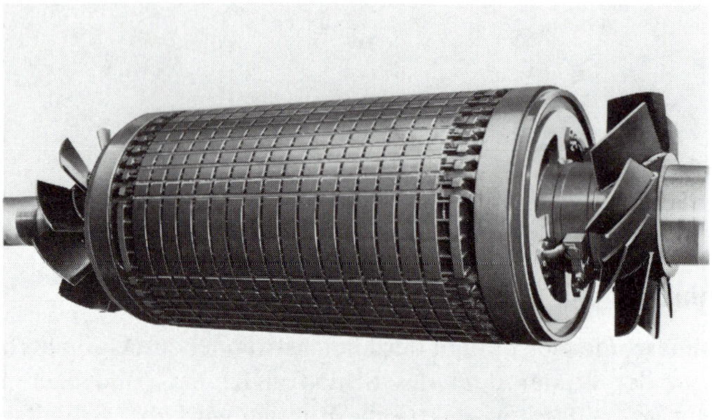

Bild 7.1 Vollpolläufer
a) Vierpoliger Vollpolläufer. Werkbild: Siemens
b) Schematische Darstellung eines zweipoligen Vollpolläufers mit Parallelnuten
c) Schematische Darstellung eines vierpoligen Vollpolläufers mit Radialnuten

b) c)

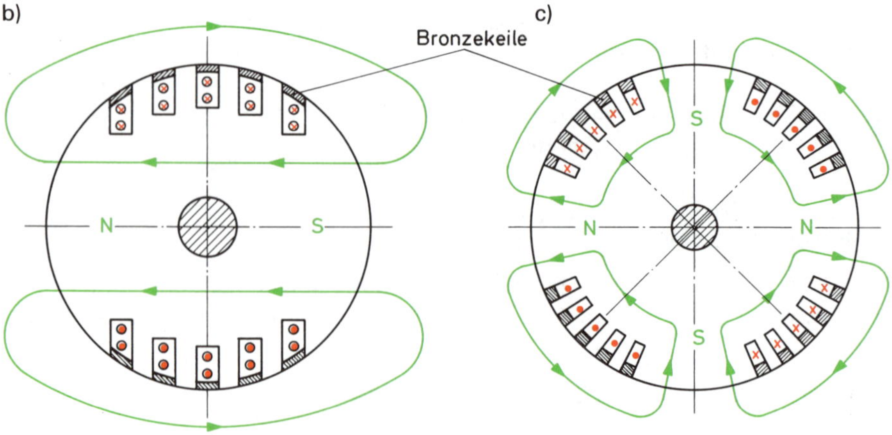

* Der Entwicklungstrend neigt – infolge hoher Einsparung an Energie – immer mehr zum Supraleiter-Generator hin. Man ist der Ansicht, daß am Ende dieses Jahrhunderts der größte Teil der Kraftwerke mit derartigen Generatoren ausgerüstet sein wird.

Bild 7.2a Zwölfpoliger Schenkelpolläufer. Werkbild: BBC

Zu b) Der *Schenkelpolläufer* besitzt ausgeprägte Pole, auf deren Polschäften die von Gleichstrom durchflossenen Erregerwicklungen untergebracht sind (Bild 7.2). Schenkelpolläufer werden normalerweise von Wasserturbinen angetrieben.

Bild 7.2b
Vierpoliger Schenkelpolläufer
Werkbild: Siemens

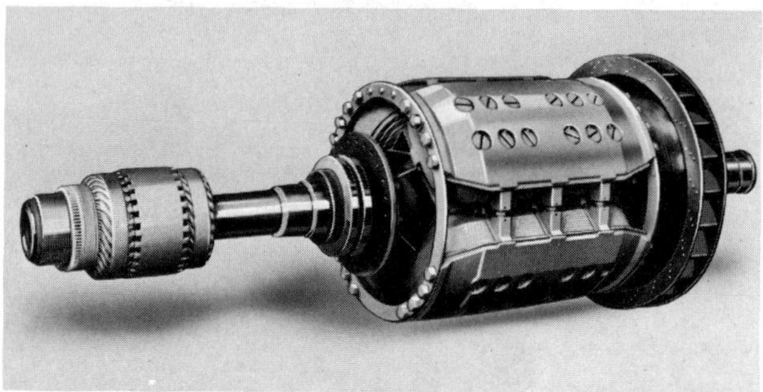

Bild 7.2c
Vierpoliger Schenkelpolläufer mit angebautem Anker der Erregermaschine
Werkbild: AEG-Telefunken

7.1.3 Dämpferwicklung

Die Ausführung der Dämpferwicklung gleicht der Käfigläuferwicklung. Die Dämpferstäbe können in Rund-, Rechteck- oder Flachform ausgeführt sein und sind an den Stirnseiten durch Kurzschlußringe verbunden (Bild 7.2). Die Stäbe werden unisoliert in den Polschuhen untergebracht. Dämpferwicklungen können drei grundlegende Aufgaben erfüllen:

a) Bei Parallelschaltung von Synchrongeneratoren soll die Netzstabilität gewahrt werden.
b) Bei schnell entstehenden Belastungsänderungen sollen Pendelerscheinungen und somit Oberwellenbildungen (Abschnitt 5.3.2.2) verhindert werden, um zusätzliche Verluste im Generator und Netz zu verhüten. Während der Pendelschwingungen treten in der Dämpferwicklung Ströme auf, die ein zusätzliches Hilfsmoment hervorrufen, um damit das Polrad schnell wieder «in Tritt» zu bringen.
c) Bei Synchronmotoren können Dämpferwicklungen zum Selbstanlauf dienen (Abschnitt 7.4.1).

7.1.4 Erregermaschine

Die Erregermaschine ist ein angepaßter Gleichstrom-Nebenschlußgenerator, der gewöhnlich auf der Welle der Synchronmaschine sitzt (Eigenerregung – Bild 7.2c). Bei Spannungen von 60 V bis etwa 220 V wird dem Polrad die notwendige Erregerleistung zugeführt. In großen Synchronmaschinen können Erregerströme in der Größenordnung von einigen hundert Ampere fließen. Vielfach wird in moderneren Anlagen die Selbsterregung angewandt. Die «aufgeschaukelte» Erregerenergie wird gleichgerichtet, geglättet und dem Polrad zugeführt. Die Konstanthaltung der Netzspannung erfolgt gewöhnlich durch elektronische Regelung.

7.2 Wirkungsweise des Synchrongenerators

7.2.1 Leerlauf

Wie bei jeder spannungserzeugenden Maschine gilt auch hier das allgemeine Induktionsgesetz

$$U_0 \approx \Phi \cdot n \cdot N$$

Wegen Frequenzeinhaltung muß die Maschine zunächst auf ihre synchrone Drehzahl $n_0 = 60 \cdot f/p$ gebracht werden. Die Angleichung der richtigen Spannungshöhe erfolgt mit dem variablen Magnetfeld Φ.

Das Wachsen und Fallen des Magnetfeldes unterliegt dem Verlauf der Magnetisierungskennlinie; die Leerlaufkennlinie des Synchrongenerators ist deshalb identisch mit der des Gleichstromgenerators (Bild 2.9).

Bei der Innenpolmaschine wird die elektrische Spannung im Ständer (Anker) induziert. Die Generatorspannungen in den Kraftwerken liegen meist bei 10,5 kV; es gibt aber auch Sonderfälle über 27 kV. Bei noch höheren Spannungen bedeutet der aufkommende Glimmeffekt Gefahr für die Ankerleiterisolation. Mit neuen Supraleiter-Generatoren strebt man durch ein besonderes Wickelverfahren Spannungen bis 500 kV an.

Bei hohen Betriebsspannungen liegen auch die Remanenzspannungen beachtlich hoch. Angenommen bei $U = 10\,500$ V und 4% Remanenz wird

$$U_{\text{Remanenz}} = 0{,}04 \cdot 10\,500\ \text{V} = \underline{\underline{420\ \text{V}!}}$$

7.2.2 Belastung

Die Leistungsangabe des Synchrongenerators in kVA (Bild 7.3) zeigt, daß Parallelen zum Transformator vorhanden sind (Abschnitt 4.3.1). Die Höhe der Klemmenspannung wird durch den ohmschen Spannungsfall ($I \cdot R_i$) und durch den vom Streufeld verursachten induktiven Spannungsfall ($I \cdot \omega L_i$) in der Maschine beeinflußt (Bild 7.4). Die Spannungshöhe wird aber hauptsächlich – wie beim Transformator – von der Belastungsart (ohmsche, induktive bzw. kapazitive Last) bestimmt.

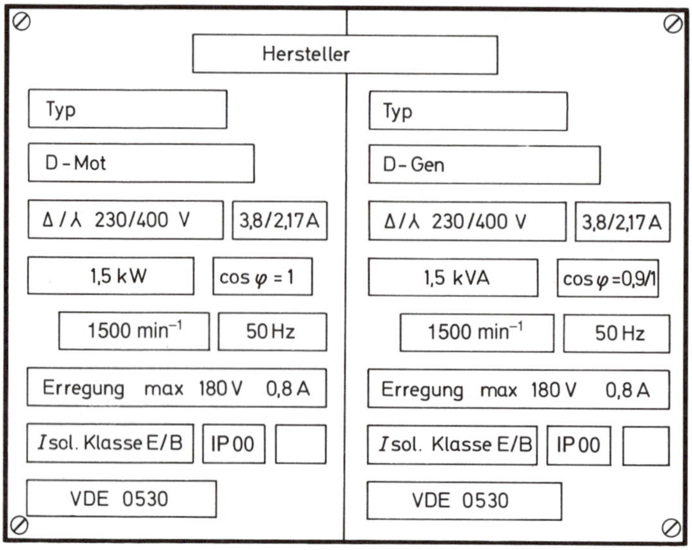

Bild 7.3
Leistungsschild einer Synchronmaschine

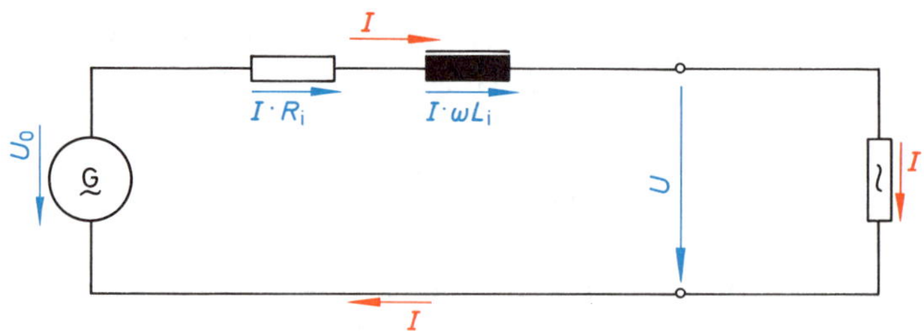

Bild 7.4
Spannungsverhältnisse im Synchrongenerator

a) Ohmsche Belastung (Bild 7.5)

Bei ohmscher Netzbelastung (Bild a) haben Spannung U und Strom I den Phasenwinkel 0° ($\cos\varphi = 1$) zur Folge (Bild b). Es entsteht wie bei Gleichstromgeneratoren (hier liegt stets ohmsche Belastung vor) ein *Ankerquerfeld* Φ_2 (Bild c), das eine Verschiebung des Polfeldes Φ_1 zur ablaufenden Kante verursacht. Die entstehende Feldverzerrung bringt eine Verminderung der Klemmenspannung U mit sich (Bild d).

b) Induktive Belastung (Bild 7.6)

Bei rein induktiver Netzbelastung (Bild a) eilt der Strom I der Spannung U um 90° ($\cos\varphi = 0$) nach (Bild b). Die veränderte Phasenlage des Netzstromes I bringt eine Stromverlagerung im Ständer (Anker) der Maschine mit sich. Das Ankerquerfeld wird zum *Ankergegenfeld* Φ_2 (Bild c). Die neue Phasenlage der Spannungsfälle verursacht noch stärkeren Fall der Klemmenspannung als bei ohmscher Belastung (Bild d). Hauptabneh-

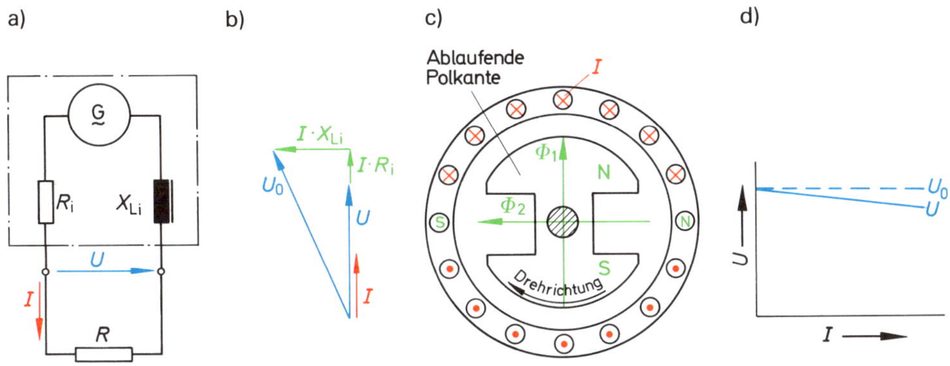

Bild 7.5 Betriebsverhältnisse des Synchrongenerators bei ohmscher Last
a) Schaltbild
b) Zeigerbild
c) Ströme und Magnetflüsse
d) Kennlinie
Bemerkung: Zwecks besserer Unterscheidung sind die Spannungen im Bild b) verschiedenfarbig dargestellt.

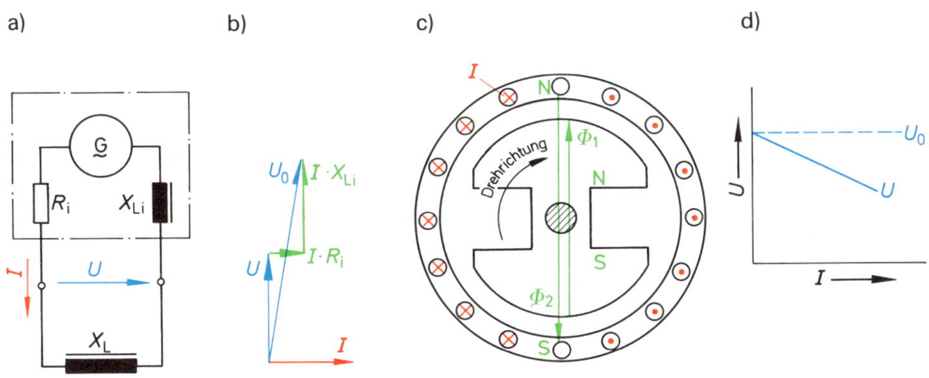

Bild 7.6 Betriebsverhältnisse des Synchrongenerators bei induktiver Last
a) Schaltbild
b) Zeigerbild
c) Ströme und Magnetflüsse
d) Kennlinie
Bemerkung: Zwecks besserer Unterscheidung sind die Spannungen im Bild b) verschiedenfarbig dargestellt.

mer der elektrischen Energie sind die Asynchronmotoren, die Wirk- und Blindleistung benötigen. Das Polrad des Synchrongenerators muß deshalb stets eine gewisse magnetische Reserve aufweisen, um stärkere Spannungsfälle ausgleichen zu können.

c) Kapazitive Belastung (Bild 7.7)

Bei rein kapazitiver Netzbelastung (Bild a) eilt der Strom I der Spannung U um 90° ($\cos\varphi = 0$) vor (Bild b). Die Verlagerung der Ströme im Ständer (Anker) gegenüber der rein induktiven Belastung wird jetzt 180° entgegengesetzt. Das Ankerfeld wird zum *Ankermitfeld* Φ_2 (Bild c). Die gegenseitige Unterstützung der Felder Φ_1 und Φ_2 bringt eine Spannungserhöhung mit sich (Bild d). Schon ein langes offenes Kabel kann beachtliche kapazitive Belastung darstellen und am Kabelende eine höhere Spannung als am Kabelanfang aufweisen (Ferranti-Effekt).

Die Höhe der Klemmenspannung hängt während des Betriebes neben der Belastungsgröße von der Belastungsart und damit vom Charakter der Ankerrückwirkung ab.

Mit Rücksicht auf angeschlossene Verbraucher muß die Spannung konstant gehalten werden. Das geschieht mit Hilfe von Schnellregeleinrichtungen.

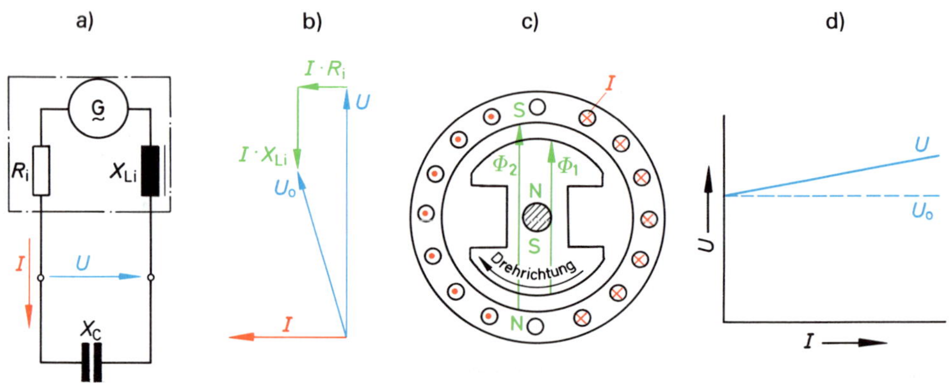

Bild 7.7 Betriebsverhältnisse des Synchrongenerators bei kapazitiver Last
a) Schaltbild
b) Zeigerbild
c) Ströme und Magnetflüsse
d) Kennlinie
Bemerkung: Zwecks besserer Unterscheidung sind die Spannungen im Bild b) verschiedenfarbig dargestellt.

7.3 Parallelschaltung

Der Sinn der Parallelschaltung ist auch hier eine Leistungserhöhung, und wie beim Parallelschaltungsvorgang von Gleichstromgeneratoren und Transformatoren sind entsprechende Voraussetzungen zu erfüllen.

7.3.1 Synchronisiervorgang

a) *Gleiche Betriebsspannungen* werden mit Spannungsmessern überprüft und durch Feldänderungen mittels Feldsteller angeglichen.
b) *Gleiche Frequenzen* werden durch Drehzahlabgleich erreicht. Die Überprüfung erfolgt durch Frequenzmesser. Unterschiedliche Frequenzzahlen führen zu Schwebungen.
c) *Gleiche Phasenfolge* kann etwa mit der Polarität bei Gleichstrommaschinen verglichen werden. Haben die parallelzuschaltenden Generatoren Rechtslauf, muß der Anschluß in Buchstabenfolge (L 1–U; L 2–V; L 3–W) durchgeführt werden. Die richtige Phasenfolge wird mit dem Drehfeldanzeiger überprüft.
d) *Gleiche Phasenlage* ist bestimmt durch das gleichzeitige Zusammentreffen der Höchst- bzw. Tiefstwerte (Deckungsgleichheit) der Spannungswellen innerhalb der zusammenzuschaltenden Systeme (Bild 7.8).

Synchronismus, d. h. Gleichzeitigkeit, besteht dann, wenn die Forderungen gleiche Frequenz und gleiche Phasenlage erfüllt sind.

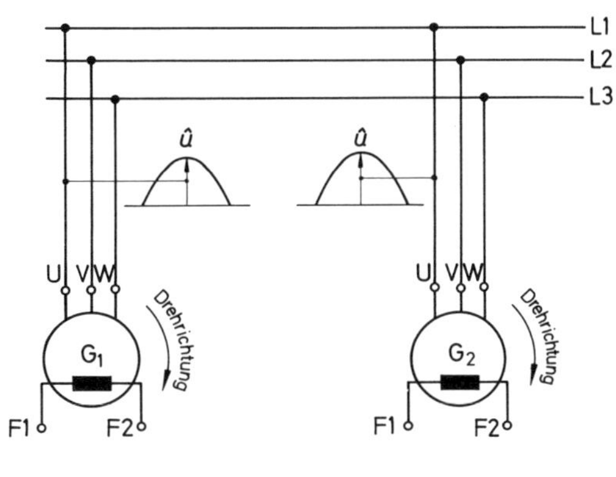

Bild 7.8
Gleiche Phasenlage bei parallelgeschalteten Synchrongeneratoren

7.3.2 Prüfung der Phasenlage

Bei Transformatoren ist die notwendige Phasenlage durch die Schaltgruppe festgelegt. Bei Synchrongeneratoren wird die richtige Phasenlage durch Synchronisier-Lampenschaltungen bzw. Synchronoskope überprüft.

7.3.2.1 Synchronisier-Lampenschaltungen

a) Die *Dunkelschaltung* kommt häufig zur Anwendung, da Hell-Dunkel-Unterschiede während des Synchronisierens gut erkennbar sind. Beim langsamen An- und Ausgehen der Lampen ist die Nähe des Synchronisierpunktes erreicht. Bleiben die Lampen dunkel, kann parallelgeschaltet werden (Bild 7.9).

b) Die *Hellschaltung* kommt selten zur Anwendung, da der Zeitpunkt des Parallelschaltens weniger gut zu erkennen ist (Bild 7.10).

c) Die *Umlaufschaltung (drehendes Licht, kombinierte Schaltung, Hell-Dunkel-Schaltung)* ist die beste Synchronisier-Lampenschaltung.
Die Drehrichtung des Lichtes läßt erkennen, ob der parallelzuschaltende Generator zu schnell bzw. zu langsam läuft. Kommt das umlaufende Licht im rechten Augenblick zum Stillstand und entsprechen die Lampenanzeigen den geforderten Bedingungen (Lampen in Hellschaltung müssen leuchten, Lampen in Dunkelschaltung müssen dunkel sein), kann parallelgeschaltet werden (Bild 7.11).

Da während des Synchronisiervorganges die Spannung kurzzeitig wesentlich höher als 220 V sein kann, sind in den Bildern 7.9 bis 7.11 jeweils zwei Lampen in Serie geschaltet.

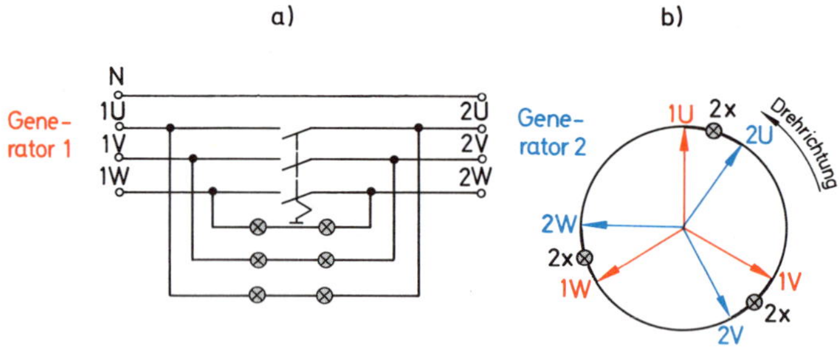

Bild 7.9
Synchronisiereinrichtung
Lampen-Dunkel-Schaltung
a) Schaltbild
b) Zeigerbild

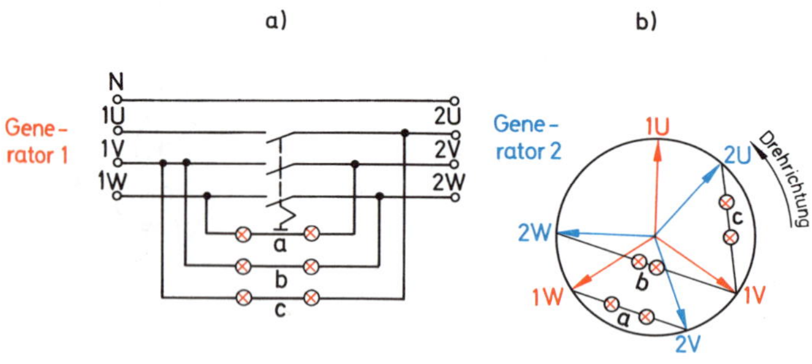

Bild 7.10
Synchronisiereinrichtung
Lampen-Hell-Schaltung
a) Schaltbild
b) Zeigerbild

Bild 7.11
Synchronisiereinrichtung
Lampen-Umlauf-Schaltung
a) Schaltbild
b) Zeigerbild

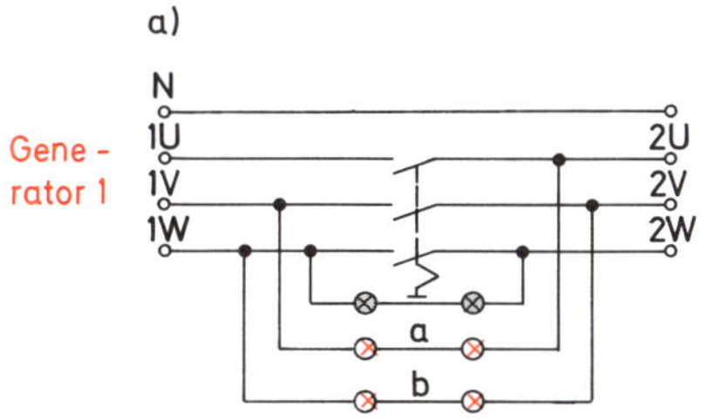

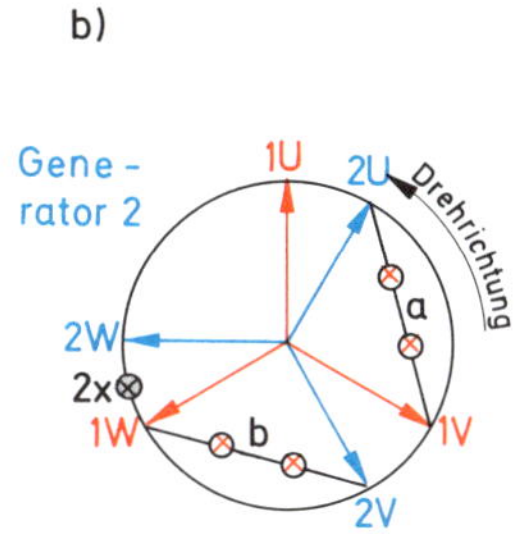

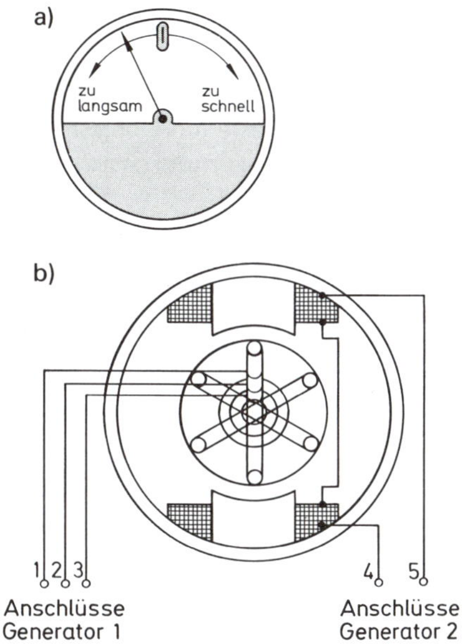

Bild 7.12 Synchronoskop
a) Skala mit rotierendem Zeiger
b) Schematische Darstellung

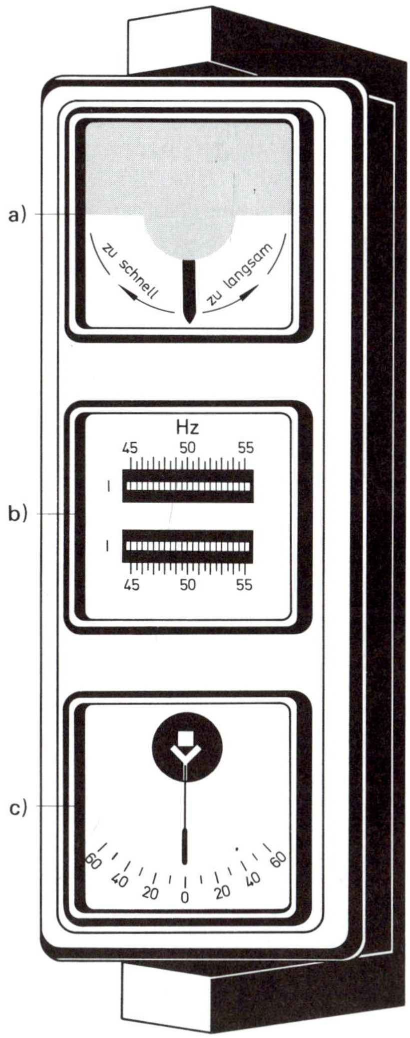

Bild 7.13 Synchronisierwandarm mit
a) Synchronoskop
b) Doppelfrequenzmesser
c) Differenzspannungsmesser
Werkbild: AEG-Telefunken

7.3.2.2 Synchronoskop

Exakter als Synchronisier-Lampenschaltungen arbeiten Synchronoskope. Bezüglich ihres Aufbaus unterscheidet man:

1. Elektrostatisches Synchronoskop,
2. Induktionssynchronoskop,
3. Elektrodynamisches Synchronoskop (Bild 7.12).

Das elektrodynamische Synchronoskop entspricht im Prinzip einem kleinen Schleifringläufermotor, dessen Ständerwicklung mit einer Generatorenseite und dessen Läuferwicklung mit der anderen Generatorenseite (bzw. dem Netz) verbunden ist. Der Rechts- bzw. Linkslauf des Zeigers besagt (wie bei der Umlaufschaltung), ob der zuzuschaltende Generator zu langsam oder zu schnell läuft. Steht der Zeiger auf der markierten Anzeige der Scheibe, ist Phasengleichheit erreicht.

In Kraftwerken ist die Synchronisiereinrichtung als Synchonisierarm mit Doppelspannungsmesser oder Differenzspannungsmesser, Doppelfrequenzmesser und Synchronoskop ausgeführt (Bild 7.13).

Den prinzipiellen Aufbau einer Parallelschaltung von Synchrongeneratoren zeigt Bild 7.14.

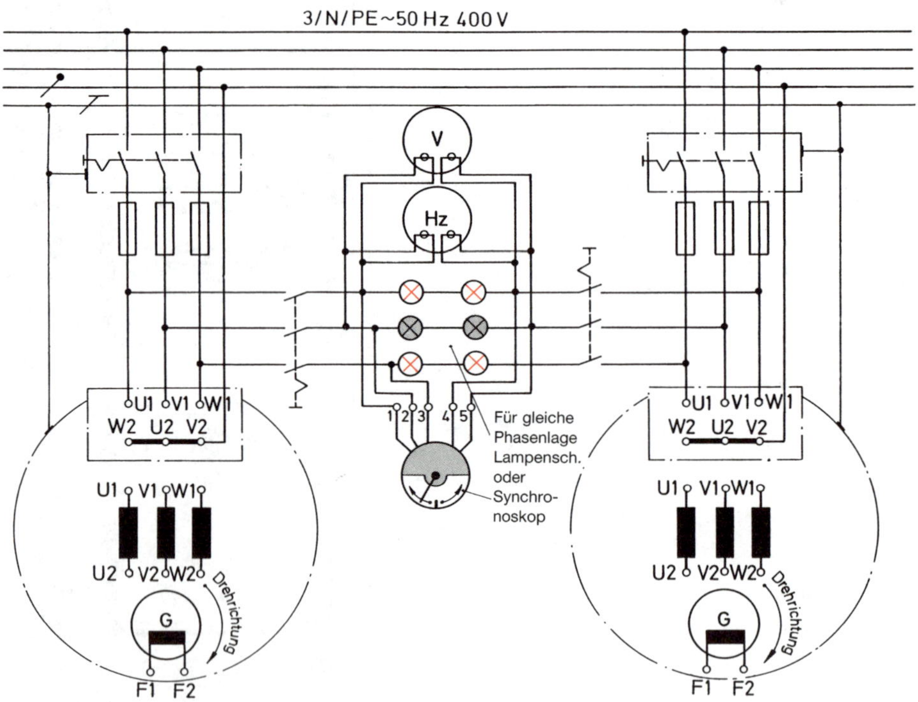

Bild 7.14 Parallelschaltung zweier Synchrongeneratoren mit Synchronisiereinrichtung

7.3.3 Lastverteilung

Nach dem Synchronisiervorgang muß die notwendige Wirkleistungsverteilung erfolgen. Dieser Vorgang ist bei Gleichstromgeneratoren relativ einfach: Der Generator, der den höheren Leistungsanteil erbringen soll, wird schneller angetrieben bzw. höher erregt. Eine höhere Erregung hat aber bei Synchrongeneratoren Blindleistungsänderungen zur Folge (Abschnitt 7.4.3). Ein schnellerer Lauf verändert die Frequenz. Sobald zwischen den Polrädern ein Lastwinkel (Polradwinkel) ϑ herrscht, wird stets der Generator mit dem voreilenden Polrad die höhere Wirkleistung ins Netz liefern (Bild 7.15). Bei weiterer Vergrößerung des Polradwinkels kann der nacheilende Generator ganz entlastet werden und sogar in den Motorenzustand übergehen.

Bild 7.15 Parallel arbeitende Generatoren mit Lastwinkel ϑ

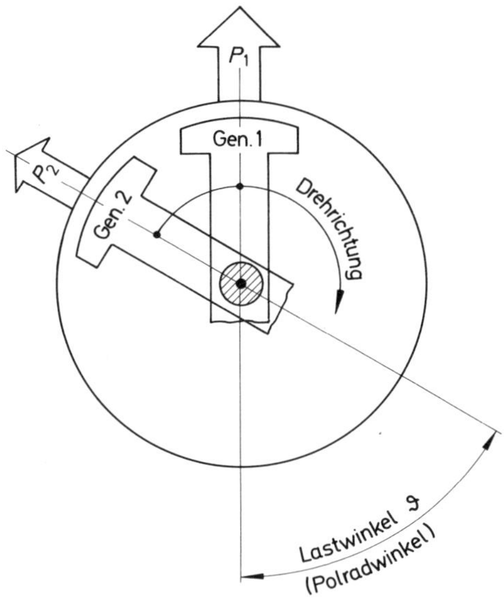

Das nacheilende Polrad muß mit höherem Drehmoment angetrieben werden. Zu diesem Zweck erhält die Antriebsmaschine (Dampfmaschine, Wasserturbine usw.) erhöhte Energiezufuhr. Sobald der Lastwinkel ϑ Null geworden ist, herrscht gleichmäßige Lastverteilung. Die Dämpferwicklung sorgt dafür, daß Pendelungen und somit Frequenzabweichungen in Grenzen bleiben (Abschnitt 7.1.3).

Bei Steigerung der mechanischen Energiezufuhr einer Antriebsmaschine gibt ein mit ihr gekuppelter Synchrongenerator höhere Wirkleistung ab.

7.4 Wirkungsweise des Synchronmotors

7.4.1 Anlaufbedingungen

Legt man den Ständer einer Synchron-Innenpolmaschine an das Versorgungsnetz, entsteht ein Drehfeld (Abschnitt 5.1); der Anlauf des Polrades ohne Hilfseinrichtungen erfolgt aber nicht.

a) *Große Synchronmotoren* werden (wie große Kurzschlußläufermotoren) mit Hilfe eines Anwurfmotors in Gang gesetzt. Bevor man solche Synchronmotoren an das Drehstromnetz legt, müssen sie wie parallelzuschaltende Generatoren behandelt werden (gleiche Spannung U, gleiche Frequenz f, gleiche Phasenfolge, gleiche Phasenlage). Nach erfolgter Synchronisierung wird der Anwurfmotor abgeschaltet. Mit Hilfe der Erregung wird die günstigste Stromaufnahme aus dem Drehstromnetz eingestellt (Abschnitt 7.4.3).

b) *Kleine Synchronmotoren* werden gewöhnlich mit Anlaßwicklung (Dämpferwicklung – Abschnitt 7.1.3) in Gang gesetzt. Der Motor hat in diesem Augenblick das Verhalten eines Kurzschlußläufermotors. Der Anlaßvorgang kann direkt bzw. über die üblichen Anlaßglieder (Y-△-Schalter, Ständeranlasser, Anlaßtransformator) erfolgen. Im Anlauf ist die Gleichstromerregung abgeschaltet und die Erregerwicklung F1–F2 des Polrades kurzgeschlossen. Grund des Kurzschlusses: Das Drehfeld würde in den Erregerwicklungen Spannungen von großer Höhe (oft über 1000 V) induzieren. Ist der Anlauf erfolgt, wird die Kurzschlußbrücke von F1–F2 geöffnet und die Gleichstromerregung eingeschaltet. Das erregte Polrad wird in den Synchronismus gezogen, die Dämpferwicklung wird wirkungslos.
Der Anlauf des Synchronmotors erfolgt durch Anwurfmotor bzw. durch asynchronen Anlauf mit Dämpferwicklung (Anlaßwicklung).

7.4.2 Betriebsverhalten

Synchronmotoren haben konstante Betriebsdrehzahlen, die sich auch bei normalen Lastschwankungen nicht ändern. Sie arbeiten mit dem Schlupf $s = 0\%$.

7.4.2.1 Leerlauf

Das Ständerdrehfeld Φ_1 stellt mit dem Erregerfeld des Polrades Φ_2 einen festen *magnetischen Kraftschluß* dar, wobei sich immer entgegengesetzte Pole gegenüberstehen (Bild 7.16). Die Drehzahl des rotierenden Drehfeldes ist für das Polrad richtungsweisend. Wie alle Drehfeldmotoren ohne Stromwender sind auch Synchronmotoren an die Beziehung

$$n_0 = \frac{60 \cdot f}{p} \text{ gebunden.}$$

Bild 7.16 Leerlauf des Synchronmotors

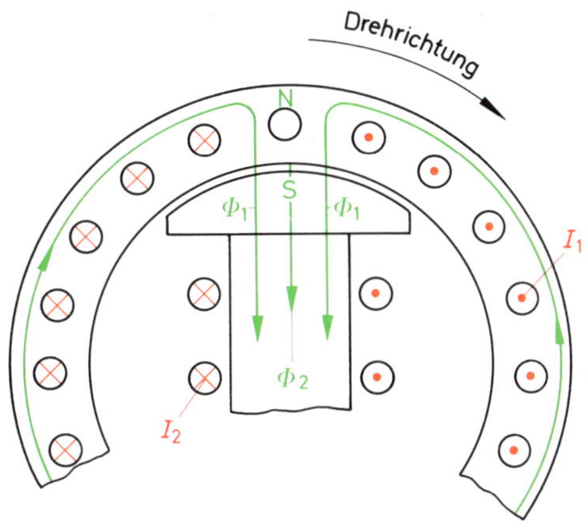

Bild 7.17 (unten) Belastung des Synchronmotors
a) Lastwinkel ϑ
b) Drehmomentenkennlinie in bezug auf Polradwinkel

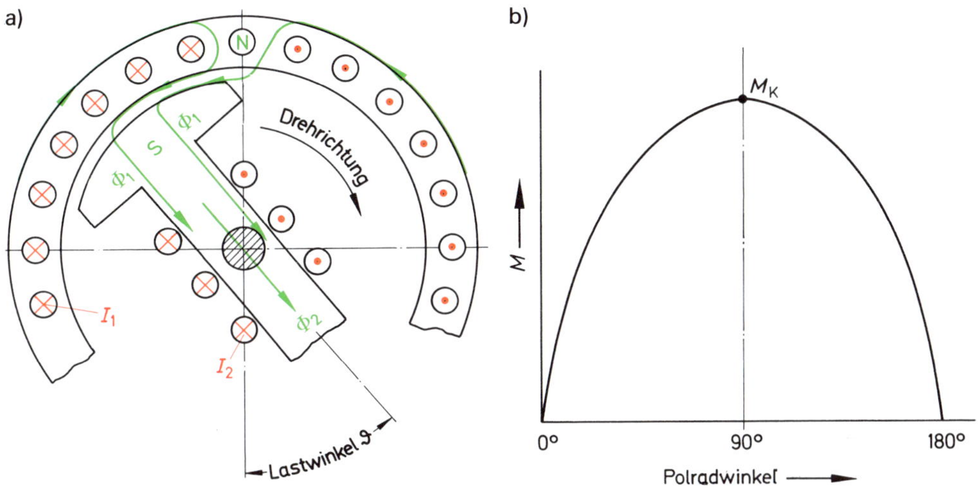

7.4.2.2 Belastung

Solange der Synchronmotor normalen Betriebsbedingungen unterworfen ist, läuft er synchron. Wächst die Belastung an der Welle, wird sich ein immer größerer Lastwinkel (Polradwinkel) ϑ einstellen (Bild 7.17). Beim zweipoligen Synchronmotor liegt das Kippmoment bei 90°; der voreilende Ständerpol wirkt auf den Läufer ziehend, der nacheilende schiebend. Reißt infolge zu starker Dehnung das «magnetische Band» zwischen Ständer und Läufer, kommt der Läufer zum Stillstand.

Synchronmotoren haben bei normalen Lastschwankungen unveränderte Drehzahlen; bei Überlast fallen sie «außer Tritt» und bleiben stehen.

7.4.3 Phasenschieber (Blindleistungsmaschine)

Die Höhe der Stromaufnahme eines Synchronmotors richtet sich nach der Belastung an der Welle und der Größe des Erregerstromes in der Polradwicklung. Der Synchronmotor kann nicht (wie der Gleichstrommotor) bei Verstellung der Erregung seine Drehzahl ändern. Eine Änderung des Erregerstromes I_e bringt eine Veränderung der Blindleistung Q und des Leistungsfaktors $\cos\varphi$ mit sich. Die Leistungsangabe kann darum wie beim Synchrongenerator auch in kVA erfolgen.

a) Veränderung des Erregerstromes

Wird der Erregerstrom I_e so eingestellt, daß der Leistungsfaktormesser (Bild 7.18a) den Wert $\cos\varphi = 1$ anzeigt, zeigt der Strommesser *a* (Bild 7.18a) den geringsten Stromwert an. Der gemessene Strom ist ein reiner Wirkstrom (Bild 7.18b). Der eingeschaltete Blindleistungsmesser (Bild 7.18a) zeigt den Wert null an. Der Synchronmotor nimmt in diesem Falle weder Blindleistung auf noch gibt er welche ab.

Wird der Erregerstrom I_e vermindert, schlägt der Leistungsfaktormesser nach «induktiv» aus. Der Blindleistungsmesser schlägt ebenfalls aus, und der Stromwert des Strommessers *a* steigt an (V-Kurve: Bild 7.18b).

Wird der Erregerstrom I_e verstärkt, schlägt der Leistungsfaktormesser nach «kapazitiv» (entgegengesetzt) aus. Der Blindleistungsmesser hat ebenfalls entgegengesetzten Ausschlag. Der Stromwert steigt wiederum an (V-Kurve; Bild 7.18b).

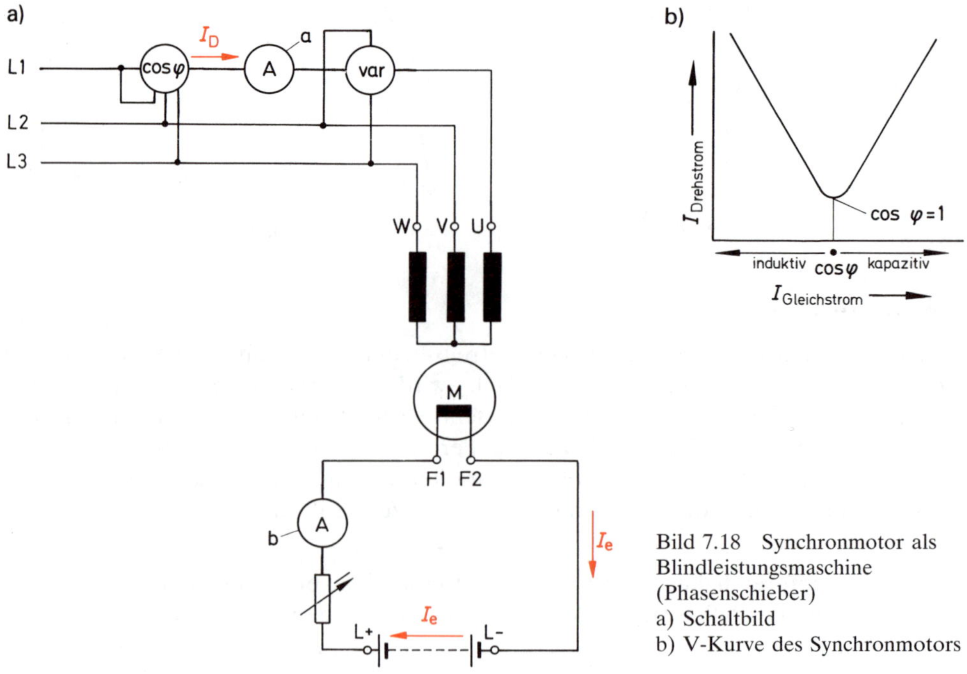

Bild 7.18 Synchronmotor als Blindleistungsmaschine (Phasenschieber)
a) Schaltbild
b) V-Kurve des Synchronmotors

Ein untererregter Synchronmotor nimmt Blindleistung aus dem Netz auf; beim übererregten Synchronmotor sind die Betriebsbedingungen umgekehrt.

b) Praktische Ausnutzung der Erregerstromänderungen
Der Synchronmotor läßt sich ausgezeichnet zur Anhebung des Leistungsfaktors $\cos\varphi$ verwenden (Phasenschieber, Blindleistungsgenerator). In größeren Anlagen arbeiten bisweilen anstatt Kondensatoren Synchronmotoren. Durch stetige Veränderung des Erregerstromes I_e läßt sich der Leistungsfaktor $\cos\varphi$ bei jeder Belastungsart im Netz auf den gewünschten Sollwert einstellen. Mit Hilfe eines Blindverbrauchszählers kann die Sollwertregelung über ein automatisches System erfolgen. Liegt keine volle Auslastung als Phasenschieber (Blindleistungsmaschine) vor, kann der Synchronmotor entsprechend dem Gesetz

$$S = \sqrt{Q^2 + P^2} \quad \text{in kVA}$$

noch mechanische Leistung an seiner Welle abgeben.

7.5 Synchron-Kleinstmaschinen

Besitzen Synchron-Kleinstmaschinen permanente Magnetpole, lassen sie sich als Generator (Fahrraddynamo) und als Motor verwenden. Besitzen sie dagegen Weicheisenpole, ist nur die Verwendung als Motor möglich.

7.5.1 Synchron-Kleinstmotor

7.5.1.1 Aufbau

Das Ständereisen läuft gewöhnlich in zwei Polhörnern aus, die an den Innenseiten mit je 8 bis 10 Zähnen versehen sind. Die Netzwicklung (Ständerwicklung) U1–U2 ist eine einfache konzentrische Spule. Der Ständer ist aus Dynamoblechen aufgebaut. Der Läufer kann aus weich- oder hartmagnetischem Werkstoff bestehen. Er besitzt – der gewünschten Drehzahl entsprechend – am gesamten Umfang als Pole ausgebildete Zähne (Bild 7.19) bzw. überhöhte magnetische Zonen.

7.5.1.2 Wirkungsweise

Synchron-Kleinstmotoren können für Anwurf wie auch für Selbstanlauf gebaut sein. Die eingeschaltete Netzwicklung U 1–U 2 baut ein Wechselfeld auf. Den Polaritäten der Polhörner stehen entgegengesetzte Läuferpolaritäten gegenüber (Bild 7.19a). Besteht

a)

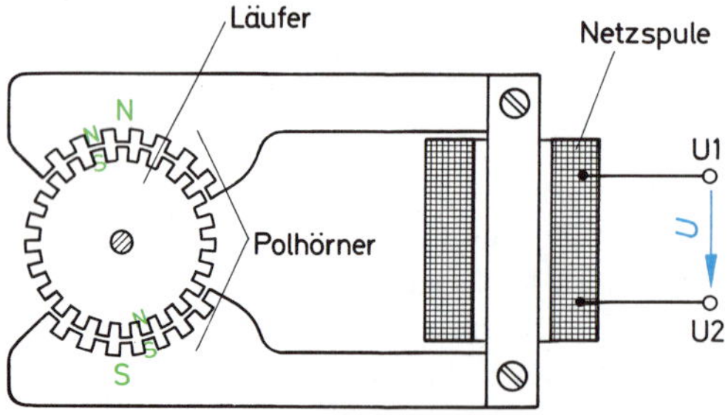

b)

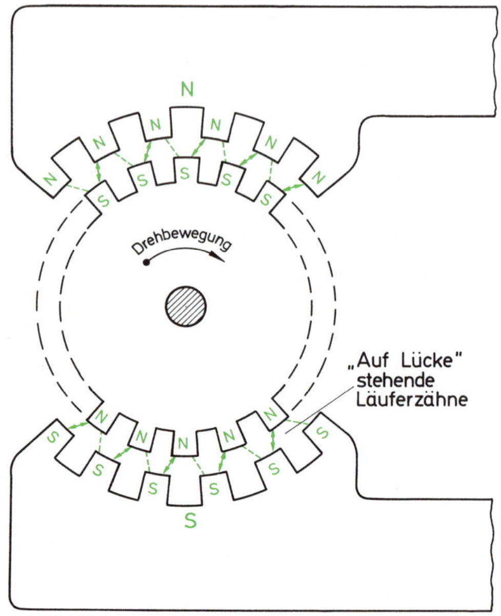

Bild 7.19 Synchron-Kleinstmotor
a) Einschaltmoment
b) Betriebszustand

der Läufer aus Weicheisen, ist ein Selbstanlauf nicht möglich. Die durch den Anwurf entstehende Schwungenergie bewegt den auf «Lücke stehenden» Läufer weiter (Bild 7.19b). So wird bei jeder Halbperiode des Wechselstromes ein Läuferzahn um eine Zahnteilung am Polhorn weiterrücken.

Die Zähnezahl des Läufers (nicht die Zähnezahl des Polhorns) ist bestimmend für die Drehzahl.

Beispiel

Der Läufer eines Uhrenmotors hat die Zähnezahl $z = 30$. Wie groß wird die Umdrehungszahl n_0 bei $f = 50\,\text{Hz}$?

Lösung

$$n_0 = \frac{120 \cdot f}{z} = \frac{2 \cdot 60\,\text{s} \cdot \text{min}^{-1} \cdot 50\,\text{s}^{-1}}{30} = \underline{\underline{200\,\text{min}^{-1}}}$$

7.5.2 Drehstrom-Reluktanzmotor

Der Reluktanzmotor besitzt einen Kurzschlußläufer mit teilweise ausgebildeter Käfigwicklung (Bild 7.20a). Dadurch entstehen am Läuferumfang – entsprechend der Polzahl des Ständers – Zonen mit höherer und niedrigerer magnetischer Leitfähigkeit. Zonen (Bereiche) mit höherer Permeabilität (magnetische Leitfähigkeit) können als Pole

a)

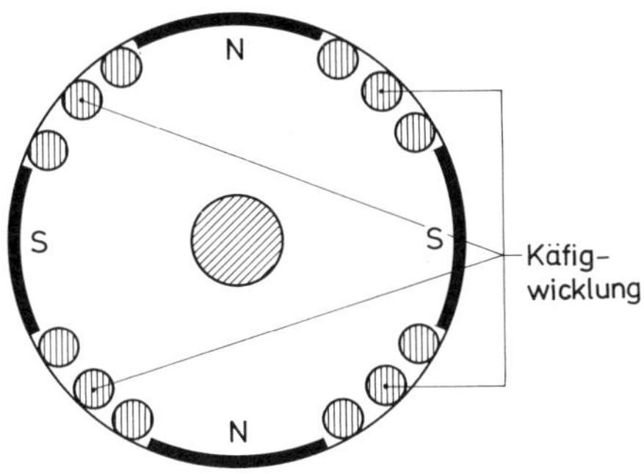

Bild 7.20 Reluktanzläufer
a) Ohne Aussparungen am Läuferumfang
b) Mit Aussparungen am Läuferumfang
Werkbild: AEG-Telefunken

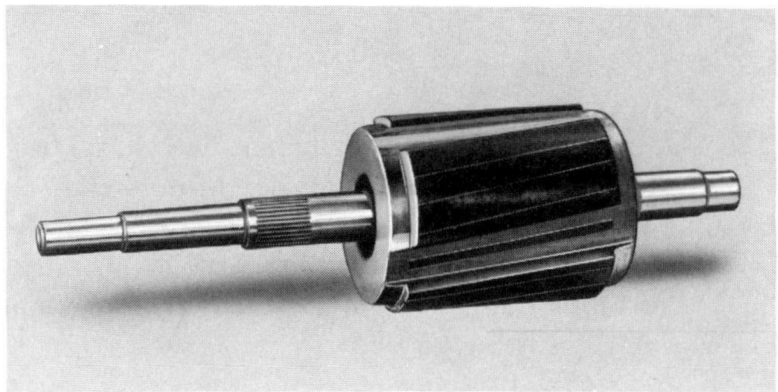

b)

angesehen werden. Das gleiche Ziel kann auch durch Aussparungen bzw. Abflachungen – wiederum entsprechend der Ständerpolzahl – am Läufer erreicht werden (Bild 7.20b). Die Überhöhungen am Läufer können hier ebenfalls als Pole betrachtet werden.

Durch das Bestreben der Feldlinien, den Weg des kleinsten magnetischen Widerstandes zu gehen, wird der Läufer in den Synchronismus gezogen.

Der Reluktanzmotor läuft asynchron an und zieht sich in den Synchronismus hinein. Bei Überlastung fällt er in den Asynchronismus zurück und läuft bei nicht zu großer Überlastung weiter. Die bauliche Veränderung des Läufers verschlechtert die Betriebseigenschaften wesentlich gegenüber einem gleichwertigen normalen Kurzschlußläufermotor. Darum kommt er nur für kleine Leistungen in Frage. Verwandt wird er als Uhrenmotor sowie für Spinnerei- und Aufspulmaschinen.

Vorteile
a) einfacher Aufbau, robust, wartungsfrei, preiswert,
b) benötigt keine besondere Anlaßhilfe,
c) benötigt keine besondere Gleichstromerregung.

Nachteile
a) keine Verwendungsmöglichkeit als Phasenschieber,
b) schlechter Wirkungsgrad η und Leistungsfaktor $\cos\varphi$.

7.6 Schrittmotoren

Herkömmliche Drehfeldmotoren (Synchron- und Asynchronmotoren) haben nach dem Gesetz

$$n_0 = \frac{60 \cdot f}{p}$$

fortlaufende Drehbewegungen. Das charakteristische Verhalten der Schrittmotoren ist die *schrittweise* Bewegung der Motorwelle. Der Motorenaufbau bestimmt die genau definierte Anzahl der Winkelschritte, die für eine Umdrehung der Motorenwelle erforderlich sind (Abschnitt 7.6.3.3). Ihr Einsatz erfolgt deshalb hauptsächlich für Positionieraufgaben im Bereich der Regelungs- und Steuerungstechnik (Abschnitt 7.6.4).

7.6.1 Funktionsbegriff

Schrittmotoren werden mit Gleichspannung betrieben. Um einen Schritt auszuführen, muß jeweils ein Spulensystem der Ständerwicklung des Motors umgepolt werden. Die Umpolung erfolgt durch impulsartige Ansteuerung von Transistoren, die hier die Aufgabe eines elektronischen Schalters haben und einen Stromwender überflüssig machen. Diese Funktionsweise entspricht dem Grundgedanken des Drehfeld-Synchronprinzips. Sie soll anhand des schematischen Bildes 7.21 erläutert werden.

Die beiden Elektromagneten stellen den Ständer, der Dauermagnet den Läufer des Schrittmotors dar. Werden nach vorgegebenen Zeittakten die Spulen N_1 und N_2 von Impulsen durchsetzt, wird sich der Permanentmagnet entsprechend der jeweiligen Ständerpolarität einstellen. Hat also z. B. der Läufer für Rechtslauf die Position 1, und es wird für einen Elektromagneten der Impuls gelöscht, vollführt hier der Permanentmagnet einen Winkelschritt von 45° nach Position 2. Bei abermaliger Eingabe eines Impulses in umgekehrter Richtung stellt er sich nach Position 3 usw. ein. Auf diese Weise lassen sich auch leicht Schrittumkehrungen erreichen. Das Erreichen der Position 2 wird nur durch Ausschalten eine Spule ermöglicht. Diese Steuerart wird als «Halbschritt» bezeichnet (Abschnitt 7.6.3.3).

7.6.2 Aufbau

a) Ständer
Die Ausführung kann sein als *Klauenpol-Schrittmotor* (Bild 7.22).

Eine Polkranzschale 1 (einseitiges Ständerblech) mit entsprechender Anzahl Polzähne greift in die Pollücken der gegenüberliegenden Polkranzschale 2 (Bild 7.22a). Beide Polkranzschalen bilden mit der Erregerringspule ein Polkranzsystem (Ständersystem mit 20 Polen). Ein zweites gleich aufgebautes Polkranzsystem ist gegenüber dem ersten in Umfangsrichtung um eine halbe Polteilung τ_p versetzt angeordnet. Damit ergibt

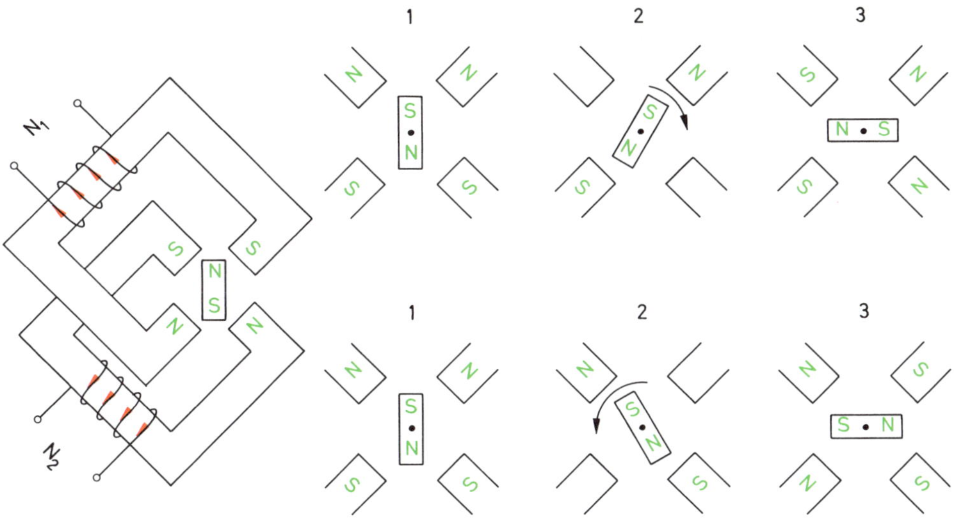

Bild 7.21 Schematische Darstellung zum Funktionsprinzip des Schrittmotors

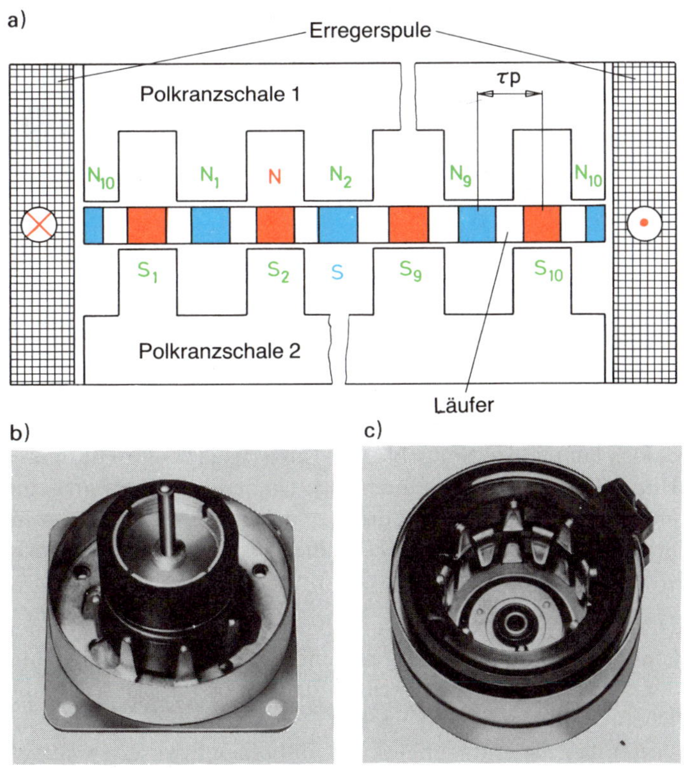

Bild 7.22
Klauenpol-Schrittmotor
a) Schematische Darstellung
b) Statorteil (Polkranz) und Rotor
Werkbild: Berger Lahr GmbH
c) Statorteil (Polkranz und Spulen)
Werkbild: Berger Lahr GmbH

a)

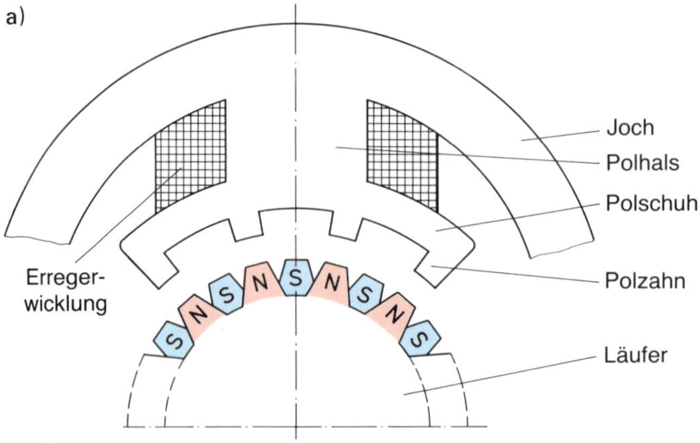

Bild 7.23
Gleichpol-Schrittmotor
a) Schematische Darstellung
b) Schnittbild 5-Phasen-Schrittmotor
Werkbild: Berger Lahr GmbH
c) Gesamtansicht 5-Phasen-Schrittmotor
Werkbild: Berger Lahr GmbH

b)

c)

sich ein zweiteiliges Polkranzsystem mit 40 Polen. Die Polzahl in Verbindung mit der Anzahl der Läuferzähne bestimmt den Schrittwinkel (Abschnitt 7.6.3.3). Die Werkbilder 7.22b, c zeigen einen geöffneten Klauenpol-Schrittmotor.

Gleichpol-Schrittmotor (Bild 7.23)

Das lamellierte Statorblech besitzt ausgeprägte Pole mit Zähnen (im schematischen Bild 7.23a 4 Zähne je Ständerpol). Um jeden Polhals sitzt eine Erregerspule. Die Spulen aller Pole können zur Mehrphasenwicklung verschaltet sein. Werkbild 7.23b zeigt das Schnittbild und Werkbild 7.23c die Gesamtansicht eines 5-Phasen-Schrittmotors.

b) Läufer

Der Läufer kann aus aktivem (hartmagnetischem, permanentem) wie auch aus reaktivem (weichmagnetischem, remanentem) Material aufgebaut sein.

Der *aktive Läufer* herrscht in der Praxis vor. Er kann aus einem normalen zylindrischen Dauermagneten bestehen (Bild 7.22a) bzw. aus einem in Längsrichtung magnetisierten Permanentmagneten mit an beiden Stirnseiten aufgeschobenen Polschuhen, die

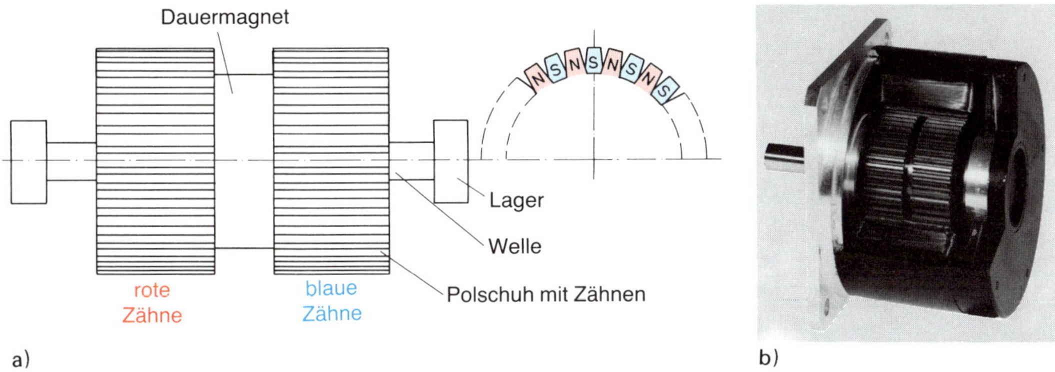

Bild 7.24 Läufer des Schrittmotors
a) Schematische Darstellung
b) Schnittbild
Werkbild: Berger Lahr GmbH

jeweils bis zu 50 Läuferzähne besitzen können (Bilder 7.23a und 7.24a). Die Zähne von Polschuh 1 (Bild 7.24a rot) sind gegenüber den Zähnen von Polschuh 2 (Bild 7.24a blau) jeweils um Zahnlücke versetzt. Die Zähne des einen Polschuhs bilden die Nordpole, die des anderen Polschuhs die Südpole. Die Werkbilder 7.23b und 7.24b zeigen im wesentlichen die Läufer eines 5-Phasen-Schrittmotors.

Der *reaktive Läufer* ist mit magnetisch überhöhten Zonen wie beim Synchron-Kleinstmotor (Bild 7.19) bzw. Reluktanzmotor (Bild 7.20) aufgebaut. Der Läufer bewegt sich mit reaktivem Moment und nimmt die günstigste Ständerzahn-Läuferzahn-Stellung ein.

7.6.3 Betriebseigenschaften

Als Betriebseigenschaften sind von besonderem Interesse die Ansteuerungsarten, die Schrittfrequenz und der Schrittwinkel.

7.6.3.1 Ansteuerungsarten

Für die Wicklungserregung hat man in der Praxis gewöhnlich Spannungsquellen zwischen 12 V bis 42 V. Als grundsätzliche Ansteuerungsarten kommen zur Anwendung:

- □ *Bipolare Ansteuerung* (Bild 7.25)
  Bei der bipolaren Steuerschaltung besteht jede Motorphase (Erregerwicklung N_1 und N_2) aus einer Wicklung. Es werden je Phase vier Transistoren benötigt, da Anfang und Ende der Phase wechselseitig mit der Spannungsquelle verbunden werden müssen.
- □ *Unipolare Ansteuerung* (Bild 7.26)
  Bei der unipolaren Steuerschaltung besteht jede Phase aus zwei getrennten Wicklun-

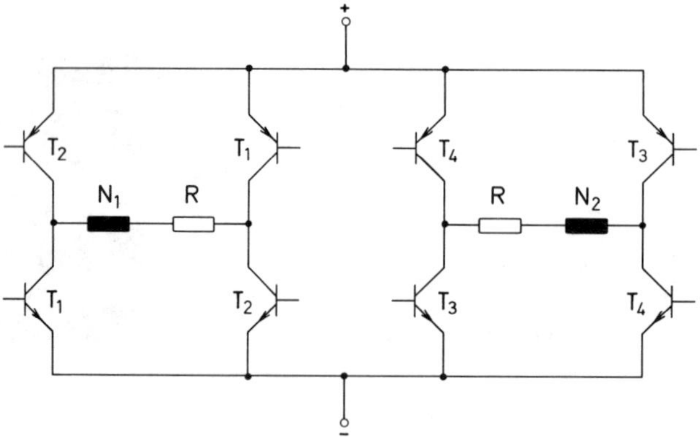

Bild 7.25
Schematische Darstellung der bipolaren Ansteuerung des Schrittmotors

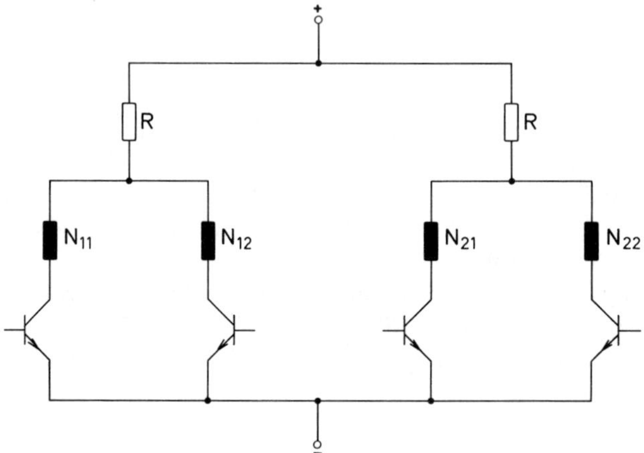

Bild 7.26
Schematische Darstellung der unipolaren Ansteuerung des Schrittmotors

gen. Es werden hier je Phase nur zwei Transistoren benötigt. Pro Schrittstellung ist je Phase immer nur eine Wicklung eingeschaltet.

Vorteil der bipolaren Steuerschaltung gegenüber der unipolaren: Höheres Drehmoment bei höherer Schrittfrequenz.

Nachteil der bipolaren Steuerschaltung gegenüber der unipolaren: Aufwand an doppelter Anzahl Transistoren.

Um eine kleinere Zeitkonstante zu erhalten, kann in beiden Steuerschaltungen zur Spuleninduktivität ein ohmscher Widerstand R in Reihe geschaltet werden.

□ *Unipolare-bipolare Ansteuerung* (Bild 7.27)
Diese Schaltung vereinigt in sich die Vorteile des bipolaren und unipolaren Steuersystems. Der Nachteil ist der Aufwand von zwei zusätzlichen Dämpfungswiderständen. Die Schaltung wird vorwiegend für kleine Leistungen angewandt.

Bild 7.27
Schematische Darstellung der unipolaren-bipolaren Ansteuerung eines Schrittmotors

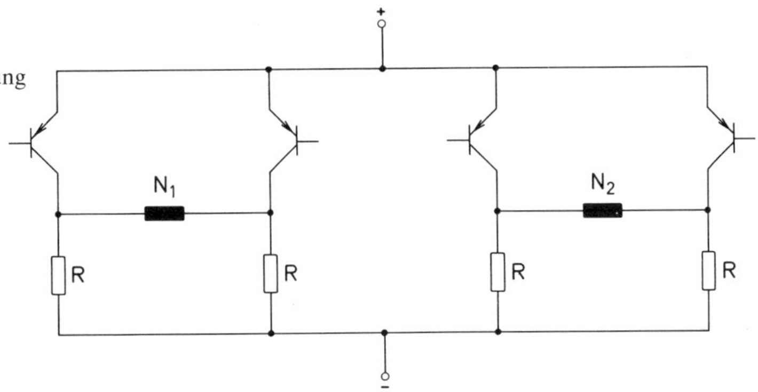

7.6.3.2 Schrittfrequenz

Die Schrittfrequenz bestimmt den in 1 s zurückgelegten Schrittweg. Sie kann etliche 100 Hz betragen. Da mit steigender Schrittfrequenz das Drehmoment des Motors fällt, darf eine bestimmte Grenzfrequenz nicht überschritten werden. Der Motor fällt sonst außer Tritt und bleibt stehen.

7.6.3.3 Schrittwinkel

In der Praxis unterscheidet man zwischen

a) Vollschrittwinkel,
b) Halbschrittwinkel.

Unter Vollschrittwinkel wird die Schrittbewegung von einer Pol- bzw. Zahnteilung τ_p verstanden, unter Halbschrittwinkel dementsprechend die Bewegung von halber Pol- bzw. Zahnteilung.

Beispiel
Ein Klauenpol-Schrittmotor besitzt insgesamt 40 Ständerzähne. Die Zähnezahl des Läufers beträgt 80.

a) wie groß ist sein Vollschrittwinkel α?
b) Welchen Winkel β legt er sekundlich bei einer Schrittfrequenz $f = 500\,\text{s}^{-1}$ zurück?

Lösung
a) Unter jedem Ständerpolzahn befinden sich zwei Läuferzähne; also gilt

$$\alpha = \frac{360°}{z_{\text{Ständer}} \cdot 2} = \frac{360°}{40 \cdot 2} = \underline{\underline{4{,}5°}}$$

b) $$\beta = \alpha \cdot f = 4{,}5° \cdot 500\,\text{s}^{-1} = \underline{\underline{2250°\,\text{s}^{-1}}}$$

entspricht $\frac{2250° \, s^{-1}}{360°} = \underline{6{,}25 \, s^{-1}}$ (Umdrehungen je Sekunde)

Beispiel

Ein Gleichpol-Schrittmotor mit 10 Ständerpolen besitzt 5 Zähne pro Ständerpol. Sein Läufer besitzt 50 Polpaare (Zahnpaare).

a) Wieviel beträgt sein Voll- und sein Halbschritt?
b) Wie viele Halbschritte gehören zu einer Läuferumdrehung?

Lösung

a) 50 Läuferzahnpaare ergeben 100 Läuferzähne.
Ferner befinden sich unter jedem Ständerpol $\frac{100}{10} = 10$ Läuferzähne.
Demzufolge unter jedem Ständerzahn $\frac{10}{5} = 2$ Läuferzähne.
Dementsprechend wird der Vollschrittwinkel

a1) $$\alpha = \frac{360°}{2 \cdot p_{\text{Ständer}} \cdot \frac{z_{\text{Rotor}}}{2}} = \frac{360°}{10 \cdot \frac{100}{2}}$$

$$\alpha = \underline{0{,}72°} \mathrel{\hat{=}} \underline{43{,}2'} \text{ (Winkelminuten)}$$

a2) $$\frac{\alpha}{2} = \frac{0{,}72°}{2} = \underline{0{,}36°} \mathrel{\hat{=}} \underline{21{,}6'} \text{ (Winkelminuten)}$$

b) $$\frac{\text{Halbschritte}}{\text{Umdrehung}} = \frac{360°}{0{,}36°} = \underline{1000}$$

Eine Schrittwinkelgenauigkeit $\pm 4\%$ ist aus Gründen der Herstellung wie auch der Werkstofftoleranzen nicht zu unterschreiten.

7.6.4 Anwendungen

Der Einsatz der Schrittmotoren erfolgt vorwiegend in der Digitaltechnik für Regelungs- und Steuerungsfragen. Es soll vor allem eine präzise Positionssteuerung bei gutem Anlauf- und Laufmoment unter Kleinhaltung von Schwingungsproblemen sowie eine gute Selbsthemmung (Haltemoment) bewirkt werden, wie es z. B. erforderlich ist im Werkzeugmaschinenbau, Büromaschinenbetrieb, Zeigerantrieb von Uhren, Ruderverstellungen im Schiffswesen, Datenspeicherbetrieb usw.

8 Stromwendermaschinen für Einphasenwechselstrom und Dreiphasenwechselstrom (Drehstrom)

8.1 Frequenzfragen

Drehfeldmaschinen ohne Stromwender (Synchron- und Asynchronmaschinen) lassen sich ohne hohe Verluste nur mit entsprechendem Aufwand an Zusatzeinrichtungen in größeren Bereichen drehzahlverstellen. Die Bindung an die Beziehung

$$n_0 = \frac{f}{p}$$

f in s^{-1}
n_0 in s^{-1}

ergibt bei Polpaaränderungen immer nur stufige (sprunghafte) Drehzahlsteuerungen. Bei Drehzahlverstellungen durch Frequenzwandlungen ist man auf Frequenzumformer angewiesen (Abschnitt 9.2).

Stromwendermaschinen (Kollektormaschinen) erlauben stufenlose Drehzahlsteuerungen in weiten Grenzen. Drehzahlsteuerungen (Drehzahländerungen) erfolgen hier ebenfalls durch Frequenzwandlungen, die vom Stromwender (Kollektor) in Verbindung mit den Bürsten erreicht werden. Im Anker jeder Gleichstrommaschine fließt Wechselstrom (Abschnitt 1.1c). Wenn also ein Gleichstromgenerator vierpolig und seine Drehzahl $n = 1200\,\text{min}^{-1}$ ist, herrscht im Anker die Frequenz $f = 40\,\text{Hz}$. Die Frequenz wird zwischen dem rotierenden Stromwender und den stehenden Bürsten auf $f = 0\,\text{Hz}$ gebracht. Dieser Vorgang entspricht einer Gleichrichtung bzw. Frequenzumformung. Der umgekehrte Fall vollzieht sich beim Gleichstrommotor. Das gleiche gilt auch bei der Zuführung eines Wechselstromes.

Beispiel
Ein zweipoliger Universalmotor macht am Gleichspannungsnetz die Drehzahl $n = 9000\,\text{min}^{-1}$. Wieviel beträgt die Frequenz im Ankerinnern?

Lösung

$$f = \frac{p \cdot n_0}{60} = \frac{1 \cdot 9000\,\text{min}^{-1}}{60\,\text{s} \cdot \text{min}^{-1}} = 150\,\text{s}^{-1}\ (\text{Hz})$$

Bei allen Stromwendermaschinen stellt der rotierende Stromwender gegen die stillstehenden Bürsten einen Frequenzwandler dar.

8.2 Stromwendermaschinen für Einphasenwechselstrom (Motoren)

Grundsätzlich läßt sich jeder Gleichstrommotor mit Wechselspannungen betreiben. Bei einem Gleichstrom-Nebenschlußmotor wird jedoch infolge der hohen Induktivität der Feldwicklung die Phasenverschiebung zwischen Feld- und Ankerstrom sehr ungünstig und somit das Drehmoment und die Leistungsabgabe zu unbedeutend. Bei einem Gleichstrom-Reihenschlußmotor herrscht kein Phasenunterschied in bezug auf Erregerstrom und Ankerstrom. Dieser Vorteil wird praktisch bei den Universalmotoren ausgenutzt. Die abgegebene Leistung ist im Wechselstromfall allerdings 10 bis 20% geringer als im Gleichstromfall (Abschnitt 3.1.5).

Für den Anschluß von Gleichstrommotoren an das Einphasenwechselstromnetz kommen nur Motoren mit Reihenschlußcharakter zur Anwendung.

Aus der Vielzahl der entwickelten Stromwendermotoren für Einphasenwechselstrom haben sich

a) der Repulsionsmotor mit einfachem Bürstensatz,
b) der Repulsionsmotor mit doppeltem Bürstensatz (Deri-Motor)

in der Praxis durchgesetzt.

8.3 Repulsionsmotoren

8.3.1 Aufbau

Das genutete Blechpaket des Ständers (Primäranker) gleicht dem des Einphasen-Asynchronmotors. Die Arbeitswicklung (Netzwicklung) U–V* belegt zwei Drittel der Nuten, das restliche Drittel wird nur teils bewickelt bzw. bleibt frei (Abschnitt 6.1). Der Rotor (Sekundäranker) gleicht dem Gleichstromanker. Wegen der höheren Schwierigkeiten in der Stromwendung gegenüber Gleichstrom, wird hier die Lamellenspannung (Spannung zwischen zwei benachbarten Lamellen) geringer gewählt. Somit steigt die Lamellenzahl, die Stromwenderausmaße nehmen zu.

Beim Repulsionsmotor mit einfachem Bürstensatz befinden sich auf dem Stromwender – entsprechend der Polzahl des Motors – die um 180° (zweipoliger Motor) oder 90° (vierpoliger Motor) auf der verstellbaren Bürstenbrücke versetzten Bürsten (Bild 8.1). Zur Drehzahlsteuerung kann der Bürstensatz theoretisch um 90° (zweipoliger Motor)

---

* In diesem Kapitel gelten weiterhin die bisherigen Anschlußbezeichnungen. Vom Normenausschuß sind in naher Zukunft auch keine Änderungen geplant.

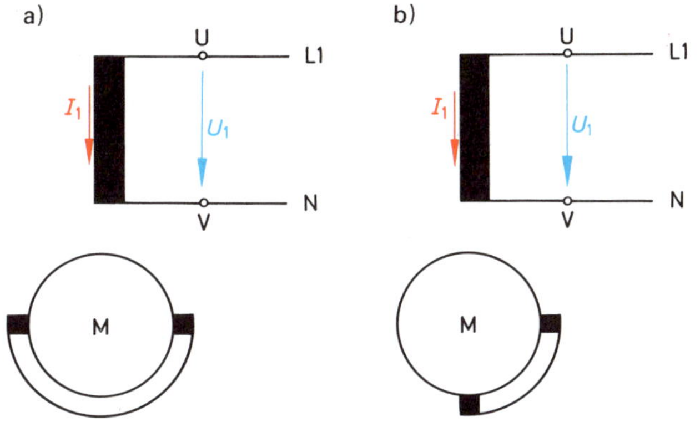

Bild 8.1
Repulsionsmotor mit einfachem Bürstensatz
a) zweipolig
b) vierpolig

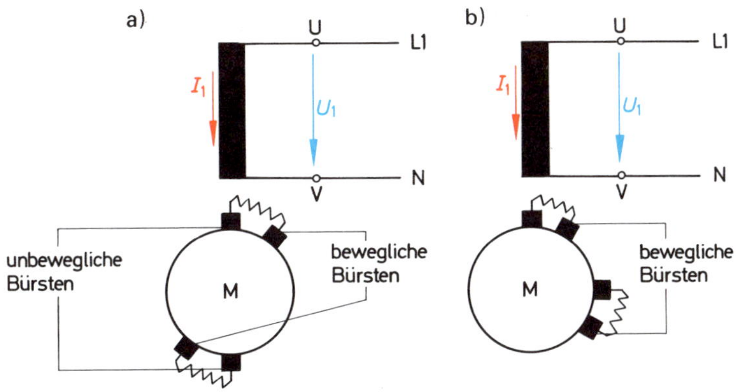

Bild 8.2
Repulsionsmotor mit doppeltem Bürstensatz (Deri-Motor)
a) zweipolig
b) vierpolig

bzw. 45° (vierpoliger Motor) von der neutralen Zone (Anlaufstellung) nach der einen bzw. anderen Seite entsprechend der gewünschten Drehrichtung verschoben werden.

Beim Deri-Motor sitzen zwei kurzgeschlossene Bürstensätze auf dem Stromwender. Jeweils ist eine unbewegliche mit einer beweglichen Bürste verbunden. Die unbeweglichen Bürsten stehen in Richtung Erregerachse. Mit den beweglichen Bürsten erreicht man die gleichen Betriebsbedingungen (Drehzahlverstellungen und Drehrichtungsänderungen) wie beim einfachen Repulsionsmotor. Der theoretische Verschiebewinkel ist jeweils doppelt so groß (Bild 8.2), wodurch die Drehzahleinstellung feinstufiger wird.

Ständer und Läufer stehen bei Repulsionsmotoren nicht in galvanischer Verbindung.

8.3.2 Wirkungsweise

Repulsionsmotoren stimmen in bezug auf ihre induktive Kopplung zwischen Ständer und Läufer mit den Asynchronmotoren (Induktionsmotoren) prinzipiell überein.

Die induktive (transformatorische) Kopplung zeigt, daß Repulsionsmotoren nur an Wechselspannung angeschlossen werden dürfen.

8.3.2.1 Anlaufstellung

Steht die kurzgeschlossene Bürstenbrücke des einfachen Repulsionsmotors in der neutralen Zone und wird die Ständerwicklung ans Netz gelegt, läuft der Repulsionsmotor (wie der Einphasen-Asynchronanwurfmotor) nicht an. Das magnetische Feld durchsetzt zwar die Rotorwicklung, aber die Läuferspannungen heben sich auf. Der Läuferstrom ist somit ebenfalls null (Bild 8.3a). Die Ständerwicklung entnimmt dem Netz nur einen geringen Leerlaufstrom.

Bei der Anlaufstellung des Deri-Motors stehen die unbeweglichen mit ihren beweglich verbundenen Bürsten (A und A_1 bzw. B und B_1) nebeneinander (Bild 8.3b).

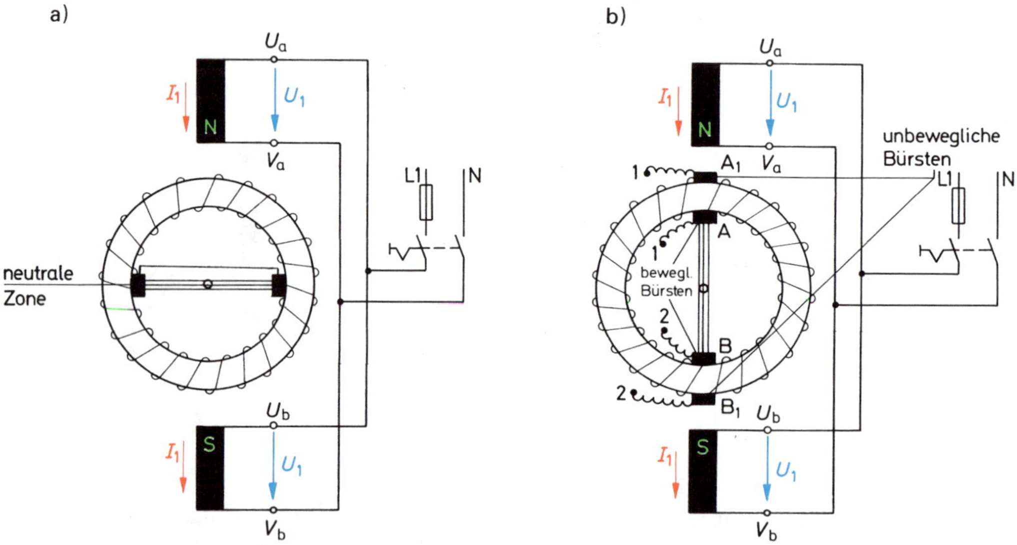

Bild 8.3 Anlaufstellungen der Repulsionsmotoren
a) Repulsionsmotor mit einfachem Bürstensatz
b) Repulsionsmotor mit doppeltem Bürstensatz (Deri-Motor)

8.3.2.2 Betriebsstellung

Um Einphasen-Asynchronmotoren in Betrieb zu bringen, wird der Anwurf bzw. der Hilfsstrang mit oder ohne Anlaßglieder benötigt. Beim einfachen Repulsionsmotor wird die Bürstenbrücke verschoben. Die normalen induzierten Läuferspannungen liegen bei 10 bis 15 V, im Höchstfall etwa bei 60 V. Die Verlagerung der Läuferströme erfolgt nach der *Motorenregel* so, daß eine Verschiebung der Bürstenbrücke nach rechts eine Linksdrehung des Läufers mit sich bringt. Der Drehsinn läßt sich auch aus den Ständer- und Läuferpolaritäten ableiten (Bild 8.4a). Bei Drehrichtungsänderungen muß die Bürstenbrücke entgegengesetzt gedreht werden. Die magnetische Achse des Läufers

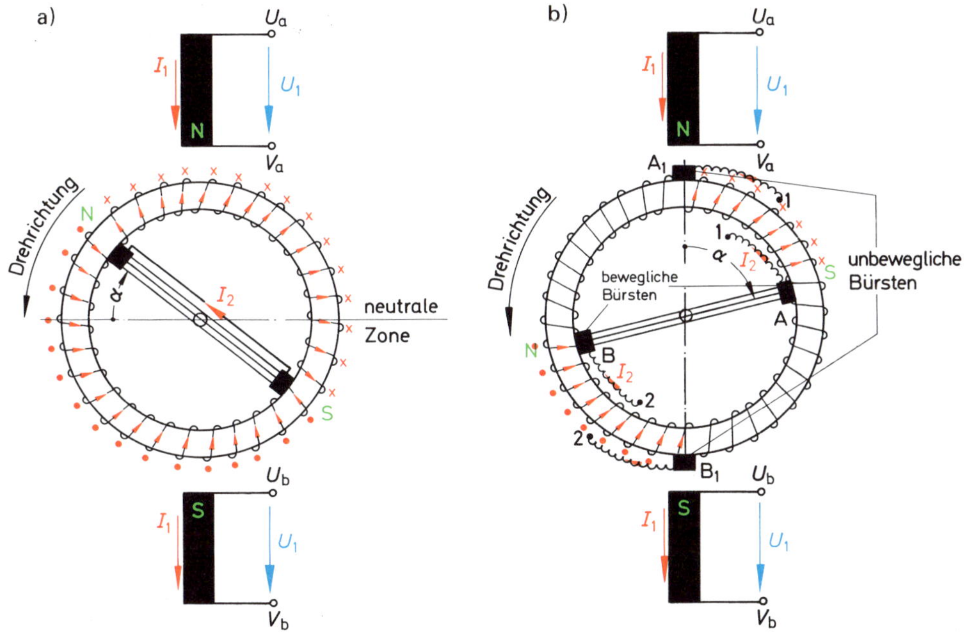

Bild 8.4 Betriebsstellungen der Repulsionsmotoren
a) Repulsionsmotor mit einfachem Bürstensatz
b) Repulsionsmotor mit doppeltem Bürstensatz (Deri-Motor)

Bild 8.5 Durchsetzung einer Spule vom Magnetfluß nach Verstellung der Bürstenbrücke aus der neutralen Zone

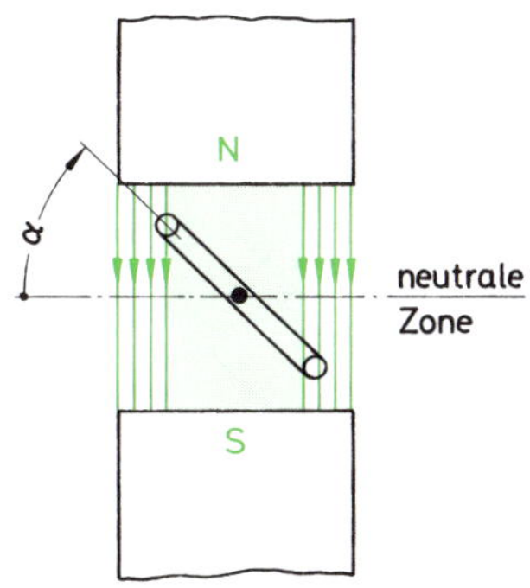

steht bei der Drehung – im Gegensatz zum Asynchronmotor – im Raume still. Sie kann nur durch Verstellen der Bürsten verändert werden.

Beim Deri-Motor werden durch Verstellen der beweglichen Bürsten die gleichen Vorgänge erreicht (Bild 8.4b).

Denkt man sich die Läuferwicklung an der Bürstenbrücke zu einer Spule zusammengefaßt und aus der horizontalen Lage allmählich in die vertikale Lage gedreht, wird der durchsetzende Fluß immer geringer (Bild 8.5). Bei Gleichstrommotoren bedeutet eine

Flußverminderung (Feldschwächung) Drehzahlerhöhung; so ist es auch bei Repulsionsmotoren.

> Alle Stromwendermotoren für Einphasenwechselstrom arbeiten mit Reihenschlußcharakter. Sie besitzen ein kräftiges Anzugsmoment, neigen aber im Leerlauf zum Durchgehen.

8.3.2.3 Kurzschlußstellung

Wird die Bürstenbrücke von der Anlaufstellung um 90° (zweipoliger Motor mit einfachem Bürstensatz) bzw. 180° (zweipoliger Motor mit doppeltem Bürstensatz) verschoben, ist die Kurzschlußzone erreicht. Der Motor verhält sich wie ein kurzgeschlossener Transformator (Bild 8.6). Die Motorwirkung hört auf, der Läufer bleibt stehen. Da infolge der sehr hohen Läuferströme längere Betriebsdauer in dieser Zone Beschädigungen nach sich zieht, verhindert ein mechanischer Anschlag das Erreichen der Kurzschlußstellung.

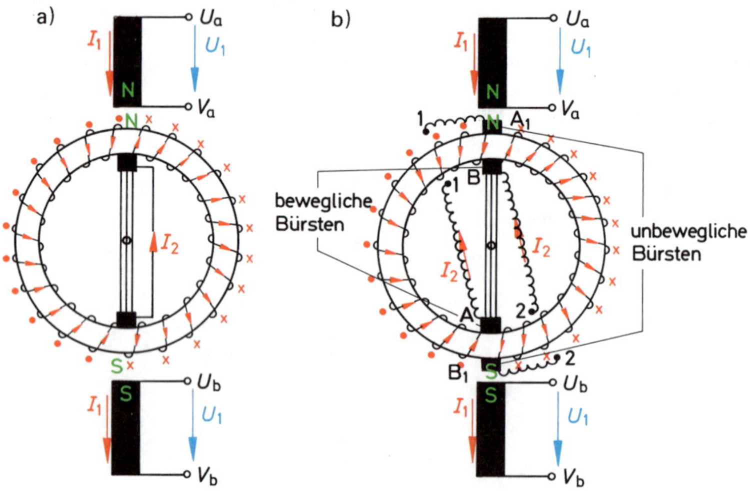

Bild 8.6 Kurzschlußstellungen der Repulsionsmotoren
a) Repulsionsmotor mit einfachem Bürstensatz
b) Repulsionsmotor mit doppeltem Bürstensatz (Deri-Motor)

8.3.2.4 Anwendung

Repulsionsmotoren kommen überall dort zur Anwendung, wo ein kräftiger aber stoßfreier Anlauf gefordert wird (Spinnerei- und Druckereimaschinen usw.). Wo feinstufige Drehzahländerungen gefordert werden, ist der Deri-Motor mit seinem größeren Verstellbereich im Vorteil.

8.4 Stromwendermaschinen für Drehstrom (Motoren)

Stromwendermaschinen für Einphasenwechselstrom arbeiten nur mit Reihenschlußcharakter. Stromwendermaschinen für Drehstrom können für Reihen- oder für Nebenschlußverhalten hergerichtet sein.

8.4.1 Drehstrom-Reihenschluß-Stromwendermotor

8.4.1.1 Aufbau

Der Ständer gleicht dem eines normalen Drehstrom-Asynchronmotors, der Läufer einem Gleichstromanker. Die Enden der Ständerwicklungen führen zu den (wenigstens) drei um 120° versetzten Bürsten am Stromwender (Bild 8.7). Die Bürstenanordnung gibt der Läuferwicklung den Charakter einer Dreieckschaltung (Bild 8.8). Der Stelltransformator setzt die Läuferspannung auf ein erträgliches Maß herab, um das Bürstenfeuer zu reduzieren. Soll die Ständerwicklung an Hochspannung liegen, wird der Stelltransformator zwischen Ständer und Läufer angeordnet.

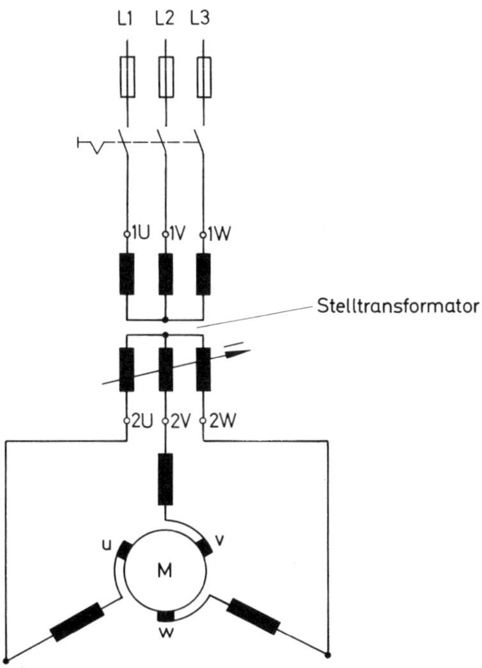

Bild 8.7
Drehstrom-Reihenschluß-Stromwendermotor

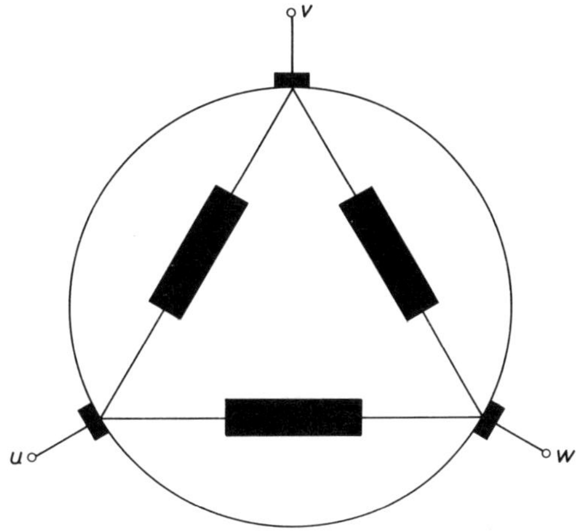

Bild 8.8
Dreieckschaltung durch die Bürsten bei einem Läufer mit Stromwender

8.4.1.2 Wirkungsweise

Im Betrieb entstehen ein Ständerdrehfeld Φ_1 und ein Läuferdrehfeld Φ_2. Bei räumlicher Deckung beider Felder entsteht kein Drehmoment: Der Motor befindet sich in der Anlaufstellung (Bild 8.9a). Werden die Bürsten gegen die Drehfeldrichtungen verschoben, läuft er (wie der Repulsionsmotor) der Bürstenverstellung entgegen (Bild 8.9b). Die Funkenbildung ist unbedeutend, da infolge der geringen Schnittgeschwindigkeit die Spannungserzeugung in den Läuferwindungen gering ist. Werden die Bürsten in Drehrichtung der Drehfelder verstellt, läuft der Motor entgegengesetzt (Bild 8.9c). Induzierte Spannung und Funkenbildung sind dann groß. Bei der Drehrichtungsumkehr werden aus diesem Grunde gleichzeitig zwei Netzanschlüsse vertauscht.

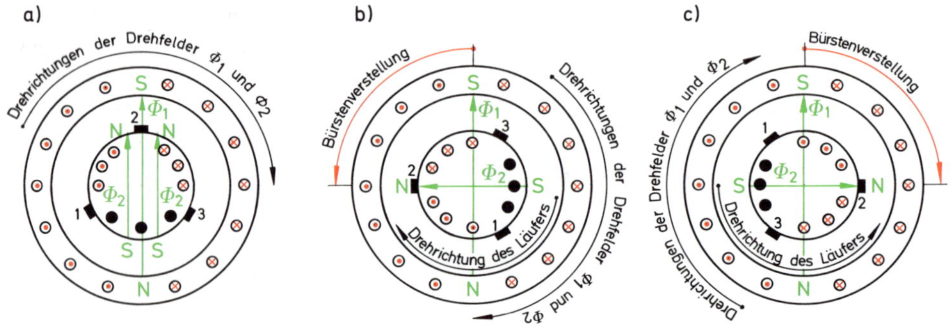

Bild 8.9 Betriebsvorgänge beim Drehstrom-Reihenschluß-Stromwendermotor
a) Anlaufstellung
b) günstige Betriebsstellung
c) ungünstige Betriebsstellung

Der Betriebszustand ist funkenfrei, wenn die Drehfelder entgegengesetzt der Bürstenverstellung laufen.

Drehzahlsteuerungen können durch Bürstenverstellungen, aber auch durch Spannungsveränderungen am Stelltransformator erreicht werden. Durch seine Reihenschlußcharakteristik besitzt der Motor ein kräftiges Anzugsmoment, neigt aber im Leerlauf zum Durchgehen.

8.4.2 Ständergespeister Drehstrom-Nebenschluß-Stromwendermotor

Die Netzeinspeisung erfolgt im Ständer. Der Ständer ist somit Primärseite.

8.4.2.1 Aufbau

Ständeraufbau und Ständerwicklungen stimmen mit den Ausführungen des normalen Drehstrom-Asynchronmotors überein. Die gewünschte *Steuerspannung* wird dem Rotor

Bild 8.10
Ständergespeister Drehstrom-Nebenschluß-Stromwendermotor mit Stelltransformator in △-∗-Schaltung

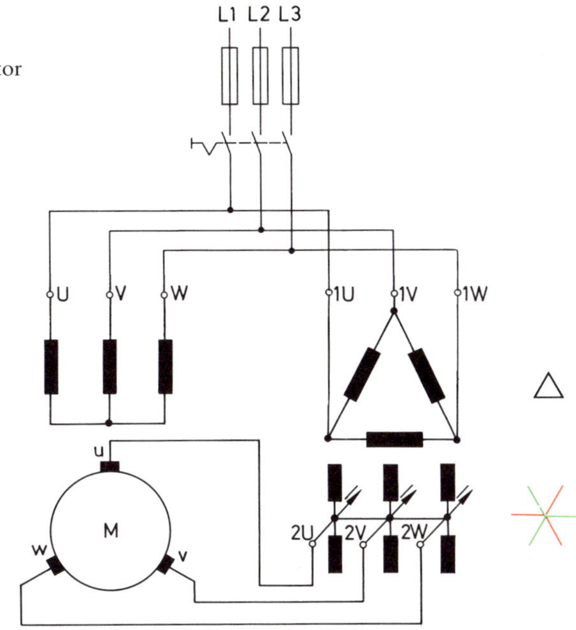

über den Stelltransformator zugeführt, welcher im Dreieck-Sechsphasensystem verkettet in Y-Schaltung* ausgeführt sein kann (Bild 8.10). Zur Verbesserung des Leistungsfaktors $\cos\varphi$ werden die Bürsten auf dem Stromwender verschiebbar angeordnet. Ständergespeiste Drehstrom-Nebenschluß-Stromwendermotoren werden für größere Leistungen gebaut.

8.4.2.2 Wirkungsweise

Der ständergespeiste Drehstrom-Nebenschluß-Stromwendermotor gestattet nicht nur eine verlustlose Steuerung der Drehzahl, sondern auch eine Verbesserung des Leistungsfaktors $\cos\varphi$. Steht der Schleifer auf dem Sternpunkt des Stelltransformators (Bild 8.10), arbeitet der Motor wie ein normaler Asynchronmotor mit Schlupf. Wenn (angenommen) der Schleifer des Stelltransformators nach unten bewegt wird, möge der Motor langsamer (untersynchron) laufen. In diesem Fall werden – zwecks Verbesserung des Leistungsfaktors $\cos\varphi$ – die Bürsten entgegen dem Drehsinn des Drehfeldes verschoben. Bei Verschiebung des Schleifers nach oben würde der Motor dann schneller (übersynchron) laufen. Zur Leistungfaktorverbesserung müssen die Bürsten diesmal im Drehfeldsinn verschoben werden.

---

* Nach VDE 0555: Schaltung F_1.

Anschließende Erläuterung soll in allgemeiner Weise den Wirkungsablauf klarlegen:

Für einen zweipoligen Motor beträgt am 50-Hz-Netz die Drehfelddrehzahl $n_0 = 3000\,\text{min}^{-1}$. Bei der Rotordrehzahl $n_N = 2700\,\text{min}^{-1}$ wird dann die Schlupfdrehzahl

$$n_{\text{Schlupf}} = 3000\,\text{min}^{-1} - 2700\,\text{min}^{-1} = \underline{300\,\text{min}^{-1}}$$

Die Schlupfspannung (Induktionsspannung) im Rotor möge 20 V betragen, die Schlupffrequenz beim Schlupf $s = 10\%$ ($s = 0{,}1$) ist dann

$$f_{\text{Schlupf}} = s \cdot f = 0{,}1 \cdot 50\,\text{Hz} = \underline{5\,\text{Hz}}$$

Am Stelltransformator möge eine Steuerspannung, z. B. 15 V, mit der Frequenz $f = 50$ Hz abgegriffen und dem Läufer zugeführt werden. Bei der im Rotor herrschenden Schlupffrequenz von 5 Hz muß nun die Frequenz der Steuerspannung ebenfalls auf 5 Hz gebracht werden. Diese Aufgabe obliegt dem rotierenden Stromwender (Frequenzwandler).

Bei einer Subtraktion von Schlupf- und Steuerspannung wird die Leistung größer, als es den momentanen Belastungsbedingungen entspricht.

Die Formel $\boxed{P = \dfrac{M \cdot n}{9550}}$

P = Leistung in kW
M = Drehmoment in Nm
n = Drehzahl in min^{-1}

läßt erkennen, daß bei steigender Leistung P und konstantem Drehmoment M die Drehzahl n wachsen muß. Die Drehzahl läßt sich auf diese Weise über den Synchronismus (negativer Schlupf) steigern. Drehzahlverminderung läßt sich auf umgekehrtem Wege erreichen. Die vom Stelltransformator gelieferte Steuerspannung muß die entgegengesetzte Phasenlage haben, damit sich Steuer- und Induktionsspannung (Schlupfspannung) addieren. Um den erforderlichen Belastungsbedingungen gerecht zu werden, muß der Rotor langsamer laufen.

Die Zufuhr von Steuerspannungen zur Schlupfspannung bringt bei konstantem Drehmoment für Drehstrom-Nebenschluß-Stromwendermotoren Veränderungen der Drehzahlen mit sich. In der Praxis liegen die Stellbereiche gewöhnlich 50% untersynchron bis 50% übersynchron.

8.4.3 Läufergespeister Drehstrom-Nebenschluß-Stromwendermotor

Die Netzeinspeisung erfolgt im Läufer. Er ist also Primärseite.

8.4.3.1 Aufbau

Der Läufer besitzt zwei getrennte Wicklungen. Die Drehstromnetzwicklung (Primärseite) wird über Schleifringe versorgt. Ihre Funktion entspricht der der Ständerwicklung beim ständergespeisten Drehstrom-Nebenschluß-Stromwendermotor. Die zweite Läuferwicklung (Stromwenderwicklung, Gleichstromzusatzwicklung) ist mit den Stromwenderlamellen verbunden. Ihre Funktion entspricht der des Stelltransformators beim

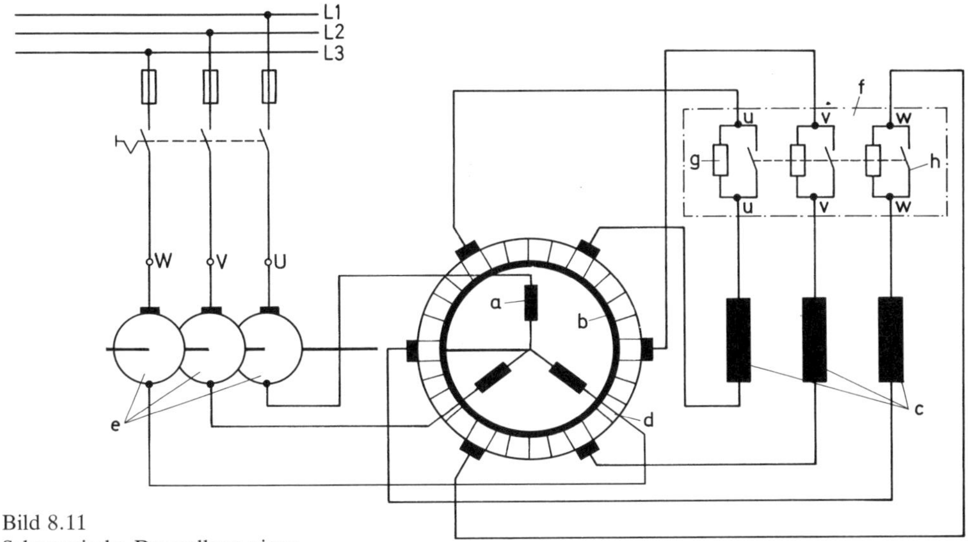

Bild 8.11
Schematische Darstellung eines läufergespeisten Drehstrom-Nebenschluß-Stromwendermotors
a) Netzanschlußwicklung
b) Stromwenderwicklung
c) Ständerwicklung
d) Stromwender
e) Schleifringe
f) Anschlüsse
g) Anlaßwiderstände
h) Überbrückungsschalter

Bild 8.12
Läufergespeister Drehstrom-Nebenschluß-Stromwendermotor für Fernsteuerung
Leistung P = 12,3 bis 37 kW
Werkbild: Elektra-Faurndau

ständergespeisten Motor. Auf dem Stromwender schleifen wenigstens 3 × 2 gegenläufige Bürsten bzw. Bürstensätze, deren Anschlüsse mit den Anfängen bzw. Enden der Ständerwicklungen (Sekundärwicklungen) verbunden sind (Bild 8.11). Wegen der hohen Läufermasse kommen läufergespeiste Drehstrom-Nebenschluß-Stromwendermotoren nur für kleine bis mittlere Leistungen zur Ausführung (Bild 8.12).

8.4.3.2 Wirkungsweise

Der Netzstrom wird der Läuferdrehstromwicklung (Primärseite) über Schleifringe zugeführt.

Das im Läufer entstehende Drehfeld Φ_1 läuft der mechanischen Drehrichtung entgegen.

Die Feldlinien des Drehfeldes schneiden die Ständerwicklung und rufen in ihr die Induktionsspannung hervor. Gleichzeitig wird die Gleichstromzusatzwicklung geschnitten und in ihr eine Steuerspannung meist bis etwa 60 V erzeugt.

Stehen im Betrieb jeweils zwei zusammengehörige Bürsten bzw. Bürstensätze nebeneinander, erhält die Ständerwicklung keine Steuerspannung: Der Motor läuft asynchron. Beim Auseinanderziehen der Bürstensätze erhält die Ständerwicklung eine entsprechende frequenzgewandelte Steuerspannung, welche sich wie beim ständergespeisten Motor zur induzierten Spannung addiert oder subtrahiert. Der so gewonnene Drehzahlstellbereich bewegt sich ebenfalls meist zwischen 50% untersynchron und 50% übersynchron.

Um beim Anlauf unter stärkerer Belastung die Stromaufnahme zu reduzieren, werden Widerstände zwischen Ständer- und Läuferzusatzwicklung geschaltet, welche nach dem Hochlauf überbrückt werden (Bild 8.11).

Der ständergespeiste wie auch der läufergespeiste Drehstrom-Nebenschluß-Stromwendermotor kommt zur Anwendung, wenn Steuerbarkeit der Drehzahl sowie lastunabhängige Drehzahl verlangt werden, z. B. Antrieb in der Druckereitechnik, Antrieb von Papiermaschinen, Antrieb von Spinnmaschinen usw.

9 Umformer

Umformer sind umlaufende Maschinen oder Maschinensätze zur Umwandlung elektrischer Leistungen in elektrische Leistungen anderer Art. Übliche Umformungen sind:

Gleichspannung	in Gleichspannung anderer Größe
Wechselspannung	in Wechselspannung anderer Größe
Wechselspannung	in Gleichspannung
Gleichspannung	in Wechselspannung
Wechselspannung	in Wechselspannung anderer Frequenz
Phasenzahl	in Phasenzahl anderer Größe

9.1 Motorgeneratoren

Motorgeneratoren (Maschinensätze) lassen sich für sämtliche Umformmöglichkeiten verwenden, haben jedoch den umfangreichsten Materialaufwand und erfordern die meiste Wartung.

9.1.1 Aufbau

Motor und Generator sind miteinander gekuppelt. Ein *Eingehäuseumformer* liegt vor, wenn beide Maschinen im gemeinsamen Gehäuse untergebracht sind. Sitzen Motor und Generator auf gemeinsamer Welle, spricht man vom *Einwellenumformer*.

9.1.2 Wirkungsweise

Motor und Generator müssen zwecks ihres betrieblichen Verhaltens spezifiziert betrachtet werden. Der gesamte Wirkungsgrad ist das Produkt aus Motorwirkungsgrad und Generatorwirkungsgrad

$$\eta_{\text{ges}} = \eta_{\text{Mot}} \cdot \eta_{\text{Gen}}$$

und ist stets geringer als der ungünstigste Wirkungsgrad einer einzelnen Maschine.

9.2 Frequenzumformer

Frequenzumformer können Maschinensätze wie auch Einzelmaschinen sein. Übliche Frequenzumformer sind

a) der synchrone Frequenzumformer (Motor mit Synchrongenerator gekuppelt),
b) der asynchrone Frequenzumformer (Abschnitt 9.2.1),
c) der Frequenzumformer mit Stromwender (dient meist zur Erzeugung sehr niederfrequenter Wechselspannungen).

9.2.1 Asynchroner Frequenzumformer

9.2.1.1 Aufbau

Eine beliebige Antriebsmaschine wird mit einem entsprechend hergerichteten Schleifringläufer gekuppelt (Bild 9.1). Die Ständerwicklung des Schleifringläufermotors ist mit dem 50-Hz-Netz verbunden. Je nach Drehzahl und Drehrichtung wird dem Läufer die neue Spannung mit der gewünschten Frequenz entnommen. Es kann aber auch die

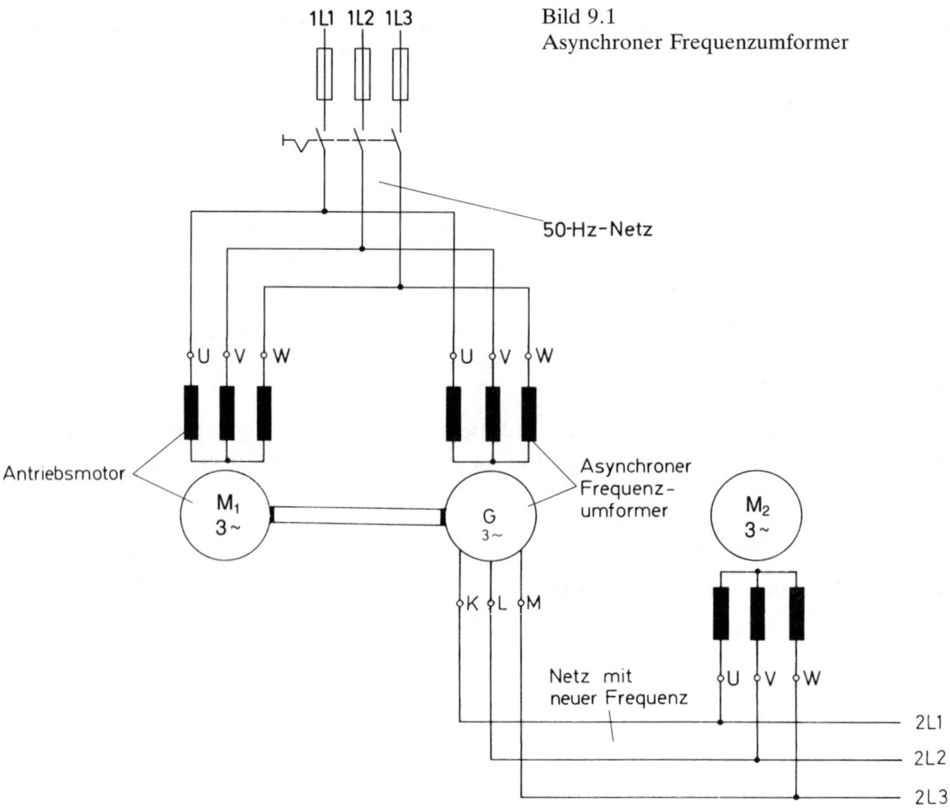

Bild 9.1
Asynchroner Frequenzumformer

Läuferwicklung mit dem 50-Hz-Netz verbunden sein und die neue Spannung mit der gewünschten Frequenz der Ständerwicklung entnommen werden.

9.2.1.2 Wirkungsweise

Entsteht durch den Ständerstrom ein Drehfeld und ist der Läuferkreis offen, erhält man die auf dem Leistungsschild angegebene Läuferstillstandsspannung (Transformatorenwirkung mit Schlupf $s = 100\%$ und $f = 50\,\text{Hz}$). Dreht sich der Läufer in Richtung Drehfeld, tritt eine Verminderung der Schnittgeschwindigkeit ein. Läuferspannung und Läuferfrequenz nehmen proportional mit dem Schlupf ab (Abschnitt 5.2.2.2).

Eine Erhöhung der Schnittgeschwindigkeit und damit der Frequenz und Spannung ist nur erreichbar durch

a) erheblich schnelleren Läuferantrieb in Drehfeldrichtung (negativer Schlupf) oder
b) Läuferantrieb in Gegendrehfeldrichtung (inverse Richtung bzw. inverser Schlupf $s > 100\%$). In der Praxis herrscht die inverse Drehrichtung vor.

Beispiel
Ein sechspoliger Schleifringläufer hat die Läuferstillstandsspannung $U_{1\,\text{Läufer}} = 180\,\text{V}$ und liegt am 50-Hz-Netz. Er soll als asynchroner Frequenzumformer Verwendung finden und eine Läuferspannung $U_{2\,\text{Läufer}}$ mit der Frequenz $f = 60\,\text{Hz}$ erzeugen.

a) Welche Drehzahl ist hierfür notwendig?
b) Auf welche Weise läßt sich die Drehzahl erreichen?
c) Wie groß wird die neue Läuferspannung $U_{2\,\text{Läufer}}$?
d) Wie groß wird der Schlupf?

Lösung

a) $n_0 = \dfrac{60 \cdot f}{p} = \dfrac{60\,\text{s} \cdot \text{min}^{-1} \cdot 60\,\text{s}^{-1}}{3} = \underline{\underline{1200\ \text{min}^{-1}}}$

b) Synchrone Drehzahl $n_0 = 1000\,\text{min}^{-1}$ bei $f = 50\,\text{Hz}$
Entweder mit $n = 200\,\text{min}^{-1}$ invers antreiben, denn

$1000\,\text{min}^{-1} - (-200\,\text{min}^{-1}) = \underline{\underline{1200\,\text{min}^{-1}}}$

oder Läufer mit $n = 2200\,\text{min}^{-1}$ in Drehfeldrichtung antreiben, denn

$2200\,\text{min}^{-1} - 1000\,\text{min}^{-1} = \underline{\underline{1200\,\text{min}^{-1}}}$.

c) $$U_{2\,\text{Läufer}} = \frac{U_{1\,\text{Läufer}} \cdot f_2}{f_1} = \frac{180\,\text{V} \cdot 60\,\text{Hz}}{50\,\text{Hz}} = \underline{\underline{216\,\text{V}}}$$

d) Für $U_{1\,\text{Läufer}}$ beträgt $s_1 = 100\%$
Für $U_{2\,\text{Läufer}}$ beträgt

$$s_2 = \frac{s_1 \cdot U_{2\,\text{Läufer}}}{U_{1\,\text{Läufer}}} = \frac{100\% \cdot 216\,\text{V}}{180\,\text{V}} = \underline{\underline{120\%}}$$

9.3 Einankerumformer (EU)

Grundsätzlich werden unterschieden

a) Einankerumformer mit getrennten Läuferwicklungen,
b) Einankerumformer mit angezapften Läuferwicklungen.

Bei Einankerumformern findet die Umwandlung im Läufer (Anker) statt.

9.3.1 Einankerumformer mit getrennten Läuferwicklungen

Sie kommen vorwiegend zur Umformung Gleichstrom in Gleichstrom und Wechselstrom in Gleichstrom bzw. umgekehrt in Betracht.

9.3.1.1 Aufbau

Einankerumformer sind Außenpolmaschinen. Auf den Polschäften der ausgeprägten Pole sitzen die Nebenschlußwicklungen (E 1–E 2) bzw. die fremderregten Wicklungen (F 1–F 2). Zusätzlich können die Magnetgestelle mit Hauptschlußwicklungen, Wendepolen und Dämpferwicklungen (Abschnitt 7.1.3) versehen sein (Bild 9.2).

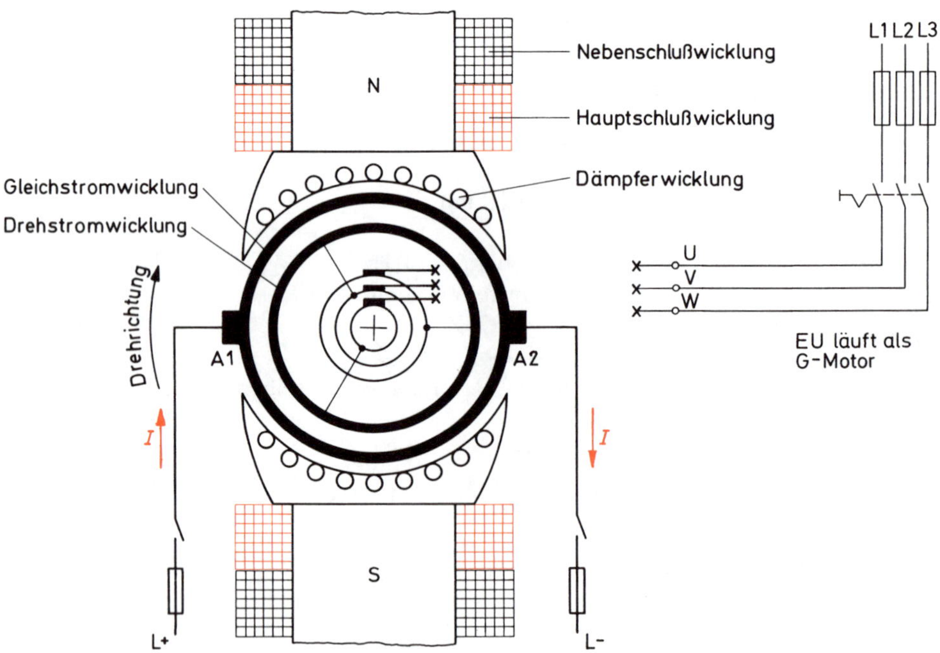

Bild 9.2 Einankerumformer mit getrennten Ankerwicklungen (Läuferwicklungen)

Die getrennten Läuferwicklungen (Motor- und Generatorwicklungen) haben ein gemeinsames Erregerfeld. Liegt ein Drehstrom-Gleichstrom-Umformer vor, ergibt die Betrachtung von der Stromwenderseite eine Gleichstrommaschine, von der Schleifringseite eine Synchron-Außenpolmaschine. Motor- und Generatorseite besitzen getrennte Anschlußbretter.

9.3.1.2 Wirkungsweise

Die getrennten Läuferwicklungen gestatten generatorseitig Spannungsübersetzungen in weiten Grenzen. Treten beim Gleichstrom-Gleichstrom-Umformer an der Generatorseite Spannungsfälle auf, wird an der Motorseite die Ankerspannung erhöht. Unter Konstanthaltung des Erregerfeldes läuft der Umformer schneller, wodurch die Fälle ausgeglichen werden. Mit dieser einfachen Methode lassen sich Spannungsfälle beim Gleichstrom-Drehstrom-Umformer jedoch nicht ausgleichen (Abschnitt 9.3.2.2). Wegen seiner getrennten Ankerwicklung läßt er sich als Schutzumformer verwenden. Der Wirkungsgrad ist wesentlich besser als beim Motorgenerator.

9.3.2 Einankerumformer mit angezapften Läuferwicklungen

Sie kommen vorwiegend zur Umformung von Gleich- in Wechselstrom bzw. umgekehrt vor.

9.3.2.1 Aufbau

Der Ständer gleicht dem des Einankerumformers mit getrennten Läuferwicklungen (Abschnitt 9.3.1.1). Die Läuferwicklung ist als Gleichstromwicklung ausgeführt und – entsprechend der Phasenzahl der Wechselspannung – angezapft. Die in den Kollektorlamellenfahnen eingelöteten Anzapfungen werden zu Schleifringen geführt. Motor- und Generatorseite werden (wie beim Einankerumformer mit getrennten Wicklungen) nur von einer Erregerwicklung versorgt; darum liegt auch die Kombination Gleichstrommaschine und Synchron-Außenpolmaschine vor (Bild 9.3). Der Einbau eines Stelltransformators ist unvermeidlich, um gleich- wie auch wechselspannungsseitig genormte Spannungsgrößen zu erhalten (Bild 9.4). Ohne Stelltransformator erreicht man mit einer im Anker untergebrachten Zusatzwicklung die gewünschte Spannungsumformung (seltene Ausführung).

Bild 9.3 Einankerumformer für größere Leistungen. Werkbild: AEG-Telefunken

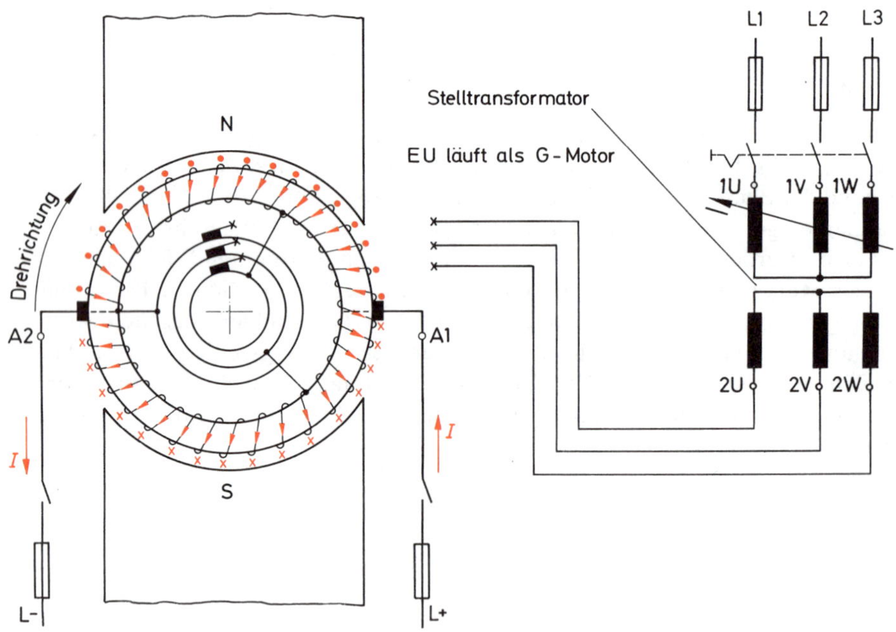

Bild 9.4 Einankerumformer mit angezapften Ankerwicklungen (Läuferwicklungen)

9.3.2.2 Wirkungsweise

Die Anzapfungen geben dem Umformer ein *starres* Spannungsverhältnis. Beträgt die angelegte Gleichspannung $U_{-} = 220$ V, so werden

a) die Einphasenspannung $U_{1\sim} = 220\text{ V} \cdot 0{,}71 = 155\text{ V}$,
b) die Dreiphasenspannung $U_{3\sim} = 220\text{ V} \cdot 0{,}61 = 134\text{ V}$,
c) die Sechsphasenspannung $U_{6\sim} = 220\text{ V} \cdot 0{,}35 = 77\text{ V}$.

Erhält der Umformer gleichstromseitigen Antrieb, gelten die üblichen Betriebsbedingungen der Gleichstrommotoren (Abschnitt 3). Zwecks Einhaltung der Frequenz für die Wechselstromseite ist die Drehzahl synchron zu halten. Die an den Schleifringen vorhandene Einphasen- bzw. Dreiphasenspannung wird durch den Stelltransformator bzw. durch die Zusatzwicklung auf ihren Normwert gebracht. Soll der Einankerumformer parallel auf ein Drehstromnetz arbeiten, muß synchronisiert werden (Abschnitt 7.3.1). Auftretende Spannungsfälle werden durch den Stelltransformator ausgeglichen. Würde der Spannungsfall innerhalb des Umformers ausgeglichen, wäre bei gleichstromseitigem Antrieb Drehzahlveränderung die Folge.

Die Umformung Wechsel- in Gleichspannung ist der üblichere Betriebsfall. Die Antriebsseite unterliegt im Anlauf den Bedingungen des Synchronmotors: Er muß mit Anwurfmaschine bzw. Dämpferwicklung hochgefahren werden (Abschnitt 7.4.1). Das Drehfeld läuft (wie beim läufergespeisten Drehstrom-Nebenschluß-Stromwendermotor) der mechanischen Drehrichtung entgegen. Das starre Spannungsverhältnis bleibt auch hier erhalten. Auftretende Spannungsfälle werden ebenfalls vom Stelltransformator ausgeglichen. Eine Veränderung der Felderregung würde eine Veränderung des Leistungsfaktors $\cos\varphi$ mit sich bringen (Abschnitt 7.4.3a).

Wegen der angezapften Wicklungen gehört dieser Einankerumformer wie der Spartransformator (Abschnitt 4.7) und der Drehtransformator (Abschnitt 5.11) zur Gruppe der Spannungsteilermaschinen und darf als Schutzumformer nicht verwandt werden. Die große Wicklungsersparnis im Läufer hält die Läuferverluste sehr gering. Sein Wirkungsgrad liegt über 0,9.

10 Gliederung der Einphasen-, Dreiphasen- (Drehstrom-) und Gleichstrommaschinen

10.1 Energieumformung

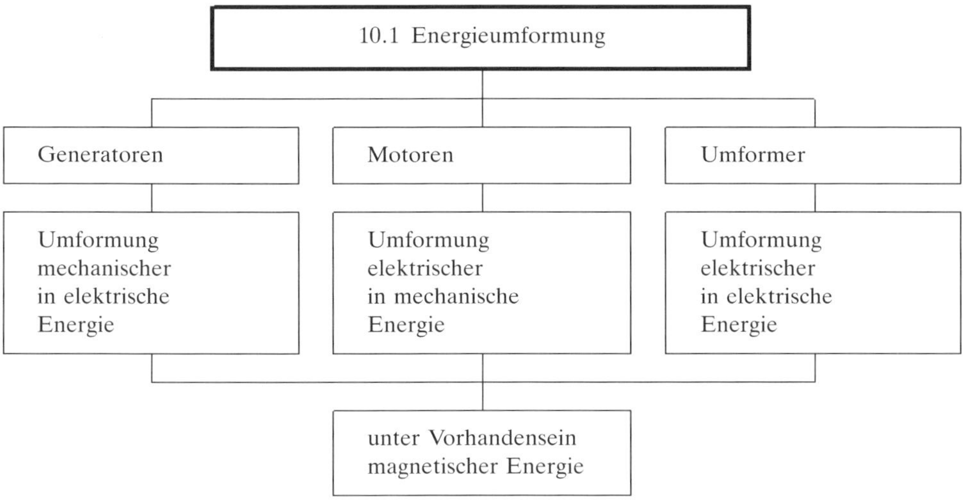

10.2 Drehfeldmaschinen mit kreisförmigem und elliptischem Drehfeld

10.2.1 Drehfeldmaschinen mit kreisförmigem (symmetrischem) Drehfeld

- Drehstromgeneratoren und Drehstrommotoren ohne Stromwender
  - Asynchronmaschinen
    - a) Kurzschlußläufermaschinen
    - b) Schleifringläufermaschinen
  - Synchronmaschinen
    - a) Innenpolmaschinen
    - b) Außenpolmaschinen
- Drehstrommotoren mit Stromwendern
  - Reihenschluß-Stromwendermotoren
  - Nebenschluß-Stromwendermotoren
    - a) Ständergespeist
    - b) Läufergespeist

10.2.2 Drehfeldmaschinen mit elliptischem (asymmetrischem) Drehfeld

- Einphasengeneratoren und Einphasenmotoren ohne Stromwender
  - Asynchronmaschinen
    - a) Kurzschlußläufermaschinen
    - b) Schleifringläufermaschinen
  - Synchronmaschinen
    - a) Innenpolmaschinen
    - b) Außenpolmaschinen
- Einphasenmotoren mit Stromwendern
  - Reihenschluß-Stromwendermotoren
    - a) Repulsionsmotoren
    - b) Serien-Repulsions-Motoren (selten!)
    - c) Winter-Eichberg-, Latourmotoren (selten!)

10.3 Schlupf

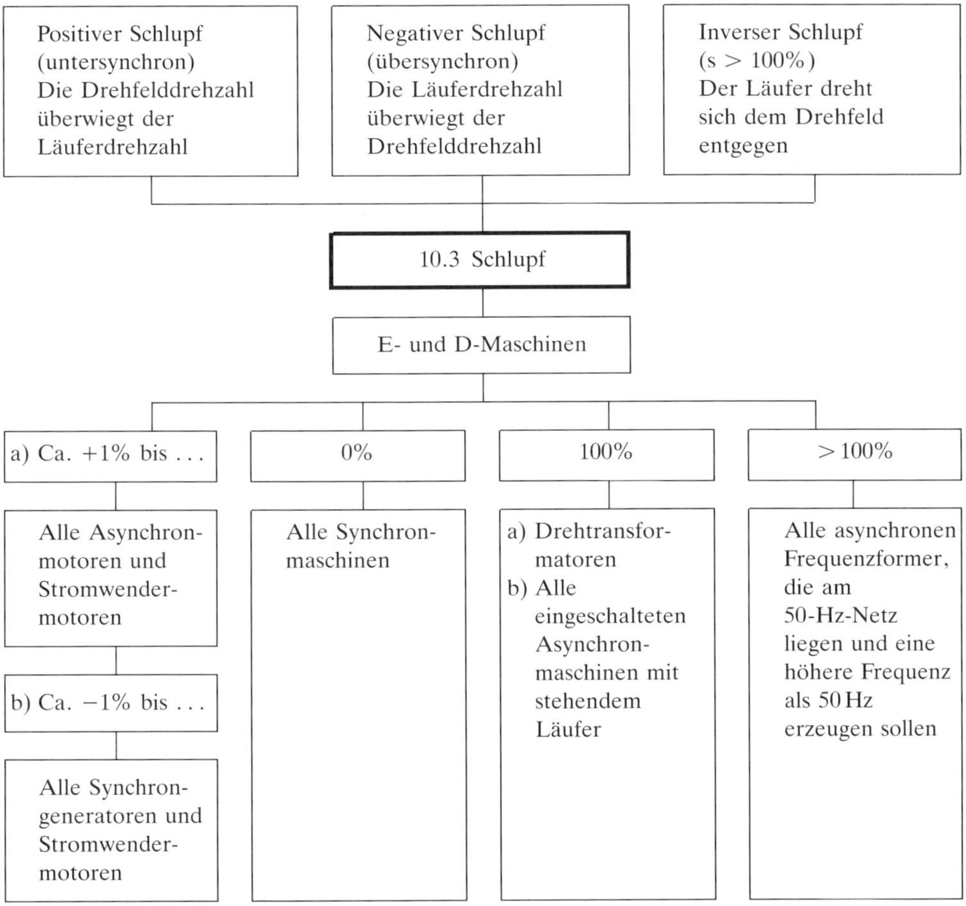
Positiver Schlupf (untersynchron) Die Drehfelddrehzahl überwiegt der Läuferdrehzahl
Negativer Schlupf (übersynchron) Die Läuferdrehzahl überwiegt der Drehfelddrehzahl
Inverser Schlupf (s > 100%) Der Läufer dreht sich dem Drehfeld entgegen
10.3 Schlupf
E- und D-Maschinen
a) Ca. +1% bis ...
Alle Asynchronmotoren und Stromwendermotoren
b) Ca. −1% bis ...
Alle Synchrongeneratoren und Stromwendermotoren
0%
Alle Synchronmaschinen
100%
a) Drehtransformatoren
b) Alle eingeschalteten Asynchronmaschinen mit stehendem Läufer
> 100%
Alle asynchronen Frequenzformer, die am 50-Hz-Netz liegen und eine höhere Frequenz als 50 Hz erzeugen sollen

10.4 Maschinen mit Neben- und Reihenschlußcharakter

10.4 Maschinen mit Neben- und Reihenschlußcharakter

Nebenschlußcharakter

Alle Maschinen, die mit praktisch konstantem Feld arbeiten und deshalb auch leer (unbelastet) arbeiten können

a) Gleichstrom-Nebenschluß-Maschinen
b) Drehstrom-Nebenschluß-Stromwendermotoren
c) Drehstrom-Asynchronmaschinen
d) Einphasen-Asynchronmaschinen
e) Netztransformatoren
f) Spannungswandler

Reihenschlußcharakter

Alle Maschinen, die ein stark veränderliches Feld haben und deshalb nicht leer (unbelastet) arbeiten können

a) Gleichstrom-Reihenschluß-Maschinen
b) Drehstrom-Reihenschluß-Stromwendermotoren
c) Einphasen-Reihenschluß-Stromwendermotoren
d) Stromwandler

Synchronmaschinen
Sie können den Maschinen mit Neben- und Reihenschlußcharakter zugeordnet werden

Nebenschlußcharakter

Arbeiten stets mit konstanter Drehzahl, gehen also im Leerlauf nicht durch

Reihenschlußcharakter

Arbeiten mit stark veränderlichem Feld und sind deshalb in der Lage, neben Wirk- auch Blindleistungsaufgaben zu erfüllen

Gleichstrom-Doppelschluß-Maschinen
Entsprechend der Auslegung und Schaltung der Erregerwicklungen können sie sein:
a) normalkompoundiert,
b) unterkompoundiert,
c) überkompoundiert,
d) gegenkompoundiert.

11 Störungen an elektrischen Maschinen

11.1 Störungen an Gleichstrommaschinen

Störungsart	Ursache	Abhilfe
1. Motor läuft nicht an	a) Sicherungen sind durchgebrannt b) Fehler im Anlasser c) Bürsten liegen nicht auf d) Anker- oder Feldwicklung unterbrochen e) Lager festgefressen	a) defekte Sicherungen ersetzen b) auf Durchgang prüfen, Anlasserstufe erneuern c) Bürsten ersetzen Bürsten neu einschleifen Bürstendruck nachstellen d) durchprüfen, defekte Wicklungen ersetzen e) Lager auswechseln
2. Motor läuft schwer an	a) Körperschluß der Wicklung b) Windungsschluß c) Spannungsfall auf der Zuleitung zu groß	a) mit Meßinstrument (Kurbelinduktor) oder hoher Prüfspannung messen, Wicklung erneuern b) schadhafte Anker- oder Erregerwicklung ersetzen c) Querschnitt vergrößern
3. Unruhiger Lauf	a) defekte Kugellager b) Riemenscheibe rutscht auf der Welle c) verspannte Lagerschilder	a) Kugellager ersetzen b) Riemenscheibe festspannen oder neu ausrichten c) Befestigungsschrauben gleichmäßig nachziehen
4. Motor läuft zu schnell	a) Feldschwächung der Erregerwicklung durch Windungsschluß b) Bürstenbrücke aus der neutralen Zone verschoben c) Klemmenspannung zu hoch	a) Wicklung erneuern b) neutrale Zone neu einmessen bzw. Bürstenbrücke auf Markierung einstellen c) Stellanlaßwiderstand oder Konstanthalteeinrichtung einschalten
5. Motor hat zu starkes Bürstenfeuer	a) Motor ist überlastet b) Stromwender verschmiert bzw. zeigt Lamellenschluß	a) Stromaufnahme überprüfen, Belastung vermindern b) Stromwender reinigen bzw. überdrehen und Glimmerzwischenlagen ausfräsen

Störungsart	Ursache	Abhilfe
	c) Wendepole sind falsch geschaltet oder haben Windungsschluß d) Bürstenbrücke hat sich verschoben	c) Wendepole richtig anschließen bzw. Neuwicklung d) Bürstenbrücke neu einstellen
6. Mechanisch intakter Gleichstromgenerator erregt sich nicht selbst	a) keine Remanenz b) falsche Drehrichtung c) Feldwicklung falsch angeschlossen	a) Erregerwicklung kurzzeitig an eine Gleichspannungsquelle einschalten b) Drehrichtung der Antriebsmaschine umkehren c) Feldwicklung umpolen

11.2 Störungen an Einphasen- und Dreiphasenmotoren

a) Störungen an Asynchronmotoren (Induktionsmotoren)

Störungsart	Ursache	Abhilfe
1. Motor läuft nicht an	a) Zuleitungen sind infolge satten Schlusses unterbrochen b) beim Schleifringläufermotor Verbrauch bzw. keine richtige Auflage der Bürsten oder Unterbrechung im Läuferanlasser c) falsche Ständerschaltung für Anlauf unter großer Last d) Lager stark beschädigt oder festgebrannt	a) Feststellung und Beseitigung des vorliegenden Kurz-, Körper- oder Windungsschlusses b) Bürsten neu einschleifen bzw. durch besseres Bürstenmaterial ersetzen. Anlasserdefekt beheben c) Anlassen mit △- statt Y-Schaltung d) Kugellagerung erneuern. Bei Gleitlagern Welle neu einpassen
2. Motor hat stoßartigen Anlauf	a) Anlasser ist zu klein b) verbrannte Anlasserkontakte bzw. verbrannter Schleifer c) Anlasser hat an einer Stelle Unterbrechung	a) Auswechseln gegen einen Anlasser mit höherem Widerstand bzw. höherer Stufenzahl b) Kontakte und Schleifer säubern. Druck des Schleifers auf Kontakte überprüfen und neu einstellen c) Anlasser auswechseln oder defekte Stelle überbrücken, wenn Unterbrechung in einer der letzten Anlasserstufen ist

Störungsart	Ursache	Abhilfe
3. Motor läuft, von Hand angeworfen, in beiden Drehrichtungen an	a) Sicherung unterbrochen b) Ständerzuleitungsstrang unterbrochen	a) neue Sicherung einsetzen bzw. Automat eindrücken b) Unterbrechungsstelle aufsuchen, Verbindung herstellen bzw. Zuleitungsstrang erneuern
4. Motor wird im Leerlauf zu warm	a) falsche Ständerschaltung bei zu hoher Betriebsspannung b) Windungsschluß	a) Ständer von $\triangle$- auf Y-Schaltung umschalten b) Messung des Leerlaufstromes bzw. Messung der Strangwiderstände. Defekten Strang bzw. defekte Stränge erneuern
5. Motor wird im Dauerbetrieb zu warm	a) Belastung an der Welle ist zu hoch b) Schalthäufigkeit ist zu groß c) zeigt sich die Erwärmung nur zu bestimmten Tageszeiten, so ist die Betriebsspannung zu hoch oder zu niedrig d) erforderliche Belüftung fehlt	a) Verringerung der Belastung der mit dem Motor gekuppelten Arbeitsmaschine b) die auf dem Leistungsschild angegebene Schaltart beachten c) handelt es sich um eine oft eintretende Erscheinung, dann Spannungs- bzw. Stromkonstanthalteeinrichtung einbauen d) Motor abstellen bis Fehler behoben
6. Schleifringe werden zu heiß	a) Reibung zwischen Bürsten und Ringen ist zu groß b) Bürsten und Ringe sind überlastet	a) Druck der Bürstenfedern etwas vermindern bzw. Ringen einen dünnen Vaselineüberzug geben. Eventuell zweckmäßigere Bürstensorte wählen b) Stromstärke feststellen. Mechanische Last an der Welle vermindern
7. Ständerwicklung des Motors wird beim Betrieb stellenweise zu warm. Der Läufer hat verminderte Zugkraft. Der Motor brummt stark und hat – obwohl die drei Zuleitungen in Ordnung sind – ungleiche Stromaufnahmen	Kurzschluß in einer oder zwischen mehreren Windungen bzw. Teilspulensystemen	Beseitigung, wenn möglich, durch Austrocknen. Ansonsten neue Spulen einziehen

Störungsart	Ursache	Abhilfe
8. Ungleiche Stromaufnahme in den drei Zuleitungen, obwohl kein Schaltfehler am Anschlußbrett bzw. kein Schluß in der Motorwicklung vorliegt	a) Unterbrechung eines Wicklungsstranges im Motor bei △-Schaltung b) Vertauschung einer Zuleitungsphase mit dem Mittelpunktsleiter	a) Brücken lösen und jeden einzelnen Strang auf Durchgang prüfen. Unterbrechung im fehlerhaften Strang beseitigen b) Spannungskontrolle zwischen den einzelnen Zuleitungssystemen bis der *N* herausgesondert ist. Gegen die 3. Zuleitungsphase austauschen

b) Störungen an Einphasen- bzw. Drehstrom-Stromwendermotoren

Störungsart	Ursache	Abhilfe
1. Bürstenfeuer am Stromwender bzw. starke Erwärmung der Wicklung	Störungen können die gleichen sein wie im Abschnitt 11.1 (Gleichstrommaschinen) unter 5a) und 5b) beschrieben	entsprechend wie im Abschnitt 11.1 (Gleichstrommaschinen) unter 5a) und 5b) beschrieben
2. Drehstrom-Reihenschluß-Stromwendermotor brummt und feuert stark, obwohl er keinen mechanischen bzw. elektrischen Fehler (Schluß) hat	Drehfeld läuft mechanischer Drehrichtung entgegen	Zwischen Ständer- und Kollektorwicklung zwei Zuleitungen vertauschen
3. Drehstrom-Reihenschluß-Stromwendermotor läuft zu schnell	Belastung zu gering	Bürstenbrücke in Drehrichtung verschieben, bis normale Drehzahl erreicht ist
4. Ein ansonsten intakter Drehstrom-Stromwendermotor erreicht nicht die auf dem Leistungsschild angegebene volle Drehzahl	a) feste Bürsten des Doppelbürstensatzes stehen beim läufergespeisten Stromwendermotor nicht in der neutralen Zone b) zu geringe Betriebsspannung c) zu große Belastung	a) Bürstenbrücke auf angegebene Markierung verschieben

Stichwortverzeichnis

Absender:

Bitte freimachen

Antwort

Bundesfachlehranstalt
für Elektrotechnik e.V.
Herrn Friedrichs
Donnerschweer Str. 184

26123 Oldenburg

Absender:

Bitte freimachen

Antwort

Vogel Buchverlag
Herrn Beck

97064 Würzburg

Die Bundesfachlehranstalt für Elektrotechnik e.V. und der Vogel Buchverlag arbeiten ständig an der Verbesserung der Buchreihe „Die Meisterprüfung“. Die Meinung der Leser ist uns dabei besonders wichtig. Für Ihre Mitarbeit danken wir Ihnen sehr.

Diese Karte ist entnommen aus dem Fachbuch:

____

Für welchen Zweck benutzen Sie dieses Buch?

☐ Meisterausbildung ☐ als allgemeines Fachbuch

☐ Technikerausbildung ☐ ____________________

Welche Themen vermissen Sie in diesem Buch?

____

Welche Themen sollten ausführlicher behandelt werden?

____

Welche Themen sollten gekürzt werden?

____

Sonstige Anregungen?

____